权威·前沿·原创

皮书系列为
"十二五""十三五""十四五"时期国家重点出版物出版专项规划项目

BLUE BOOK

智 库 成 果 出 版 与 传 播 平 台

低碳发展蓝皮书

BLUE BOOK OF LOW-CARBON DEVELOPMENT

福建碳达峰碳中和报告
（2024）

ANNUAL REPORT ON FUJIAN CARBON PEAK AND
CARBON NEUTRALITY (2024)

国网福建省电力有限公司经济技术研究院／著

社会科学文献出版社
SOCIAL SCIENCES ACADEMIC PRESS (CHINA)

图书在版编目（CIP）数据

福建碳达峰碳中和报告 . 2024 ／国网福建省电力有
限公司经济技术研究院著 . --北京：社会科学文献出版
社，2024. 12. --（低碳发展蓝皮书）. --ISBN 978-7
-5228-4481-7

Ⅰ . X511

中国国家版本馆 CIP 数据核字第 2024L8C400 号

低碳发展蓝皮书

福建碳达峰碳中和报告（2024）

著　　者／国网福建省电力有限公司经济技术研究院

出 版 人／冀祥德
责任编辑／陈凤玲
文稿编辑／白　银
责任印制／王京美

出　　版／社会科学文献出版社·经济与管理分社（010）59367226
　　　　　地址：北京市北三环中路甲 29 号院华龙大厦　邮编：100029
　　　　　网址：www. ssap. com. cn
发　　行／社会科学文献出版社（010）59367028
印　　装／天津千鹤文化传播有限公司

规　　格／开　本：787mm×1092mm　1/16
　　　　　印　张：22. 75　字　数：339 千字
版　　次／2024 年 12 月第 1 版　2024 年 12 月第 1 次印刷
书　　号／ISBN 978-7-5228-4481-7
定　　价／128. 00 元

读者服务电话：4008918866

编写单位简介

国网福建省电力有限公司经济技术研究院　成立于 2012 年，是福建省首批重点智库，2022 年入选中国智库索引（CTTI），长期承担能源转型、电力发展、公司经营、电网建设等研究工作，内设政策与发展研究中心（碳中和研究中心）、项目策划与交流中心、能源发展研究中心、电网发展规划中心、设计评审中心、技术经济与资产研究中心、市场与价格研究中心、变电设计室、线路设计室等专业研究中心，拥有"福建能源经济与绿色智慧发展实验室［福建省首批哲学社会科学重点实验室（培育）］""多灾害地区配电网规划与运行控制技术实验室（国网公司实验室）"等省部级实验平台。自成立以来，在能源转型、电力发展、公司经营、电网建设等方面形成了一系列有深度、有价值、有影响力的决策咨询成果，相关成果获得中央领导同志的批示肯定，近 5 年累计获得省部级科技一等奖、中国智库索引年度优秀成果特等奖、国网公司软科学成果一等奖等 52 个奖项，牵头和参与制定技术标准 104 项，申请国家发明专利 300 余项，公开发表学术论文200 余篇。

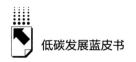

部署。与此同时，欧盟新电池法正式实施，碳边境调节机制（CBAM）进入过渡期，美国《清洁竞争法案》（CCA）逐渐成形，国际"低碳壁垒"正逐步成为国际贸易中的新型技术性贸易壁垒，我国企业逐步受到来自欧美的绿色出口压力，高质量扎实推进"双碳"目标的重要性在日益复杂严峻的世界经济形势下更加凸显。

福建省凭借独特的地理位置与丰富的自然资源，在中国东南沿海构筑起一道坚实的生态屏障。作为习近平生态文明思想的重要孕育地和实践地，作为首个国家生态文明试验区，福建在碳达峰与碳中和任务中展现出的创新精神与取得的实践成果，为全国乃至全球的能源、经济、社会绿色发展贡献了宝贵经验。能源清洁转型方面，截至2023年底，福建省清洁能源装机容量占比由2022年底的60.3%升至63%，清洁能源发电量占比达52.9%，在保障清洁能源全额消纳的基础上，连续多年清洁能源装机容量、发电量占比稳定"双过半"；产业低碳发展方面，福建省新能源汽车产业布局超前，颇具竞争力，锂电池出口总额居全国首位，福州、厦门也被列入国家氢燃料电池汽车示范应用城市；绿色金融发展方面，福建填补减排资金空白，积极拓宽绿色融资渠道，创立200亿元省级绿色发展基金，助力孵化多个新能源项目。然而，面对全球碳排放量持续上升、绿色贸易制度加速形成的严峻形势，福建省的低碳转型之路仍任重而道远。

在此背景下，福建省重点智库单位——国网福建省电力有限公司经济技术研究院出版的《福建碳达峰碳中和报告（2024）》如约而至，这也是该系列蓝皮书连续出版的第4年，该书不仅是对福建省乃至全国在应对气候变化、推进绿色低碳发展方面努力与成就的总结，更是在国际"低碳壁垒"日益严峻的情况下，对全球、全国范围内的生态棋局以及福建省如何把握机遇、应对挑战、实现可持续发展的深入思考与探索。

同时，该书持续以"高站位、谋在前、想深远"的形式发挥着咨政建言的卓著价值。2024年是习近平总书记创造性提出"四个革命、一个合作"能源安全新战略十周年，该书对福建省践行能源安全新战略措施及成效进行了总结，深入分析研判了福建省能源低碳转型背景下面临的多方面新挑战，并为福建省全力推动能源安全新战略迈向下一个十年的路径谋划提出了独到建议，更响应建设两岸融合发展示范区的号召，深入挖掘了闽台在能源基础设施、能源产业、能源技术等领域的广阔合作前景，提出循序渐进推进闽台能源合作的对策建议。此外，该书还创新论述福建省"十五五"能源规划，擘画了以"两区一地"为引领，以电力现代化为主题，以能源安全战略腹地和产业备份为主线，多方位协同推进清洁能源基地、新型电力系统、电力统一市场建设的发展路径。除了紧跟国家战略外，该书还兼顾从多个角度展开全球宏观环境的观察及分析研判，不仅聚焦欧美"低碳壁垒"的加速构建对福建省产业发展及供应链安全产生的影响，总结碳排放统计核算体系建设、电力设备产品碳足迹评估技术等相关应对措施和研究成果，更充分调研了欧美大国能源低碳转型路径以及欧盟多目标下的 REPowerEU 计划，为福建省乃至全国积极应对国际能源形势、贸易形势新变化，加速能源低碳转型提供丰富的借鉴参考。

理论先行是谋划在前的重要支撑。作为福建省低碳发展的重要理论参考书，客观科学的数据模型研究是强大武器和亮眼实力。其中，省域"双碳"指数是该系列蓝皮书今年的亮点之一。书中首次公开发布了省域"双碳"指数，基于大量政策、案例、数据，为量化评价省域低碳发展水平构建了有力的理论工具。对全国 30 个省份开展测算和横向对比分析后，形成的多维度评价结果客观反映了我国 30 个省份低碳发展不平衡不充分现象，同时诊断了福建低碳转型在发展水平、任务压力、优化空间、响应力度等方面的卓著成效和显著短板，不仅为福建省靶向施策加快多领域降碳、进一步突破转型瓶颈提供明确指引，更为各省份量化评价低碳发展水平和"双碳"目标推进情况提供了一把科学的"绿色标尺"。在新能源产业发展路径研究方面，该书也展现了独一无二的理论价值，通过深入浅出的案例研究和科学严谨的理论建模，详细分析了福建省如何充分发挥得天独厚的区位优势和资源禀赋，通过差异化布局海上风电、储能、光伏、氢能四大产业，加速推动新能源产业体系发展，为福建省擘画新能源发展蓝图提供了丰富的实证基础与理论支撑。此外，减碳贡献、碳排放测算等模型的构建与持续完善，也共同

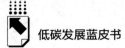

彰显了该系列蓝皮书出品单位手持科学利剑、开拓"双碳"路径的高质量智库担当。

作为持续在能源革命领域贡献创新思想和成果的学者之一，我很欣慰看到有这样一家能源电力领域的地方行业智库在探索能源低碳转型道路上耕耘不辍，用持之以恒的创新、严谨务实的研究态度孕育出了斐然成果，也很高兴福建省在持续深化能源革命道路上创造出了诸多火花。

未来，可以预见国际能源局势变化将更加复杂剧烈，全球能源低碳转型变革与攻坚将更加迫切，以可持续发展为局，以生态战略为眼，各国、各地区纷纷落子。很期待看到福建省下一步在棋局中如何抢占先机，进一步结合地缘特点打造并落实加快建设新型能源体系、构建新型电力系统，推动能源结构、消费质效、产业技术、体制机制和合作关系全面升级的路径，在碳达峰碳中和的道路上迈出更加坚实的步伐，为实现全球气候治理目标、谋求生态福祉做出更大贡献。

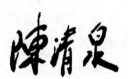

2024 年 11 月

序2
"双碳"是一项深刻持久的
社会科学研究命题

黄茂兴*

党的二十届三中全会通过的《中共中央关于进一步全面深化改革 推进中国式现代化的决定》，明确提出包括"聚焦建设美丽中国，加快经济社会发展全面绿色转型，健全生态环境治理体系，推进生态优先、节约集约、绿色低碳发展，促进人与自然和谐共生"等在内的发展目标，并在"深化生态文明体制改革"任务部分，提出健全绿色低碳发展机制的具体工作要求。这些目标和要求，为如期实现"双碳"战略目标、推动绿色发展指明了发展方向、提供了重要遵循。

在当今全球气候变化与能源转型的宏大叙事中，地方实践往往成为推动全球降碳议程的关键力量，省级层面实践也为全国碳达峰碳中和提供了经验基础，而理论与实践的深度融合，是引领这一进程的重要工具。福建省，作为中国东南沿海的经济大省与生态屏障，作为我国首个生态文明试验区，在碳达峰与碳中和领域进行了积极探索并取得显著成效。2022年福建省碳排放总量为2.90亿吨，同比下降0.1%，非化石能源消费占比已达25.8%，较

* 黄茂兴，福建社会科学院党组成员、副院长，福建省习近平新时代中国特色社会主义思想研究中心副秘书长，教授、博士生导师，研究方向为政治经济学、区域经济学、国际经济和竞争力问题，主持国家和省部级课题80多项，出版专著或合著80多部，享受国务院政府特殊津贴专家，第十三、十四届全国人大代表。

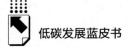

全国平均水平高 8.2 个百分点，在林业碳汇、海洋碳汇、农业碳汇方面探索了"一元碳汇"、"碳汇池"司法固碳平台、蓝色碳票、地市级渔业碳汇资源库等创新做法，不仅为全国乃至全球绿色发展提供了宝贵经验与重要启示，更为社会科学研究开辟了新的广阔天地。在此背景下，《福建碳达峰碳中和报告》系列蓝皮书持续发布，这不仅是一部深刻记录福建低碳发展历程的编年书，更是一本洞察未来能源经济发展趋势的智慧工具书。

从社会科学研究的视角深入审视，该书的价值体现在深刻揭示了经济社会发展与环境保护之间的内在逻辑关系，以及这种关系在特定地域、特定时间节点上的独特表现。在快速工业化和城镇化的进程中，福建如何平衡经济增长与碳排放，如何在确保能源安全的同时推进能源结构的绿色转型，这些问题不仅是技术层面的挑战，更是对社会治理、政策创新与公众参与的深度考验。该书通过翔实的数据分析、深入的案例研究，以及多维度的理论探讨，从碳源碳汇、市场价格、政策机制、产业技术、能源转型等多方面生动展现了福建在这一复杂博弈中的策略选择与实践路径，为社会科学研究提供了丰富的实证基础与理论支撑。

尤为值得一提的是，该书在探讨碳达峰碳中和议题时，并未局限于单一的经济或环境维度，而是将目光投向了更广阔的社会文化、制度环境与全球合作框架。总报告分析了国际低碳发展进程，特别回顾了福建省践行能源安全新战略十周年的发展成就，创新构建了"双碳"指数，将福建省摆在全国一盘棋中分析降碳的定位和发展进程。此外，该书还分析了碳排放双控、碳标准计量、碳足迹等多个重要控碳机制的社会经济影响，探讨了碳市场如何通过能源结构、能源效率和能源规模降低能源电力行业碳排放量，尝试性采用了量化方法研究福建省海上风电产业竞争力，讨论了新型电力系统建设对全社会的减排作用，以及当前国际"低碳壁垒"对福建省产业发展、对外贸易以及产业链供应链安全产生的冲击。这种跨学科、多维度的研究方法和研究广度，不仅拓宽了我们对碳达峰碳中和问题的理解视野，也为社会科学研究提供了新的理论生长点和实践探索方向，促进了不同学科之间的对话与融合，也进一步验证和实践了碳达峰碳中和是一场广泛而深刻的经济社会系统性变革的重要论断。

该书还着重强调了政策创新与制度建设在推动低碳转型中的核心作用。通过系统梳理福建在控碳减碳政策、能源低碳转型政策等方面的探索与实践，深刻揭示了政策如何引导市场行为、激发技术创新、促进社会共识的形成，进而推动整个经济社会系统向低碳、绿色、可持续的方向演进。这对于社会科学研究而言，无疑是一个值得深入挖掘的议题，也是未来绿色低碳政策制定与实施的重要参考。它不仅有助于我们更好地理解政策制定与执行过程中的复杂性与挑战性，也为我们提供了评估政策效果、优化政策设计的科学依据。值得一提的是，该书的政策建议充分体现了理论与实践相结合的研究特色，不仅对福建的低碳发展实践进行了全面深入的剖析，还提出了许多具有前瞻性和可操作性的对策建议。这些建议不仅有助于福建进一步优化低碳发展路径，也为全国其他地区乃至全球范围内的低碳转型提供了有益的借鉴与参考。

展望未来，碳达峰碳中和之路无疑是一条既充满挑战又孕育希望的征途。在全球气候变化日益严峻、能源转型浪潮汹涌澎湃的大背景下，福建作为中国经济社会发展的先锋省份，承载着引领绿色转型、探索低碳发展新模式的历史使命。面对这一艰巨任务，福建必须进一步全面深化改革，勇于突破传统发展模式的束缚，以更大的决心和勇气推进体制机制创新，积极探索建立符合自身特点的碳排放权交易市场，完善绿色低碳政策体系，建立健全绿色低碳发展的激励机制和约束机制，引导社会资本流向低碳领域；同时，要将科技创新作为推动低碳转型的关键引擎，加大研发投入，培育壮大新能源、节能环保等战略性新兴产业，推动传统产业绿色化、智能化改造，构建低碳高效的能源体系和产业结构，加强与国际先进技术的交流与合作，为低碳发展注入强大动力，不断提升福建在全球低碳技术领域的竞争力和影响力。

《福建碳达峰碳中和报告》蓝皮书，不仅是一部关于福建低碳发展的年度报告，更是一部融合了经济学、社会学、政治学等多学科知识的综合性研究成果。它为我们提供了一个观察和理解福建、中国乃至全球低碳转型进程

的独特窗口，也为社会科学研究提供了新的灵感与动力。我相信，该书的面世将积极促进相关领域的学术交流与实践探索，为推动全国乃至世界绿色低碳发展贡献智慧与福建经验。我也期待它能够激发更多学者、政策制定者和社会各界人士对碳达峰碳中和议题的关注与思考，共同推动构建一个更加绿色、可持续的未来。

黄茂兴

2024 年 10 月

摘　要

2024 年是新中国成立 75 周年，是深入实施"四个革命、一个合作"能源安全新战略十周年，是完成"十四五"规划目标的关键一年，也是全面培育新质生产力的元年。为此，《福建碳达峰碳中和报告（2024）》聚焦碳达峰碳中和发展目标分析的同时，着重突出了新质生产力对"双碳"目标的重要支撑，回顾了福建省践行能源安全新战略十周年的发展成就，并创新构建了"双碳"指数，以在这个关键节点更好地分析和定位福建省低碳转型的进程，进而为政府、行业、企业、公众提供更科学有效的决策参考。全书分为总报告、碳源碳汇篇、市场价格篇、政策机制篇、产业技术篇、能源转型篇、国际借鉴篇、专家观点篇共 8 个部分。

总报告指出，2023 年，全球碳排放量创历史新高，全年排放 374 亿吨，同比增长 1.1%，以碳关税等为代表的绿色贸易制度加快形成，世界各国就碳达峰碳中和相关问题更突出国家之间的团结、信任和共同行动。2022 年，中国碳排放总量达 105.50 亿吨（统计数据不含西藏、香港、澳门和台湾，下同），同比下降 0.13%，已经形成较为完备的碳达峰碳中和"1+N"政策体系。福建省践行能源安全新战略十年，在打造多元化能源供给体系、实现能源清洁低碳高效利用、完善能源体制机制、推动能源技术迭代创新、加强区域能源合作等方面取得了显著成效。从全国各省份对比来看，福建省"双碳"指数总评分 42.8 分，下阶段低碳转型发力空间依然相对充足。

碳源碳汇篇指出，2022 年福建省碳排放总量为 2.90 亿吨，同比下降 0.1%。在基准场景、加速转型场景和深度优化场景下，福建省分别于 2030

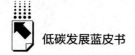

年、2028 年和 2027 年实现碳达峰，排放峰值分别为 3.89 亿吨、3.40 亿吨和 3.31 亿吨。2023 年，福建省在林业碳汇、海洋碳汇、农业碳汇方面均开展了较多亮点工作，共建成碳中和林 102.6 万亩，预估新增碳汇量 132.1 万吨。

市场价格篇指出，2023 年，福建碳市场碳配额成交量 2619.9 万吨，同比上升 242.0%，总成交量在八个地方试点碳市场中最高，但成交均价最低，碳市场仍存在碳资产价值有待挖掘、多种市场机制尚未有序衔接等问题。碳市场主要通过影响能源结构、能源效率和能源规模，降低能源电力行业碳排放量，其中能源结构调整的中介效应最大。

政策机制篇指出，2023 年以来福建省各级政府加速出台控碳减碳系列政策，全省碳减排工作目标更鲜明、举措更详尽、成效更显著。2024 年国家先后发布碳排放双控、碳达峰碳中和标准计量、碳足迹管理等多份关于重要控碳机制的政策文件，对福建省可再生能源发展、碳排放双控目标与指标分解、碳排放核算准确性、碳足迹管理体系等提出更高要求。碳普惠是近年来推动消费端节能降碳的重要创新机制，但福建省尚未建立相关政策制度，仅部分地市开展试点应用初步探索。

产业技术篇指出，2023 年福建省海上风电、储能、光伏、氢能四大产业快速发展，风电、光伏装机规模分别达 761.7 万千瓦、874.5 万千瓦，但海上风电产业发展竞争力仍落后于广东、江苏，需要进一步充分发挥资源优势、做优做强本地企业、突破海上风电技术、优化人才保障。福建省锂电池出口总额达 1287.5 亿元，同比增长 49.5%，占全国锂电池出口总额的 28.2%，居全国首位；福州、厦门分别入选国家第一、第二批氢燃料电池汽车示范应用城市。

能源转型篇指出，能源碳排放是全社会碳排放的主要来源之一，福建省能源领域碳排放呈现总量增长态势，能源供给结构不断优化，电源结构清洁化水平明显提升，终端电气化率波动上升。2022 年，福建省各类能源燃烧产生的碳排放总量约 2.61 亿吨，煤炭、石油、天然气分别占 79.0%、17.2%、3.8%，2019~2022 年能源领域碳排放年均增速为 2.1%。2022 年，福建省电力系统二氧化碳排放 1.18 亿吨，约占能源领域碳排放的 45.2%，均由发电环节产生，且近三年碳排放平均增速为 5.0%，仍处于攀升阶段。建设新型电力系统是推动福建省碳减排的关键举措，2023 年新型电力系统对福建省全社会的减碳贡献量为 5293.8 万吨；其中，发电企业、电网企业在新型电力系统中减碳贡献最大，贡献程度分别为 41.8%、34.0%。

国际借鉴篇指出，美国作为资源型大国，能源转型侧重天然气的发展和使用，2022 年美国一次能源生产总量为 37 亿吨标准煤，其中天然气占比达 35.4%，是美国主要的能源供给来源。德国作为能源储备较为匮乏的国家，大力发展可再生能源是其能源转型的主要策略，2023 年德国可再生能源发电总装机容量增加了 17 吉瓦，较 2022 年增长 12%，发电量占比高达 56%。国际"低碳壁垒"正逐步成为国际贸易中的新型技术性贸易壁垒，2024 年欧盟新电池法正式实施，碳边境调节机制（CBAM）已进入过渡期，美国《清洁竞争法案》（CCA）逐渐成形，对福建省产业发展、对外贸易及产业链供应链安全产生长期冲击。

专家观点篇邀请了福建省内外专家围绕能源转型、碳排放统计核算、绿色金融、数字经济、产品碳足迹等进行探讨。专家指出，福建省"十五五"能源规划可以"两区一地"为引领，以电力现代化为主题，以能源安全战略腹地和产业备份为主线，协同推进清洁能源基地、新型电力系统、电力统一市场建设，夯实"一肩挑两洲"的物质基础。专家指出，当前的金融与投资体系仍存在重生产而轻消费、重增量而轻存量、重财政而轻金融、支持科技创新的直接融资不足、参与国际标准化工作能力需加强等问题。专家指出，人工智能的应用能够显著提升电力系统的资源配置效率，推动可再生能源的高效接入，提高电力市场的灵活性，促进智能决策和动态调整。专家指出，碳排放统计核算需要在国家制度总体设计中通盘考虑，保证不同主体电力碳排放核算结果的一致性、准确性和可比性。

本书建议，福建省应着力培育能源领域新质生产力，加快建设新型能源体系、构建新型电力系统，依托新质生产力建设"五大体系"、推动"五个升级"，以能源领域新质生产力发展赋能"双碳"目标。一是建设新型能源

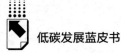
供给体系，将推动能源结构升级作为发展新质生产力的主要着力点，提升海上风电输出能力，强化沿海核电保障，挖掘绿色氢能保供潜力。二是建设新型能源消费体系，将推动消费质效升级作为发展新质生产力的主要着力点，突破重点领域降碳瓶颈，提高终端用能电气化水平。三是建设新型能源产业体系，将推动产业技术升级作为发展新质生产力的主要着力点，深化新能源汽车产业布局，壮大海上风电产业集群，做优做强储能产业。四是建设新型能源市场体系，将推动体制机制升级作为发展新质生产力的主要着力点，完善新能源参与市场机制，推动电碳市场协同发展。五是建设新型能源治理体系，将推动合作关系升级作为发展新质生产力的主要着力点，构建创新联盟，探索闽台融合发展路径，深化国际绿色能源合作。

关键词： 福建省　碳达峰　碳中和

目　录 ⟩⟨

Ⅰ　总报告

Ⅱ　碳源碳汇篇

Ⅲ　市场价格篇

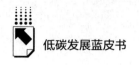

Ⅶ 国际借鉴篇

Ⅷ 专家观点篇

皮书数据库阅读**使用指南**

👆

总报告 **▷⟩**

B.1

2024年福建省碳达峰碳中和发展报告

——加快培育能源领域新质生产力，推动社会绿色低碳转型

陈　彬*

摘　要：　2023年以来，地缘冲突持续加剧，引发全球能源供需紧张，全球碳排放再创历史新高，各国减排任务愈发艰巨。我国关于"双碳"的工作部署已经逐渐细化全面，为如期实现"双碳"目标打下坚实基础。福建省在能源结构优化、产业低碳发展、典型领域转型、金融工具培育等方面成效显著，却依然面临能源保供和低碳发展矛盾尖锐、能耗双控和碳排放双控管控力度空前、产业结构调整和低碳转型任务日益紧迫等一系列挑战。下一步，福建省应着力培育能源领域新质生产力，建设"五大体系"、推动"五个升级"，促进新质生产力与"双碳"目标互融共赢，有力支撑经济社会绿色低碳转型。

---

* 陈彬，工学博士，教授级高级工程师，国网福建省电力有限公司经济技术研究院，研究方向为能源战略与政策、电网防灾减灾。

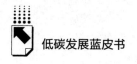
关键词： 碳达峰 碳中和 新质生产力

一 国际碳达峰碳中和情况

（一）全球碳达峰碳中和总体进程

2023 年，国际地缘冲突紧张局势持续升级，全球经济增速明显放缓，能源供需仍然紧张，各国减排任务愈发艰巨，全球迈向碳达峰碳中和的进程充满复杂性与不确定性，呈现多变的动态格局。

1. 全球碳排放量创历史新高

2023 年，国际能源署（IEA）《2023 年全球碳排放报告》披露，全球与能源相关的二氧化碳排放量创下历史新高，全年排放 374 亿吨，同比增长 1.1%，较上一年增加 4.1 亿吨。① 同期，全球 GDP 增速约为 3%，经济活动增速远高于二氧化碳排放量增速，且这一积极趋势仍在延续。其中，使用清洁能源是减缓碳排放的核心要素。2023 年，全球风能和太阳能光伏新增装机容量达到创纪录的近 540 吉瓦，较 2022 年增长 75%。全球电动汽车销量攀升至 1400 万辆左右，较 2022 年增长 35%。过去五年，清洁能源快速发展对全球二氧化碳排放影响深远，全球排放量增长速度减缓至原来的 1/3。

全球碳排放格局也正在发生重大变化，不同国家和地区的贡献出现了显著变化。碳排放总量方面，中国、美国、印度成为全球三大主要碳排放国，分别占全球总排放量的 35%、13%、7%，其中，印度首次超过欧盟成为全球第三大排放国。此外，亚洲的发展中国家碳排放量已接近全球排放量的 50%，较往年大幅增加。人均碳排放量方面，发达国家的人均排放量相对较高，较全球平均水平高出约 70%；美国、中国、日本位居前三，人均碳排放量分别为 13.3 吨、8.9 吨、8.1 吨二氧化碳当量。

---

① 全球及各国碳排放数据来源于国际能源署（IEA）。

2. 全球新增立法和政策宣示碳中和的国家较少

俄乌冲突与巴以冲突等地缘政治冲突导致全球能源供需紧张，一定程度上削弱了全球各国推进碳达峰碳中和目标的积极性，全球新增立法和政策宣示碳中和的国家较少。截至2023年底，全球已有149个国家提出碳中和目标，覆盖88%的碳排放、92%的GDP和89%的人口。其中，明确立法的国家和地区共26个，较上一年度增加1个，瑞士全民公投通过气候法案，首次立法规定到2050年实现碳中和；发布政策宣示的国家达62个，较上一年度增加5个，包括斯洛文尼亚、乌拉圭、阿联酋、阿塞拜疆、格鲁吉亚等；无国家或地区延迟或取消已公布的碳中和目标（见表1）。

表1　2023年世界承诺碳中和目标国家变化情况

进展变化情况	国家及碳中和目标
新增立法国家（1个）	瑞士（2050）
新增发布政策宣示国家（5个）	斯洛文尼亚（2050）、乌拉圭（2050）、阿联酋（2050）、阿塞拜疆（2050）、格鲁吉亚（2050）

资料来源：能源与气候智库（ECIU）。

从所属区域和国家属性看，受俄乌冲突与巴以冲突等影响，欧洲作为受影响最大的地区之一，2023年仅瑞士对碳中和目标进行立法，其属于发达国家，第三产业占比较高；斯洛文尼亚发布政策宣示。亚洲作为碳排放量最大的地区，2023年仅有阿联酋等少数国家（3个）发布政策宣示，仍有大量国家暂无碳中和目标。非洲在2023年的涉碳雄心推进方面，尚未显现出显著进展。

（二）全球推动减碳的主要动态

1. 国际会议强调应对气候变化要合作团结

2023年世界各国就碳达峰碳中和相关问题多次召开国际会议（见表2），均突出了各国之间的团结、信任和共同行动，并分别聚焦适应气候

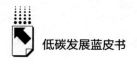

变化、减缓碳排放、推进能源转型等议题开展讨论，旨在深化全球性合作共同应对气候危机。

表2　2023年国际碳达峰碳中和会议情况

召开时间	会议名称	会议议题或声明
2023年9月	二十国集团（G20）领导人第十八次峰会	通过了《二十国集团领导人新德里峰会宣言》，并就可持续发展目标（SDG）等问题达成共识
2023年9月	第七十八届联合国大会一般性辩论	围绕"重建信任，重振团结：加紧行动，落实《2030年议程》及其可持续发展目标，为所有人推进和平、繁荣、进步和可持续性"展开讨论
2023年11月	中美加利福尼亚阳光之乡会谈	发表《关于加强合作应对气候危机的阳光之乡声明》
2023年11月	《联合国气候变化框架公约》第28届缔约方会议（COP28）	评估了各国在实现《巴黎协定》目标方面取得的进展，并制定切实的解决方案；通过了关于"损失与损害"基金安排的决议
2023年12月	"77国集团和中国"气候变化领导人峰会	围绕推动可持续发展、捍卫多边主义和促进公平正义等方面展开讨论

2023年9月9~10日，二十国集团（G20）领导人第十八次峰会在印度首都新德里举行。G20领导人参会，并就"同一个地球、同一个家园、同一个未来"主题展开讨论。会议通过了《二十国集团领导人新德里峰会宣言》，并就可持续发展目标（SDG）、气候融资、能源转型、利用和恢复自然生态系统等多个问题达成共识，宣言涉及能源转型的具体措施。中国提出全球发展倡议、全球安全倡议、全球文明倡议，并强调要共同守护地球绿色家园，促进绿色低碳发展，保护海洋生态环境，做推动全球可持续发展的伙伴。

2023年9月19~26日，第七十八届联合国大会一般性辩论在美国纽约举行。会议围绕主题"重建信任，重振团结：加紧行动，落实《2030年议程》及其可持续发展目标，为所有人推进和平、繁荣、进步和可持续性"展开，多国国家元首、政府首脑和高级别代表就推进可持续发展目标、应对气候危机、缓和不断恶化的安全局势以及推动联合国改革等国际社会共同关注的重大问题与挑战，表达各自国家立场并提出解决方案。中国表示将坚定不移走生态优先、绿色低碳发展道路，全面停止新建境外煤电项目，大力支持发展中国家能源绿色低碳发展。

2023年11月4~7日，中美气候特使在加利福尼亚阳光之乡举行会谈。会谈重温习近平主席和约瑟夫·拜登总统在印度尼西亚巴厘岛会晤，中美双方重申致力于合作并与其他国家共同努力应对气候危机。会谈发表《关于加强合作应对气候危机的阳光之乡声明》，声明回顾、重申并致力于进一步有效和持续实施2021年4月《中美应对气候危机联合声明》和2021年11月《中美关于在21世纪20年代强化气候行动的格拉斯哥联合宣言》。中美两国决定启动"21世纪20年代强化气候行动工作组"，开展对话与合作，以加速21世纪20年代的具体气候行动。

2023年11月30日至12月12日，《联合国气候变化框架公约》第28届缔约方会议（COP28）在阿联酋迪拜举行，会议主题为"团结、行动、落实"。在《巴黎协定》实施情况方面，会议首次进行了全球盘点，评估了各国在实现《巴黎协定》目标方面取得的进展，并制定切实的解决方案；在气候融资与资金支持方面，大会通过了关于"损失与损害"基金安排的决议；在国际合作与多边主义方面，重申了多边机制在推动气候行动中的核心地位。中国在会上发布《中国应对气候变化的政策与行动2023年度报告》，向世界展示了中国在应对气候变化方面的积极态度和行动。

2023年12月2日，"77国集团和中国"气候变化领导人峰会在迪拜举行，峰会主要围绕推动可持续发展、捍卫多边主义和促进公平正义等方面展开。中国强调77国集团和中国要共同推动可持续发展，强化绿色转型发展战略对接，加强互帮互助，探索发展和保护协同的新路径；共同促进公平正义，推动落实气候资金、形成全球适应目标框架等取得实质性进展，充分发挥新建立的"损失与损害"基金作用。

2. 淘汰煤电、大力发展可再生能源仍是降碳主线

燃煤发电厂作为碳排放的主要来源，其逐步淘汰成为实现全球气候目标

的关键步骤。2024 年 4 月 30 日，七国集团（G7）宣布，同意在 2035 年前，淘汰能源系统中现有的未经减排措施（运行时不使用任何减排技术，如碳捕集和封存技术）的燃煤电厂；在此期间，尽可能减少能源系统中未经减排措施的燃煤电厂的使用，以保持温度上升限制在 1.5℃ 之内。该决定标志着 G7 在气候政策上的重大突破，表示 G7 将加速将发展重心由煤炭转向清洁技术，对我国各方面造成不同程度的影响。经济贸易方面，G7 作为全球经济的重要参与者，其能源政策的调整将影响全球能源市场格局，燃煤电厂的逐渐关停将会引发全球煤炭需求下降，煤炭价格可能会面临下行压力，进而影响我国煤炭出口市场。能源转型方面，该决定的达成将会使各国逐步停止批准新的未受控的煤炭发电项目，加速全球能源结构的转型，推动清洁能源的发展和应用，促使我国加快煤炭清洁利用技术的研发和应用，提高能源结构优化升级的速度。

近两年，全球各国在可再生能源开发领域持续加大力度，以应对气候变化和实现能源转型。截至 2023 年底，全球可再生能源总装机容量达到 3870 吉瓦，同比增长 13.9%；2023 年新增可再生能源装机容量占据了新增装机容量的 86%，同比增长 3 个百分点；新增可再生能源装机主要集中在亚洲，占据 63%，其次是欧洲、非洲。① 欧盟方面，2023 年 3 月，欧盟议会和各成员国就新的《可再生能源指令》达成临时协议，到 2030 年将欧盟可再生能源占最终能源消费总量的比例由目前的 32% 提高到 42.5%，指导性目标将提高到 45%。德国、意大利等国相继提升可再生能源发展目标，德国计划在 2030 年实现 80% 可再生能源发电的目标；意大利修订气候和能源计划，计划到 2030 年，可再生能源发展目标提高到 64%，装机目标从 80 吉瓦提升至 131 吉瓦，其中光伏发电与风电装机容量将分别达到 79 吉瓦与 28.1 吉瓦；葡萄牙发布《2030 年国家能源和气候计划》（PNEC）修订版草案，将 2030 年可再生能源电力目标从 80% 提高到 85%，将可再生能源在最终能源消费总量中的占比目标从 47% 提高到 49%。美国方面，计划 2030 年海上风

---

① 数据来自 IRENA，*Renewable Capacity Statistics 2024*。

电装机规模达到 30 吉瓦，2050 年达到 110 吉瓦；计划 2030 年光伏装机容量达到 1600 吉瓦，2050 年达到 3000 吉瓦。此外，美国政府在财政激励、税收抵免、贷款担保、法规制定以及长期战略规划等多个方面出台政策支持可再生能源发展，预计到 2031 年，通过《通胀削减法案》和《两党基础设施法案》两部法案支持可再生能源发展的资金总额将超过 4300 亿美元。

3. 以碳关税等为代表的绿色贸易制度加快形成

为应对全球气候变化，国际上设计并试行加征碳关税等绿色贸易制度，旨在通过经济手段，倒逼企业在生产过程中减少碳排放，从而达到减缓全球变暖的目标。

2023 年 5 月，欧盟正式发布推出碳边境调节机制（CBAM），也称为碳边境税或碳关税。该机制主要针对从非欧盟国家进口的高碳产品，如钢铁、水泥、铝、化肥、电力及氢等，要求这些产品缴纳相应额度的税费或退还相应的碳排放配额。CBAM 的推出旨在确保欧盟内部生产的商品与进口商品在碳排放成本上保持公平竞争，避免碳泄漏（即企业将生产转移到碳排放标准较低的国家），标志着欧盟在推动全球绿色低碳转型方面迈出了重要一步。此外，美、加、日等国也在研究推出类似机制，国际碳关税机制呈扩大趋势。

2023 年 8 月，欧盟电池法规（EU）2023/1542 正式生效，并强制实施，旨在规范电池的整个生命周期，包括生产、使用和回收等环节，以推动循环经济和碳中和目标。法规对不同类型的电池（如便携式电池、车用电池、工业电池和电动汽车用动力蓄电池）进行了分类，并规定了相应的限制物质、碳足迹、回收料和安全性要求。此外，法规还要求电池产品必须提供碳足迹声明和标签，并设定最低回收率。新规规定，自 2024 年 8 月起，所有固定式储能系统、LMT 电池和电动汽车电池都必须装备电池管理系统，以监测和报告电池的健康状况和预期使用寿命。对于动力电池，自 2027 年起，出口到欧洲的电池必须持有符合要求的"电池护照"，记录电池的制造商、材料成分、碳足迹、供应链等信息。该法规的实施对中国电池企业提出了新的挑战，也带来了新的机遇。

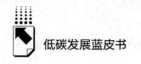

二 中国碳达峰碳中和情况

（一）全国碳排放情况

1.碳排放总量方面

2022 年全国碳排放总量达 105.50 亿吨①，同比下降 0.13%（见图 1），增速较 2021 年低 4.4 个百分点，增速出现明显下降。2022 年受新冠疫情影响，我国经济活动放缓，全国 GDP 增速仅为 3.0%，低于上年 5.45 个百分点，导致能源消费需求放缓，全国能源消费总量达 54.1 亿吨标准煤②，同比仅增长 2.9%，较 2021 年降低 2.6 个百分点，与经济增速变化总体一致（见图 2）。与此同时，绿色能源消费比例持续走高，2022 年全国非化石能源消费占比为 17.5%，较 2021 年增加 0.8 个百分点，有效控制并降低了碳排放总量的增长速度（见图 3）。

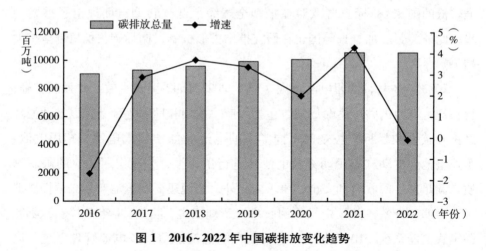

图 1 2016~2022 年中国碳排放变化趋势

---

① 本报告全国碳排放数据均来自 BP《世界能源统计年鉴 2023》，统计数据不含西藏、香港、澳门和台湾。截至 2024 年 8 月，已更新 2022 年中国碳排放数据。
② 本报告 2022 年全国能源消费、经济数据来源于《中国统计年鉴 2023》。

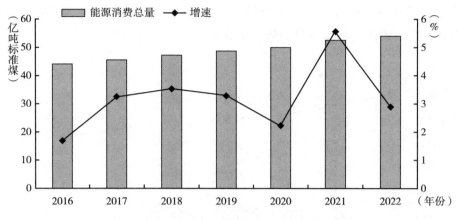

图 2　2016~2022 年中国能源消费总量变化趋势

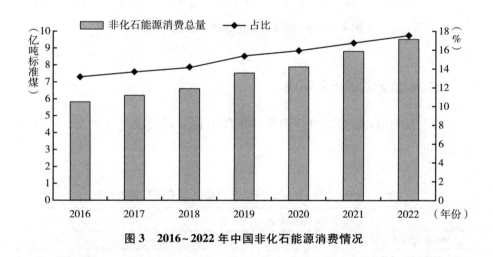

图 3　2016~2022 年中国非化石能源消费情况

2. 碳排放强度方面

2022 年全国碳排放强度为 871.77 千克/万元①（见图 4），同比下降 5.16%，降幅较 2021 年扩大 2.88 个百分点，扩大趋势有所放缓，主要由于市场仍处于缓慢复苏过程，消费动力不足，但低碳排放增速促进了碳排放强度进一步下降；与此同时，当前降碳难度逐步加大，产业结构调整速度放

———————————

① GDP 采用当年价格计算。

缓，2022 年服务业对经济增长贡献率为 41.8%，较 2021 年下降 12.9 个百分点，导致碳排放强度下降趋势逐步放缓。

图 4　2016~2022 年中国碳排放强度变化情况

（二）全国政策出台情况

2023 年 10 月至 2024 年 7 月我国密集出台一系列政策（见表 3），积极稳妥推进"双碳"工作。

表 3　2023 年 10 月至 2024 年 7 月国家"双碳"相关政策

政策文件	发布时间
《关于统筹运用质量认证服务碳达峰碳中和工作的实施意见》	2023 年 10 月
《国家碳达峰试点建设方案》	2023 年 10 月
《关于加快建立产品碳足迹管理体系的意见》	2023 年 11 月
《锅炉绿色低碳高质量发展行动方案》	2023 年 11 月
《国务院关于修改〈消耗臭氧层物质管理条例〉的决定》	2023 年 12 月
《中共中央　国务院关于全面推进美丽中国建设的意见》	2023 年 12 月
《关于加强绿色电力证书与节能降碳政策衔接大力促进非化石能源消费的通知》	2024 年 1 月
《关于加强电网调峰储能和智能化调度能力建设的指导意见》	2024 年 1 月
《碳排放权交易管理暂行条例》	2024 年 1 月
《关于加快构建废弃物循环利用体系的意见》	2024 年 2 月

政策文件	发布时间
《国家重点低碳技术征集推广实施方案》	2024 年 2 月
《推动铁路行业低碳发展实施方案》	2024 年 2 月
《关于新形势下配电网高质量发展的指导意见》	2024 年 2 月
《工业领域碳达峰碳中和标准体系建设指南》	2024 年 2 月
《关于加快推动制造业绿色化发展的指导意见》	2024 年 2 月
《关于加强环境影响评价管理推动民用运输机场绿色发展的通知》	2024 年 2 月
《中共中央办公厅 国务院办公厅关于加强生态环境分区管控的意见》	2024 年 3 月
《加快推动建筑领域节能降碳工作方案》	2024 年 3 月
《国家发展改革委等部门关于支持内蒙古绿色低碳高质量发展若干政策措施的通知》	2024 年 3 月
《节能降碳中央预算内投资专项管理办法》	2024 年 3 月
《关于加快建立现代化生态环境监测体系的实施意见》	2024 年 3 月
《关于组织开展"千乡万村驭风行动"的通知》	2024 年 3 月
《关于进一步强化金融支持绿色低碳发展的指导意见》	2024 年 3 月
《气候投融资试点成效评估方案》	2024 年 4 月
《关于推动绿色保险高质量发展的指导意见》	2024 年 4 月
《生态保护补偿条例》	2024 年 4 月
《2024—2025 年节能降碳行动方案》	2024 年 5 月
《关于建立碳足迹管理体系的实施方案》	2024 年 5 月
《关于加快经济社会发展全面绿色转型的意见》	2024 年 7 月
《关于进一步强化碳达峰碳中和标准计量体系建设行动方案（2024—2025年）的通知》	2024 年 7 月
《加快构建碳排放双控制度体系工作方案》	2024 年 7 月

一是已经形成较为完备的碳达峰碳中和"1+N"政策体系。以《关于完整准确全面贯彻新发展理念做好碳达峰碳中和工作的意见》为核心，已出台涉及能源、工业、交通运输等分领域分行业碳达峰实施方案，以及科技支撑、能源保障、碳汇能力等保障方案。与此同时，各省（区、市）基于资源环境禀赋、产业布局、发展阶段等实际，制定本地区碳达峰行动方案，提出了符合实际、切实可行的任务目标。

二是能源领域突出对可再生能源及电网发展的支持。我国持续加大对可

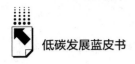

再生能源项目投资和支持力度，同时明确要加强电网调峰储能和智能化调度能力，建设新形势下的高质量配电网，为能源转型升级提供兜底保障，先后印发了《关于加强绿色电力证书与节能降碳政策衔接大力促进非化石能源消费的通知》《关于加强电网调峰储能和智能化调度能力建设的指导意见》《关于新形势下配电网高质量发展的指导意见》《关于组织开展"千乡万村驭风行动"的通知》等系列政策。

三是碳排放管控机制和政策体系加速健全。2023 年 10 月至 2024 年 7 月，我国大力推进碳排放管控机制和政策体系建设，逐步完善碳排放权交易市场，逐步建立碳足迹、碳排放双控、碳标准计量体系，先后印发了《工业领域碳达峰碳中和标准体系建设指南》《碳排放权交易管理暂行条例》《关于建立碳足迹管理体系的实施方案》《关于进一步强化碳达峰碳中和标准计量体系建设行动方案（2024—2025 年）的通知》《加快构建碳排放双控制度体系工作方案》等重磅文件，总体上说，我国已经为打造绿色低碳社会体系初步构建了控碳减碳体系框架。

三　福建省碳达峰碳中和态势分析

（一）碳达峰碳中和推进情况

2023 年以来，福建省坚持以习近平新时代中国特色社会主义思想特别是习近平生态文明思想为指导，科学统筹全方位推进高质量发展超越碳达峰碳中和目标，先后印发《关于福建省完善能源绿色低碳转型体制机制和政策措施的意见》《福建省工业领域碳达峰实施方案》《福建省石化化工行业碳达峰实施方案》等政策文件，超前规划经济社会各领域的绿色低碳发展路径，全面铺开节能降碳重点工作，实现在更高起点积极稳妥推进碳达峰碳中和。

1. 能源供给结构清洁转型

能源供给清洁化转型加速推进。清洁能源装机方面，截至 2023 年底，福建省电力装机容量 8141 万千瓦，其中清洁能源并网容量 5132 万千瓦，占比由上年底的 60.3% 升至 63%，新能源成为新增清洁能源装机的主体，新能源装机容量同比增长 33.9%。清洁能源发电量方面，2023 年，福建省全社会发电量 3273 亿千瓦时，其中清洁能源发电量 1730 亿千瓦时，占比达52.9%，成功实现在保障清洁能源全额消纳的基础上，连续多年清洁能源装机容量、发电量稳定"双过半"。[①]

基础设施建设全力抢抓进度。扎实推进新能源基础设施投产，2023 年，福建漳浦六鳌海上风电场二期项目实现全容量并网，成为全国首个批量化应用单机容量 16 兆瓦海上风电机组项目；主动促进基础设施互联互通，闽粤支干线与漳州 LNG 外输管道联通工程全面开工。

2. 产业低碳发展加快推进

绿色制造方面，福建省持续健全绿色制造标杆培育机制，2023 年，福建省70 家工厂、5 个工业园区入选国家绿色制造名单；加速实现产品全生命周期绿色环保，截至 2023 年底，全省 7 家企业获评国家级绿色供应链管理企业。

产业升级方面，新能源、数字经济等低碳产业加速发展。积极占领新能源技术制高点，2023 年，全国首个国家级海上风电研究与试验检测基地在福建启动建设，助力风电技术水平和装备制造能力再跃升；牵头打造高端产业交流平台，福建省成功举办 2023 世界储能大会，引领储能行业持续健康发展；福建省大力推进国家数字经济创新发展试验区（福建）建设，2023年，全省数字经济增加值突破 2.9 万亿元，对 GDP 贡献率超 53%。[②]

3. 交通建筑领域持续低碳化

交通领域，随着"电动福建"行动驶入快车道，2023 年，福建省推广新能源汽车标准车 20.4 万辆，建成充电桩 2145 个、充换电站 89 座，启用全国首条高速公路重卡换电绿色物流专线，全省新能源公交车占比达 91.1%[③]，

---

① 本报告涉及的福建省电力数据均来自国网福建省电力有限公司。
② 《第七届数字中国建设峰会在福建福州举办——数字创新激活发展动力》，中国政府网，2024 年 5 月 26 日，https：//www.gov.cn/yaowen/liebiao/202405/content_ 6953616.htm。
③ 《〈福建省人民代表大会常务委员会关于加快推进新型工业化的决定〉贯彻实施座谈会发言摘登》，"东南网"百家号，2024 年 7 月 1 日，https：//baijiahao.baidu.com/s？id＝180333 8936320840271&wfr＝spider&for＝pc。

比上年提高 5.4 个百分点。建筑领域，福建省大力开展绿色建筑创建行动，全面推动执行绿色建筑标准，其中，厦门新建民用建筑中绿色建筑占比达到 100%①，福州设计阶段新建民用建筑执行建筑节能强制性标准达到 100%②。

4. 绿色金融工具日渐丰富

减排资金空白逐步填补。2023 年，福建省完成首批地方法人金融机构碳减排支持工具投放，合计对福建海峡银行等金融机构发放资金 4769 万元，支持其向清洁能源、节能环保领域的 5 个项目投放碳减排贷款 7949 万元，预计每年可带动实现碳减排 6822 吨③。绿色融资渠道加速拓宽。截至 2023 年底，福建省创立 200 亿元规模的省级绿色发展产业基金，宁德时代、华电新能源等 18 家企业发行绿色债券融资 209.88 亿元，助力孵化海上风电、光伏发电、生物质热电等新能源项目④。

（二）碳达峰碳中和面临的挑战

1. 能源保供和低碳发展矛盾依然尖锐

从政策要求看，能源保供和低碳发展需要统筹兼顾。2023 年以来，中央和地方各级政府多次就能源发展做出重要部署，剖析阐释能源安全与清洁转型之间的辩证统一关系。国家层面，2023 年政府工作报告明确统筹能源安全稳定供应和绿色低碳发展，科学有序推进碳达峰碳中和；《2023 年能源工作指导意见》提出坚持把能源保供稳价放在首位，坚持

① 《福建省 2024 年全国节能宣传周系列活动之典型经验分享｜携手节能降碳　共创绿色未来》，福建省发展和改革委员会网站，2024 年 5 月 15 日，https：//fgw.fujian.gov.cn/zwgk/xwdt/bwdt/202405/t20240516_6449679.htm。
② 《福建省 2024 年全国节能宣传周系列活动之福州市节能宣传集锦》，福建省发展和改革委员会网站，2024 年 5 月 16 日，https：//fgw.fujian.gov.cn/zwgk/xwdt/sxdt/202405/t20240516_6449657.htm。
③ 《福建首批地方法人金融机构碳减排支持工具成功落地》，搜狐网，2023 年 5 月 30 日，https：//business.sohu.com/a/680441745_362042。
④ 《点"绿"成"金"高质量发展"焕新"》，福建省人民政府网站，2023 年 12 月 1 日，https：//www.fujian.gov.cn/zwgk/ztzl/sxzygwzxsgzx/sdjj/lsjj/202312/t20231201_6320425.htm。

积极稳妥推进绿色低碳转型。福建层面，《关于福建省完善能源绿色低碳转型体制机制和政策措施的意见》要求落实"四个革命、一个合作"能源安全新战略，远景形成非化石能源既基本满足能源需求增量又规模化替代化石能源存量、能源安全有效供应和节能高效利用并重的能源生产消费格局。

从发展形势看，福建省能源保供和低碳发展矛盾突出。福建具备"贫煤无油无气"的鲜明特点，长期面临油气供应依赖进口的局面。传统化石能源具有抗干扰、强支撑的特点，是能源安全供给的重要倚仗；而新能源则具有随机性、波动性的特点，大量接入电网将增大电力系统的调峰、调频压力，导致能源安全供应的物理基础被不断削弱，或将诱发电力系统连锁故障事故。随着传统化石能源加速退出、新能源占比持续提高，省域能源发展将必然面临安全供给和低碳转型的两难境地。以 2023 年为例，福建省新增电力装机 610 万千瓦，其中风电、光伏装机占比高达 73%，给能源保供安全带来了较大的不确定性。

2. 能耗双控和碳排放双控管控力度空前

2023 年以来，我国碳排放双控制度建设速度全面加快，推动经济社会发展进入绿色转型快车道。国家层面，2023 年 7 月，中央全面深化改革委员会第二次会议审议通过了《关于推动能耗双控逐步转向碳排放双控的意见》，首次明确要健全碳排放双控各项配套制度；2024 年 7 月，国务院办公厅发布《加快构建碳排放双控制度体系工作方案》，要求构建系统完备的碳排放双控制度体系，为实现碳达峰碳中和目标提供有力保障；同月，中共中央、国务院印发《关于加快经济社会发展全面绿色转型的意见》，提出国家发展改革委要加强统筹协调，会同有关部门建立能耗双控向碳排放双控全面转型新机制。福建层面，省内目前尚未发布关于碳排放双控制度的专项政策文件，但已在《福建省工业领域碳达峰实施方案》等涉碳政策中提及要尽早实现能耗双控向碳排放双控转变，推进能源资源要素向优质项目、企业、产业流动集聚。总体来看，未来碳排放管控力度加大，但福建省经济发展空间仍然较大，根据预测，"十四五"期间、"十五五"期间以及 2035 年前我国 GDP 平均增速分别约为 5.3%、5.1%、4.6%①，若福建省欲延续经济增长优于全国平均水平的良好势头，在完成碳排放双控考核指标时将面临较大的控碳压力。

3. 产业结构调整和低碳转型任务日益紧迫

从外部环境看，绿色贸易壁垒倒逼企业加速低碳转型。在欧盟碳边境调节机制、欧盟电池法规、美国《清洁竞争法案》等政策的约束下，福建省内大量外向型企业将面临愈发严峻的外贸形势。2023 年，福建省对欧盟和美国出口合计占全省总出口的 34.6%②，且出口商品以机电、纺织等劳动密集型产品为主，均处在欧美国家设置的绿色贸易壁垒封锁范围内。为减少碳关税等制度引发的出口影响，福建省企业必然需要通过打造制造业绿色低碳供应链等方式降低产品含碳量，进而规避出口订单锐减现象。同时，由于劳动密集型产品技术门槛较低、易被替代，且主要由中小企业生产，绿色贸易壁垒也将倒逼劳动密集型产业向技术密集型产业转型，带动省内产业结构优化升级。

从内部结构看，产业结构偏重导致转型存在较大难度。2023 年，福建省第二产业占比 44.1%③，略高于全国平均水平（38.3%），且大部分增加值由石油、化工、有色等高耗能行业贡献，全省对传统制造业、资源型行业的依赖程度偏高，经济发展模式仍然以第二产业为主导，而相对粗犷的发展模式也是导致福建省长期以来无法过渡至低碳状态的主要原因。

四　加快培育能源领域新质生产力，为实现
"双碳"目标注入绿色新动能

新质生产力最早由习近平总书记在 2023 年 9 月新时代推动东北全面振

---

① 《2023 年中国经济增长速度的预测分析与政策建议》，搜狐网，2023 年 1 月 12 日，https：//roll. sohu. com/a/628500466_ 120052222。
② 对欧盟和美国出口数据来自海关总署。
③ 《2023 年福建省国民经济和社会发展统计公报》，福建省统计局网站，2024 年 3 月 14 日，https：//tjj. fujian. gov. cn/xxgk/tjgb/202403/t20240313_ 6413971. htm。

兴座谈会上提出，总书记强调"积极培育新能源、新材料、先进制造、电子信息等战略性新兴产业，积极培育未来产业，加快形成新质生产力，增强发展新动能"。① 随后，新质生产力一词频繁出现在各大重要会议和文件中，在一年时间内走完了"提出概念—广泛探讨—形成理论—制定战略—部署任务"的演进道路，并推动中央到地方迅速形成发展新质生产力的共识。

从基本内涵看，新质生产力是生产力的新形态，是由技术革命性突破、生产要素创新性配置、产业深度转型升级而催生的先进生产力，通过劳动者、劳动资料、劳动对象及其优化组合的质变实现全要素生产率的提升。其中，"新"强调新技术、新产业、新经济，以关键性、颠覆性技术构建新产业体系、形成新经济形态；"质"强调依靠创新驱动，将科技创新作为新质生产力的核心；"生产力"强调锚定劳动者、劳动资料、劳动对象三要素发展水平跃升，目标走出一条生产要素投入少、资源配置效率高、资源环境成本低、经济社会效益好的新增长路径。从核心本质看，新质生产力就是绿色生产力，其不仅关注生产过程中的物质产出，更强调生产方式的环境友好性和资源的可持续利用，力争实现经济发展和环境保护的和谐共生。

为此，若要为"双碳"目标如期实现铺就道路，福建省应着力培育能源领域新质生产力，加快建设新型能源体系、构建新型电力系统，依托新质生产力建设"五大体系"、推动"五个升级"，以能源领域新质生产力发展赋能"双碳"目标。

（一）建设新型能源供给体系，推动能源结构升级

培育新质生产力是统筹能源安全稳定供应和绿色低碳发展的必然要求，依托新质生产力建设新型能源供给体系，将成为优化以化石能源为主导的传统能源供给体系的可行之匙。福建省可结合自身清洁能源资源优势，将推动能源结构升级作为发展新质生产力的主要着力点。

---

① 《习近平主持召开新时代推动东北全面振兴座谈会强调 牢牢把握东北的重要使命 奋力谱写东北全面振兴新篇章》，《人民日报》2023 年 9 月 10 日，第 1 版。

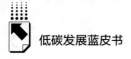
一是摆脱传统质态，深化煤电清洁低碳转型。以保障电力安全供应为前提，推动煤电向基础性、支撑性、调节性电源转型。针对存量机组，开展煤电节能降碳改造、灵活性改造、供热改造"三改联动"，降低能耗并提升调节能力；针对增量机组，执行更加严格的煤电节能标准，力争发电效率、污染物排放控制达到世界领先水平；针对退役机组，支持利用既有厂址和相关设施建设新型储能设施或改造为同步调相机。此外，积极开展二氧化碳捕集利用与封存（CCUS）设施的研发应用，适时开展试验示范项目。

二是注入源头活水，提升海上风电输出能力。明确"立足全省、面向华东和粤港澳、辐射全国"的海上风电发展目标，构建以海上风电为主的清洁能源输出高地。推进宁德、福州、莆田等地市现有海上风电建设，推动漳州闽南外海浅滩、宁德、福州等深远海风电建设，加速形成多个千万千瓦级海上风电基地，远景推动海上风电成为福建省能源供应的主力，并留有余力支援相邻省份能源保供和清洁转型。

三是发挥独特优势，强化沿海核电保障。紧抓福建省沿海核电厂址优势，将核电作为煤电的主要替代电源。做好在建核电项目推进和储备厂址保护，打造形成宁德、福州、漳州3个千万千瓦级核电基地，使核电成为福建省能源供应的压舱石。同时，借鉴欧洲核电运行模式，探索大规模核电承担一定比例的调节功能，远景推动核电成为能源保供的基础支撑和调节保障。

四是瞄准新兴方向，挖掘绿色氢能保供潜力。充分发挥福建省海上风电和核电清洁资源优势，聚力打造国家级绿氢生产制取中心。加快探索示范以海上风电、核电等清洁能源电解水制氢项目，持续突破海水无淡化电解制氢技术，逐步打造形成以福州、宁德、泉州、漳州为核心的绿氢生产制取中心，为福建省乃至全国无法进行电能替代领域提供源源不断的绿氢能源。

（二）建设新型能源消费体系，推动消费质效升级

培育新质生产力是需求侧消费模式优化和应用场景创新的必然要求，依托新质生产力建设新型能源消费体系，将成为引导经济社会消费模式向绿色低碳、简约适度转变的有力手段。福建省可聚焦若干典型领域场景，将推动

消费质效升级作为发展新质生产力的主要着力点。

一是重视质效管控，强化节能降碳制度约束。一方面，发挥好碳排放双控指挥棒作用，建立"事前有指标，事中有跟踪，事后有考核"的碳排放目标评价考核体系，压实地方和企业节能减排主体责任。另一方面，构建立体化节能降碳管理体系，健全重点用能和碳排放单位管理制度，推动重点行业和企业落实节能管理要求，适时设计施行碳排放"领跑者"制度，增强社会主体消费质效提升内生动力。

二是把握关键要素，突破重点领域降碳瓶颈。优先将新质生产力厚植在高碳排放的行业领域。工业领域持续推动淘汰落后产能和节能技术改造，引导企业开展生产工艺革新、流程再造和数智化升级；建筑领域强化新建建筑节能标准，实施既有建筑节能改造，研发超低能耗、近零能耗建筑；交通领域全方位构建清洁高效的交通运输体系，提高轨道、水运在综合运输中的承运比重，推进低碳港口和低碳公路建设，持续降低碳排放强度。

三是加快提质增效，提高终端用能电气化水平。加快实现"清洁电力+"在更多典型场景落地，在生产制备场景，鼓励高效电动设备替代传统化石能源设备、促进运输转运替代；在交通出行场景，加大新能源汽车推广力度，实现电动船舶与电网友好互动典型示范；在智慧建造场景，推进建筑光伏一体化清洁替代，提升建筑厨卫电气化水平；在农业农村场景，推广电动农机具、电烘干技术、电采暖技术、家庭电厨炊技术，以节能降碳助力乡村振兴。

四是广植绿色理念，普及绿色低碳生活方式。依托各类互联网平台加强公众践行绿色低碳生活方式的宣传，在潜移默化中培养公众低碳意识和习惯，常态化面向全社会开展绿色生活创建行动，例如倡导公众选择公共交通、自行车和步行等绿色出行方式，并建立福建省碳普惠应用机制以鼓励公众通过低碳行动获益。

（三）建设新型能源产业体系，推动产业技术升级

培育新质生产力是加快能源转型科技创新的必然要求，依托新质生产力

建设新型能源产业体系，将成为推进能源产业链创新链协同发展、不断提升能源含"新"量的核心动力。福建省可抓紧建强拳头产业、开发核心技术，将推动产业技术升级作为发展新质生产力的主要着力点。

一是坚持创新导向，深化新能源汽车产业布局。推动新能源汽车"三基地、两集群、一中心"布局建设，以"福宁岩莆"新能源乘用车、"厦漳"新能源客车、"岩明"新能源货车和专用车生产基地为导向，在闽东北依托世界级新能源汽车动力电池及材料先进制造业中心布局乘用车产业集群，在闽西南利用石墨烯、稀土永磁等新材料资源优势大力发展商用车产业集群，助力宁德上汽、龙海金龙、闽侯青口、三明埔岭等汽车工业园协同发展。

二是优化资源配置，壮大海上风电产业集群。以福州、漳州"一北一南"两大海上风电产业基地为核心，福州基地以整机制造、组装及叶片生产为主，漳州基地以塔筒、桩基、海底电缆生产及运维为主，形成优势互补、差异化发展格局。同时，以国家级海上风电研究与试验检测基地落户福建为契机，依托福清海上风电产业园平台，完善海上风电产业体系，打造世界级海上风电开发及装备制造产业集群，力争率先实施深远海千万千瓦级海上风电大基地示范项目建设。

三是攻关先进技术，做优做强储能产业。依托宁德时代电化学储能技术国家工程研究中心，开展储能关键技术攻关和产业化研究，聚力攻克吉瓦级及以上高安全性、低成本、长寿命锂电子储能系统技术和百兆瓦级及以上全钒液流电池储能系统技术，推进储能系统集成创新，加紧打造世界级储能产业集群，依托晋江储能电站等试点项目建设经验，促进省内储能规模化发展和商业化应用。

四是探索未来产业，加速抢滩氢能新赛道。围绕氢能"制备—存储—运输—加注—应用"全产业链，打造若干氢能产业集聚区和特色产业集群，形成辐射全省的氢气制备、储运、供应体系。同时，以建设福州氢能产业集群为契机，以工业园区和高新区为载体，适度超前规划布局氢能基础设施，加快推进储氢、加氢站建设，试点开展"氢—油—气"综合供能、"制氢—加氢"一体化示范应用项目，推动氢能产业加速发展。

（四）建设新型能源市场体系，推动体制机制升级

培育新质生产力是不断优化能源发展外部环境的必然要求，依托新质生产力建设新型能源市场体系，将成为确保能源转型过程中实现效率和公平有机统一的独有渠道。福建省可着力突破现有市场的固定格局，将推动体制机制升级作为发展新质生产力的主要着力点。

一是谋划新型举措，完善新能源参与市场机制。发展更多新能源入市，逐步推动风电参与电力现货市场，并通过与储能、火电打捆等方式探索推动新能源参与电力中长期市场、绿电市场。加强研究完善新能源价格机制，针对分布式电源直供电等新型模式开展电价机制研究，测算新能源应承担的各类输配电价情况，同时持续优化绿电市场电价机制，以市场化手段反映新能源供需情况和绿色价值。

二是补齐低效短板，健全辅助服务调控补偿机制。优化资源共享分担机制，稳妥推进发电企业与电力用户共同分担辅助服务费用，扩大辅助服务资金来源，激励独立储能等更多市场主体参与电力系统调节，充分挖掘省内抽蓄、新型储能、虚拟电厂、负荷聚合商等灵活调节能力。丰富辅助服务品种，结合福建省能源转型进程，分阶段健全适应新型电力系统建设的爬坡、备用、转动惯量等辅助服务品种，平抑新能源间歇性、波动性对电力系统运行带来的扰动影响。

三是融合市场要素，推动电碳市场协同发展。建立电力市场与碳市场数据贯通机制，引导两大市场数据互通、信息共享，辅助市场主体决策。探索绿证与碳市场衔接方法，及时统筹协调绿证、绿电、碳排放权、用能权等市场，处理好市场机制的可靠衔接，形成促进能源转型的市场合力。

（五）建设新型能源治理体系，推动合作关系升级

培育新质生产力是精准把握国内外能源合作新变化新趋势的必然要求，依托新质生产力建设新型能源治理体系，将成为营造能源领域开放合作、互利共赢局面的基本方针。福建省可牵头凝聚各方发展合力，将推动合作关系

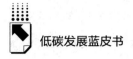

升级作为发展新质生产力的主要着力点。

一是构建创新联盟，开拓跨省协同联动渠道。充分发挥福建省新型电力系统省级示范区、国家生态文明试验区等多区战略交汇点的区位优势，锚定建设东南清洁能源大枢纽，打通辐射四周区域的能源输送动脉，积极开展跨省电力交易，开拓海上风电、核电等清洁能源大规模外送的新局面，进而促进跨省跨区域能源共享，协同推进企业和电网建设，实现更大范围内的整体供能最优。

二是落实全新部署，探索闽台融合发展路径。把握两岸融合发展示范区建设契机，统筹考虑闽台航路资源、生态环境、消纳条件等约束，推进两岸共建海上风电资源大中枢，推动两岸行业协会或学术机构共同编制台湾海峡海上风电发展规划，并指导本地区项目开发建设。在此基础上，分批次在有条件的深远海区域选址布局建设一批两岸共同规划、合作开发的海上风电资源区，推动两岸共同打造环台湾海峡清洁能源基地，支撑两岸能源转型发展。

三是拓展伙伴关系，深化国际绿色能源合作。坚持共商共建共享，实现国际能源合作"引进来"和"走出去"并重。一方面，加强与世界知名能源企业、科研院校、相关机构合作，健全先进技术研发合作机制，促进重点技术消化、吸收再创新，助力福建省打通能源发展的堵点和卡点。另一方面，持续推动"一带一路"绿色能源合作，加强与共建"一带一路"国家在能源建设、投资、装备等方面交流合作，积极开展国际水电、海上风电、光伏项目合作开发，为全球绿色发展贡献福建方案。

B.2
福建省践行能源安全新战略十年发展报告

魏宏俊　蔡建煌 *

摘　要： 能源安全新战略是中央关于能源发展领域的重大战略部署，福建省深入贯彻落实中央指示精神，在打造多元化能源供给体系、实现能源清洁低碳高效利用、完善能源体制机制、推动能源技术迭代创新、加强区域能源合作等方面取得了显著成效。但随着能源低碳转型的持续深入，能源安全稳定供应、清洁能源消纳利用、能源市场机制建设等方面仍面临新的挑战。下一步，福建省需要以规划为引领，加强省级新型能源体系建设布局，加快建立重大科技协同创新体系和产业链供应链协同创新机制，持续完善能源市场机制和能耗双控机制，进一步优化新型能源体系建设营商环境，全力推动能源安全新战略迈向下一个十年。

关键词： 能源安全新战略　低碳转型　体制机制改革　能源合作

一　福建省践行能源安全新战略的发展成就

2014年6月，习近平总书记创造性提出"四个革命、一个合作"能源安全新战略，福建省深入贯彻落实中央的相关部署，在保障能源安全、加快绿色低碳转型、建设新型能源体系等方面取得了一系列重要成就。

---

* 魏宏俊，工程硕士，国网福建省电力有限公司经济技术研究院，研究方向为电力营销、企业运营、智库建设；蔡建煌，工学学士，国网福建省电力有限公司经济技术研究院，研究方向为企业战略、企业管理、能源经济。

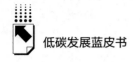

（一）深入推进供给侧结构性改革，着力打造多元化能源供应体系

一是加快清洁能源发展，推动能源生产结构跨越升级。电源结构从以化石能源为主向清洁能源装机、发电量占比"双过半"迈进，2023 年清洁能源装机、发电量占比分别达 63%、52.9%[①]，其中，2014~2023 年，水电装机容量从 1288 万千瓦增长到 1606 万千瓦，核电装机容量从 327 万千瓦增长到 1166 万千瓦、装机容量占比跃升至全国第 1 位，风电装机容量从 159 万千瓦增长到 762 万千瓦、发电时间连续 10 年居国家电网区域第 1 位，光伏装机容量从 8 万千瓦增长到 875 万千瓦，福建纳入国家能源局分布式光伏承载能力提升试点。清洁能源消纳率连续 10 多年保持 100%，已成为东部沿海电力绿色发展最好的省份、中国东南沿海重要的清洁能源基地。

二是加强基础设施建设，实现能源供应网络跨越升级。加快电网高质量发展，建成福建北部向南部新增输电通道，实现省内主网架从 500 千伏向 1000 千伏跨越；"全省环网、沿海双廊"500 千伏骨干电网更加完善，220 千伏变电站布点县域全覆盖，建成福州、厦门世界一流城市配电网，厦门现代智慧配电网示范列入国网公司首批现代智慧配电网综合示范工程，福建电网实现从"传统电力孤网"到"能源互联网"的跃升。加强天然气储备能力建设，引进印度尼西亚东固气田，建成中海油福建 LNG 接收站，投产运行西气东输三线天然气管道福建段，年接收能力 565 万吨哈纳斯莆田 LNG 接收站项目和 650 万吨中石油福清 LNG 接收站项目获得国家发展改革委批复。

（二）推动能源消费侧改革，实现能源清洁低碳高效利用

一是用能效率稳步提高。加工效率方面，2021 年，福建省能源加工转换效率达 68.8%，较 2014 年提升 4.8 个百分点。其中，福建省统调燃煤电厂平均供电标准煤耗从 2018 年的 302.02 克/千瓦时[②]下降至 2023 年的

---

① 本报告涉及的福建省电力数据均来自国网福建省电力有限公司。
② 《2018 年度福建省统调燃煤电厂节能减排信息披露》，福建省能监办网站，2019 年 1 月 23 日，https://fjb.nea.gov.cn/dtyw/jgdt/202311/t20231110_202194.html。

298.94 克/千瓦时①，较全国平均水平低 0.9%。经济效率方面，随着落后产能淘汰、先进产能释放，福建省能耗强度明显下降，2014~2021 年年均下降 6.0%，2021 年福建省能耗强度仅为全国平均水平的 64.5%。

二是绿色用能模式加速推广。2022 年，非化石能源消费比重达 25.8%，较 2014 年提高 10.3 个百分点。其中，电力消费量由 2014 年的 1856 万亿千瓦时增长到 2023 年的 3090 万亿千瓦时，终端电气化率提升至 35.4%，已超过日本、韩国和法国等发达国家。截至 2023 年底，福建公共充电桩达 9.6 万台，形成"三纵八横"高速公路充电网络、城区 3 公里公共充电服务圈，乡镇充电设施覆盖率超 75%，基本建成以社区等目的地场景充电为主、其他场景充电为辅的充电服务保障体系。

（三）持续完善能源体制机制，推动有为政府与有效市场结合

一是持续深化电力市场建设。福建省作为全国首批开展大用户直接交易试点省份，积极开展电力市场建设，参与交易的市场主体规模逐年扩大，由最初的 12 家增长至 2.2 万家。不断优化电力市场机制，组织开展中长期分时段交易和电商化零售套餐交易；完成现货长周期双边结算试运行，共 69 台燃煤机组、2 家独立储能、52 家批发用户、55 家售电公司参与结算，实现经营主体的全覆盖；调峰、调频辅助服务市场正式运行，推动出台需求响应资金支持政策、居民电动汽车充电设施分时电价政策；持续拓展绿电绿证交易，2023 年成交绿电电量 7.68 亿千瓦时，同比增长 139%，成交绿证 22.7 万张，同比增长 1220%，积极促进绿电消费。

二是深化能源领域"放管服"改革。深入推进"互联网+政务服务"，推动许可"一网通办"，全流程网上"一件事一次办"和许可事项限时办结。截至 2023 年 6 月，全省"水电气网"一站式服务覆盖 9 地市 268 个供电营业厅、173 个行政服务窗口、132 个水气网营业厅。持续优化电力营商

---

① 《2023 年度福建省统调燃煤电厂节能减排信息披露》，福建省能监办网站，2024 年 1 月 17 日，https://fjb.nea.gov.cn/dtyw/sjfb/202401/t20240117_227346.html。

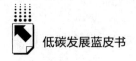
环境，全力推进"快接电"，实现居民"刷脸办电"、企业"开门接电"，"深化供电服务领域'一件事一次办''多件事联合办'"典型经验入选国家能源局优化营商环境典型案例。

（四）大力推进能源技术迭代创新，有力支撑现代化能源体系建设

一是清洁发电技术全国领先。福建省海上风电技术亚洲领先，相继下线我国自主研发的 6.7~18 兆瓦级风电机组，实现海上风电装备制造能力的持续提升。光伏电池技术全国领先，莆田钜能电力异质结电池实现规模化量产，光电转换效率最高达 27%，刷新异质结电池量产纪录；泉州钧石能源自主开发的"二代异质结太阳能电池生产设备"入选国家能源局第一批能源领域首台（套）重大技术装备项目。电化学储能技术领跑全球，宁德时代攻克了 12000 次超长循环寿命、高安全性储能专用电池核心技术，量产交付了全球首套"5MWh EnerD 系列液冷储能预制舱系统"，最高可在-40℃低温环境正常运行，全球储能电池市场占有率达 40%。

二是积极构建国家级实验室基地。建成了兴化湾海上风电试验场，是全球首个国际化大功率海上风电样机试验风场。成功争取设立国家级海上风电研究与试验检测基地，进一步提升风机试验检测能力。电化学储能技术国家工程研究中心已落户福建，重点开展高能量与高功率密度电池等关键核心技术开发，推动先进储能技术、装备研制和转化。

（五）加强区域能源合作，提升区域能源互济保障能力

推动电力跨区互联互通。成功投运浙北—福州特高压交流输变电工程、闽粤联网工程，与华东、广东联网交换能力分别达 450 万千瓦和 200 万千瓦，10 年来累计向外输送清洁电量 398.98 亿千瓦时，有效缓解华东、华南地区用电紧张局面。开展闽赣联网研究论证，推动闽赣联网工程纳入国家电力规划作为前期储备项目，开展闽浙第二特高压输电通道研究论证。基本完成与金门、马祖地区的电力联网前期工作，助推两岸能源电力行业交流合作，为两岸电力联网工程凝聚共识。推动建立跨省

外送可中断交易机制，常态化开展闽粤联网交易，推动电力资源在更大范围优化配置。

二 福建省能源电力发展面临的形势挑战

一是能源供应安全稳定压力剧增。风电、光伏等新能源的大规模开发将给电力系统安全稳定运行带来风险挑战。供需平衡更难，风光等新能源具有较强的随机性、波动性和间歇性，可调度性差，且"极热无风、晚峰无光"特点突出，电力供需矛盾将更加突出。例如，2021年8月，福建省553万千瓦装机容量的风电，高峰时段出力在1万~260万千瓦间波动；8月7日，午高峰风电出力从夜间的300万千瓦降至仅1.3万千瓦，对电力稳定供应带来了更大挑战。极端气候风险显著增加，极端高温、极端干旱、台风等灾害天气情况将造成清洁能源出力大幅降低，加剧系统安全稳定运行与电力可靠供应挑战。

二是清洁能源消纳利用面临挑战。分布式光伏建设周期短，近年来进入井喷式建设阶段，加快消耗原有的电网系统接入裕度，根据省发展改革委统计，南靖、尤溪、光泽、屏南等4个县分布式光伏承载力已达上限。随着大规模分布式光伏进一步发展，以农村为代表的县域配电网将面临大量有功倒送，叠加农村地区用电负荷需求增长较慢，消纳问题更加突出。同时，分散式风电发展迎来政策窗口期。2024年3月，国家发展改革委、国家能源局、农业农村部联合发布《关于组织开展"千乡万村驭风行动"的通知》，明确鼓励在农村地区发展分散式风电，原则上每个村不超过20兆瓦，由于风电存在反调节特性，将进一步提升农网消纳和源荷匹配难度。此外，随着海上风电规模化发展，存在盛风季和丰水期福建清洁电力资源过剩而周边地区无电力需求、弱风期和枯水期福建清洁电力资源紧张而周边地区电力需求旺盛的长周期调节问题，可能导致盛风期、丰水期福建弃风弃水。

三是能源市场机制有待完善。新能源市场化消纳仍有欠缺。目前，福建电力市场交易主体以煤电、核电等传统电源为主，风电、光伏等新能源属于优先发电，除少量风电参与市场交易外，其余新能源均为电网企业代理购电保障电源，电力用户自主消纳可再生能源电力规模较小。用户侧价格传导机制尚未打通。福建当前实行发电侧单边现货市场模式，现货价格无法传导至用户侧，且辅助服务费仅在发电侧分摊，未能通过市场化机制向用户侧疏导，不仅难以发挥用户侧价格信号作用，也将影响发电侧参与辅助服务的积极性。电力市场和碳排放权交易市场建设有待同步。当前两大市场的建设相对独立，市场覆盖范围有限，交易、监管等机构大多独立运作，交易履约管理难度较大且壁垒较高，市场作用难以充分发挥。

三 福建省推动新型能源体系跨越发展的建议

（一）规划引领，加强新型能源体系建设布局规划

一是加强新型能源体系顶层设计。以规划为引领，全省一盘棋统筹开展各类能源基地、现代化能源设施、现代化能源产业布局，形成具有福建特色的新型能源体系建设总体方案、发展目标、建设任务。以规划为引领，持续优化能源领域资源流向，推动清洁能源资源优势转化为发展优势。

二是强化清洁能源基地布局规划。增优减劣、统筹制定福建省海上风电、核电、氢能、化石能源等基地规划方案，打造清洁能源基地和化石能源储备基地多元融合发展的能源基地格局，特别是尽快明确闽北、闽南海上风电基地发展规划，提出分阶段发展目标及海上风电场址布局规划，划出海上风电"优先开发区"，统筹好环境资源保护及投资和效益。

三是超前布局谋划现代能源设施。结合各类能源基地建设时序、能源重点消纳区域，协同推进关键能源传输通道规划建设，支撑能源消纳需要，其中海上风电基地要充分衔接军事、航道等相关规划，统筹布局"海电登陆"输电通道路由并纳入省级能源发展规划。

（二）创新驱动，建立新型能源体系创新支撑体系

一是建立重大科技协同创新体系。建设并发挥好能源领域国家实验室作

用，形成以国家战略科技力量为引领、企业为主体、市场为导向、产学研用深度融合的能源技术创新体系，加快突破一批清洁低碳能源关键技术。支持能源领域龙头企业牵头联合科研机构、高校、金融机构、社会服务机构等建立能源技术创新联合体，积极开展国际合作，构建开放共享的创新生态圈，加速能源创新技术研发与成果应用的双向迭代。

二是建立产业链供应链协同创新机制。推动构建以需求端技术进步为导向，产学研用深度融合、上下游协同、供应链协作的清洁低碳能源技术创新促进机制。推动新能源产业高质量发展，促进数字化、信息化技术与清洁低碳能源融合创新。重点打造能源领域省级创新实验室、产业技术研发公共服务平台，推动研发设计、计量测试、检测认证、知识产权服务等科技服务业与清洁低碳能源产业链深度融合。

（三）深化改革，完善新型能源体系建设体制机制

一是完善能源市场机制。健全适应新型电力系统的市场机制。构建全国统一电力大市场，以长期稳定的市场价格信号引导能源转型，形成适应大规模新能源发展的能源价格传导机制。以绿电交易机制为抓手，逐步扩大市场规模，形成市场化消纳机制，推动全社会清洁用能转型。完善碳市场运行机制。探索引入有偿分配模式，选取部分行业作为试点，适当收紧配额，并将所得收入用于支持低碳技术、产业的发展及低碳基础设施的建设。

二是完善能耗双控机制。优化能耗总量和强度调控。探索省内能耗指标调配模式，在确保完成能耗强度降低基本目标的情况下，探索建立省内设区市间能耗指标调配交易机制，鼓励能耗强度降低进展顺利、总量指标富余的设区市出让能耗总量指标，提升能耗指标调整灵活度。健全碳排放双控配套制度。健全碳减排目标责任分解机制，综合考虑各地区经济发展和能源消费水平等因素，将全省碳排放总量控制目标分解到各设区市、主要行业和重点碳排放单位。探索建立省、市、县三级碳排放预算管理体系，实施碳排放预算管理，促进各地区能源和产业结构转型升级。

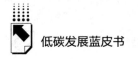

（四）创造条件，优化新型能源体系建设营商环境

一是提升新能源项目建设便利度。做好新能源重大项目储备。优化福建能源项目投资结构，围绕福建能源基地、现代能源设施、现代能源产业发展的目标，针对性开展项目储备，并聚焦打造国家级能源基地和产业基地，力争更多项目纳入国家规划和省重点项目计划。保障新能源项目用海用地。完善新能源项目用海用地管制规则，建立省自然资源厅、省生态环境厅、省发展改革委等相关单位的新能源项目用海用地协同机制。强化新能源项目执行刚性。将新能源资源开发评价和项目空间信息纳入国土空间规划"一张图"，实行新能源项目清单制，并推广信用监管模式，确保已布局新能源项目按期全部建成。

二是优化能源领域人才发展环境。加大能源人才队伍培育力度。依托重大能源工程、能源创新平台，加速能源中青年骨干人才培养，加速培育一批具备能源技术与数字技术融合知识技能的跨界复合型人才，加速在储能、海上风电、光伏、氢能、电力输送领域培养中国工程院院士等领军人物。支持福建能源企业与高等院校围绕新型能源体系建设重点发展方向和关键技术共建产业学院、联合实验室、实习基地等。优化新能源创新人才引进制度。将能源领域人才纳入各类人才计划支持范围，优化人才评价及激励政策。出台引进能源行业高层次团队的区别性政策，催生能源发展新技术、新产业、新业态、新模式，搭建能源领域人才创新平台。

三是建立财政金融支持保障机制。完善支持能源转型的多元化投融资机制。加大对清洁低碳能源项目、能源供应安全保障项目投融资支持力度；提供低息贷款及设立发展基金，破解可再生能源制造企业融资难问题；对可再生能源投资企业实施税收优惠。制定能源科技创新资金支持政策。制定系列促进能源科技创新的投资、税收、金融、保险、知识产权等支持政策，鼓励企业用好能源科技创新再贷款和碳减排支持工具，鼓励金融机构创新产品和服务，加大对能源技术创新的资金支持力度，形成支持能源创新技术发展的长效机制。

B.3
省域"双碳"指数报告

蔡建煌　项康利　施鹏佳　陈劲宇*

摘　要： 为了科学、客观、量化评价省域低碳发展水平和"双碳"目标推进情况，本文构建了省域"双碳"指数，并对全国30个省份开展测算和对比分析。结果表明，我国30个省份"双碳"指数普遍不高，且地区差异明显，反映了我国整体低碳发展水平有待提高，不同省份之间低碳发展不平衡不充分现象较为突出。其中，福建低碳发展水平位居国内中上行列，尤其在清洁能源渗透率、森林覆盖率、碳排放MRV体系健全度等指标上领先优势明显，但在碳排放脱钩指数、碳排放趋势检验、高排放行业占比等指标上严重落后，福建需着力加速产业结构绿色低碳转型，同时厚植生态环境先发优势，努力尝试扭转碳排放快速增长的局面，推动低碳发展水平迈上新台阶。

关键词： 省域"双碳"指数　低碳压力　低碳状态　低碳响应

改革开放以来，中国的经济发展取得了举世瞩目的成就，GDP快速增长，城镇化进程加速推进，率先在现行标准下实现全部脱贫。然而，传统粗放式的经济增长模式导致环境污染物和碳排放迅速增加，引发重大环境问题与全球气候风险。

面对全球应对气候变化不确定性激增的外部形势，习近平主席在第七十

---

* 蔡建煌，工学学士，国网福建省电力有限公司经济技术研究院，研究方向为企业战略、企业管理、能源经济；项康利，工学硕士，国网福建省电力有限公司经济技术研究院，研究方向为能源经济、战略与政策；施鹏佳，工学硕士，国网福建省电力有限公司经济技术研究院，研究方向为配网规划、企业管理；陈劲宇，工学硕士，国网福建省电力有限公司经济技术研究院，研究方向为能源战略与政策、低碳技术。

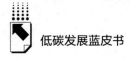
五届联合国大会上做出郑重承诺，宣布中国将力争 2030 年前实现碳达峰、2060 年前实现碳中和。党的二十大报告进一步明确"积极稳妥推进碳达峰碳中和"。此后，中共中央、国务院出台《关于完整准确全面贯彻新发展理念做好碳达峰碳中和工作的意见》和《2030 年前碳达峰行动方案》，各部委、各地方政府陆续出台相关政策文件，明确时间表和路线图，构建完成"1+N"政策体系，统筹有序做好碳达峰碳中和工作。

为了科学、客观、量化评价各省份低碳发展水平和"双碳"目标推进情况，在研究大量政策、案例、数据的基础上，编写组构建了省域"双碳"指数，并对全国各省份开展测算和对比分析，为各省份推进"双碳"目标提供参考。

一 "双碳"指数构建原则

省域"双碳"指数构建以及相关指标选取遵循系统性、一致性、科学性、可比性等一系列原则，合理准确且量化地反映低碳发展进度与成效，为碳达峰碳中和政策制定与实施提供支撑。

（一）系统性

碳达峰碳中和是一场广泛而深刻的经济社会系统性变革，低碳发展是涵盖多方面的综合性问题，涉及的不仅是节能降碳，还包括经济社会发展、产业结构调整、技术变革、环境保护等各方面内容，因此"双碳"指数需要综合考虑经济、社会、技术和环境等多方面因素，反映各方面发展情况。

（二）一致性

我国已明确提出 2030 年前实现碳达峰、2060 年前实现碳中和的目标，明确建设新型能源体系、构建新型电力系统等发展目标，"双碳"指数要与国家"双碳"目标、宏观经济发展目标、能源转型和绿色经济发展目标一致，与国家、地区政策法规一致，体现政府和社会各界低碳发展的共识。

（三）科学性

"双碳"指数是为了反映省域低碳发展形势而设计，因此要求"双碳"指数基于科学研究和数据分析，各评价指标选取科学、具有充足的数据支撑，且较易获取，测算结果能够较真实、科学地反映各个地区低碳发展水平，对政府、公众和利益相关者透明、公开，对下一步降碳工作具有指导作用。

（四）可比性

对比分析省域低碳发展形势，有助于精准识别不同省域低碳发展薄弱点和关键点，支撑全国和地方结合实际统筹推进碳达峰碳中和相关工作，因此"双碳"指数需要能够在不同省域、不同时间之间进行比较和分析，进而形成客观、准确的评价结论。

二 "双碳"指数逻辑框架

"压力—状态—响应"模型（PSR模型）是经合组织（OECD）和联合国环境规划署（UNEP）采信且倡导的适用于研究环境问题的理论框架，是一种用于环境质量评价的框架体系，该模型通过"压力—状态—响应"这一思维逻辑，体现了人类与环境之间的相互作用关系。具体来说，压力指标表征人类的经济和社会活动对环境的作用，如资源索取和物质消费等；状态指标表征特定时间阶段的环境状态和环境变化情况，包括生态系统与自然环境的现状；响应指标指社会和个人如何行动来减轻、阻止、恢复和预防人类活动对环境的负面影响，以及对已经发生的不利于人类生存发展的生态环境变化进行补救的措施。

控碳减碳也是环境研究的一部分，因此"双碳"指数构建拟采用PSR模型，并按照"环境—能源—经济"系统（3E系统）进行拆解。在该模型下，人类活动与碳排放之间的相互作用关系同样适用"压力—状态—响应"

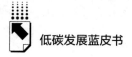

这一思维逻辑。一方面，人类的经济活动、能源生产消费活动等行为将排放大量的二氧化碳，造成温室效应持续加剧的压力，进而影响经济、能源、环境的低碳化发展状态；另一方面，为减缓大气中二氧化碳浓度增长趋势，人类采取了一系列节能减排措施，力求改善经济、能源、环境发展状态。如此循环往复，压力、状态、响应互相制约、相互影响，共同形成人类活动与碳排放之间的"压力—状态—响应"三元发展关系（见图1）。

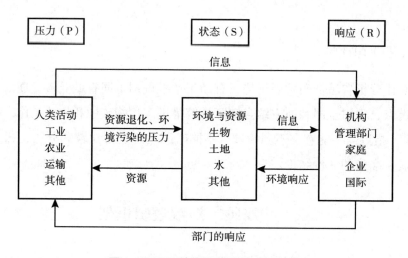

图1　PSR环境评价模型的理论框架

低碳压力指人类活动对推进低碳发展产生的压力。在生态环境方面，压力主要源自省域二氧化碳排放总量和增速带来的减排压力，同时来自制定的涉碳雄心目标与实际碳排放之间的差距水平。在能源电力方面，压力主要源自人类生产生活所必须引起的大量能源电力消耗。在经济社会方面，压力主要源自"双碳"目标下省域需要兼顾经济高质量发展与民生改善。

低碳状态指低碳进展态势的现状情况。在生态环境方面，主要反映省域碳排放与经济增长脱钩程度，同时体现为森林覆盖率等环境现状。在能源电力方面，主要反映生产侧的清洁能源利用水平，以及消费侧的电能利用水平。在经济社会方面，主要反映产业结构的清洁低碳现状，以及民众绿色生活方式的现状水平。

低碳响应指为推动低碳发展采取行动的成效。在生态环境方面，响应手段主要表现为碳排放监测、计量、核算等控碳减碳工具的开发应用，涉碳政策的出台实施，以及对废气废水废物污染的处理等生态文明建设举措。在能源电力方面，响应手段主要表现为各种推进能源清洁低碳转型的举措和行动。在经济社会方面，响应手段主要表现为政府对低碳发展重点工程的资源投入，民众对绿色事业的支持和参与。

总体而言，从"压力—状态—响应"三个维度出发、结合"经济—能源—生态"系统体系开展省域"双碳"指数设计，可以系统串联影响省域低碳发展的各方面要素，构建兼顾完整性和科学性的指标体系（见图2）。

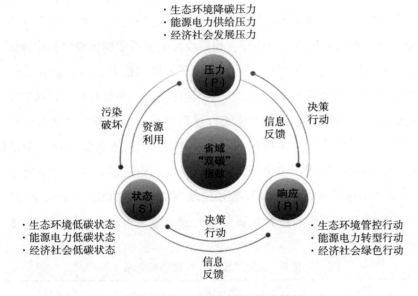

图2 省域"双碳"指数构建框架

三 "双碳"指数指标体系

在PSR模型和3E系统结合的总体框架下，省域"双碳"指数构建涉及低碳压力、低碳状态、低碳响应三个维度，覆盖生态环境、能源电力、经济

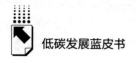

社会三个领域，共设置 24 项三级指标。

低碳压力一级指标下，设置生态环境降碳压力、能源电力供给压力、经济社会发展压力等 3 项二级指标，以及涉碳雄心目标、人均能源消费量、人均 GDP 等 8 项三级指标。指标设计的参考依据主要包括《中共中央　国务院关于完整准确全面贯彻新发展理念做好碳达峰碳中和工作的意见》等顶层政策文件中订立的远近景目标，同时考虑到国家对部分碳达峰碳中和目标的阐释偏向于定性描述，如开创人与自然和谐共生新境界，故还增设了环境污染指数（由人均工业固体废物排放量、人均工业废水排放量、人均二氧化硫排放量组成）等定量指标。

低碳状态一级指标下，设置生态环境低碳状态、能源电力低碳状态、经济社会低碳状态等 3 项二级指标，以及碳排放趋势检验、非化石能源消费占比、第三产业占比等 9 项三级指标。指标设计的参考依据主要包括中国碳核算数据库（CEADs）及各省域统计年鉴中公开披露的信息条目，且相关信息能够客观反映当前阶段不同省域生态环境、能源电力、经济社会的低碳状态。

低碳响应一级指标下，设置生态环境管控行动、能源电力转型行动、经济社会绿色行动等 3 项二级指标，以及碳排放 MRV 体系健全度、清洁能源发展指数、环境市场建设水平等 7 项三级指标。指标设计的参考依据主要包括《2030 年前碳达峰行动方案》等顶层政策文件中规划的一系列重要任务，如建立统一规范的碳排放统计核算体系、建立健全市场化机制等（见表 1）。

表 1　省域"双碳"指数指标体系

一级指标	二级指标	三级指标
低碳压力	生态环境降碳压力	涉碳雄心目标
		人均碳排放量
		人均碳排放增速
		环境污染指数
	能源电力供给压力	人均能源消费量
		人均用电量
	经济社会发展压力	人均 GDP
		人口密度

续表

一级指标	二级指标	三级指标
低碳状态	生态环境低碳状态	碳排放趋势检验
		碳排放脱钩指数
		森林覆盖率
	能源电力低碳状态	非化石能源消费占比
		终端电气化率
		清洁能源渗透率
	经济社会低碳状态	第三产业占比
		高排放行业占比
		新能源汽车渗透率
低碳响应	生态环境管控行动	碳排放 MRV 体系健全度
		低碳政策健全度
		环境净化指数
	能源电力转型行动	清洁能源发展指数
	经济社会绿色行动	低碳转型财政支出比重
		环境市场建设水平
		新能源汽车销量增速

（一）涉碳雄心目标

指标释义：省域碳达峰、碳中和目标年的设定情况，目标年越早代表涉碳雄心越大。

指标类型：定性、正向。

计算方法：涉碳雄心目标=碳达峰目标折算分+碳中和目标折算分。

碳达峰目标折算分：以国家 2030 年碳达峰目标为基准，赋分为 20 分，目标年每提前一年加 8 分，每向后推迟一年减 4 分，目前尚未明确提出碳达峰目标年的省份不得分。

碳中和目标折算分：以国家 2060 年碳中和目标为基准，赋分为 20 分，目标年每提前一年加 4 分，每向后推迟一年减 4 分，目前尚未明确提出碳中和目标年的省份不得分。

数据来源：各省域涉碳顶层规划政策。

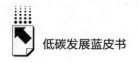
（二）人均碳排放量（吨）

指标释义：省域内每人每年平均排放的二氧化碳量。

指标类型：定量、逆向。

计算方法：人均碳排放量＝二氧化碳排放量/常住人口。

数据来源：中国碳核算数据库（CEADs）。

（三）人均碳排放增速（％）

指标释义：相邻两年省域内人均碳排放量的比值。

指标类型：定量、逆向。

计算方法：人均碳排放增速＝（某年度人均碳排放量/前一年度人均碳排放量）－1。

数据来源：中国碳核算数据库（CEADs）。

（四）环境污染指数

指标释义：表征省域环境污染程度或环境质量等级的数值，主要由人均工业固体废物排放量、人均工业废水排放量、人均二氧化硫排放量体现。

指标类型：定量、逆向。

计算方法：环境污染指数＝人均工业固体废物排放量折算分+人均工业废水排放量折算分+人均二氧化硫排放量折算分。

人均工业固体废物排放量折算分：（最高的省域人均工业固体废物排放量-人均工业固体废物排放量）/（最高的省域人均工业固体废物排放量-最低的省域人均工业固体废物排放量）。

人均工业废水排放量折算分：（最高的省域人均工业废水排放量-人均工业废水排放量）/（最高的省域人均工业废水排放量-最低的省域人均工业废水排放量）。

人均二氧化硫排放量折算分：（最高的省域人均二氧化硫排放量-人均二氧化硫排放量）/（最高的省域人均二氧化硫排放量-最低的省域人均二

氧化硫排放量）。

数据来源：各省域统计年鉴。

（五）人均能源消费量（千克标准煤）

指标释义：省域内每人每年平均消耗的一次能源量。

指标类型：定量、逆向。

计算方法：人均能源消费量＝能源消费总量/常住人口。

数据来源：各省域统计年鉴。

（六）人均用电量（千瓦时）

指标释义：省域内每人每年平均消耗的电量。

指标类型：定量、逆向。

计算方法：人均用电量＝用电总量/常住人口。

数据来源：各省域统计年鉴。

（七）人均 GDP（元）

指标释义：省域在一年内所生产的按人口平均计算的社会最终产品和劳务的总值。

指标类型：定量、正向。

计算方法：人均 GDP＝地区生产总值/常住人口。

数据来源：各省域统计年鉴。

（八）人口密度（人/公里^2）

指标释义：省域内单位土地面积上的人口数量。

指标类型：定量、逆向。

计算方法：人口密度＝常住人口/省域面积。

数据来源：各省域统计年鉴。

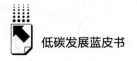

（九）碳排放趋势检验

指标释义：省域碳排放总量变化趋势。

指标类型：定性、正向。

计算方法：（1）碳排放未出现峰值不得分；（2）出现峰值后年数小于5年得20分；出现峰值后满5年且MK检验中Z值≥0（即碳排放处于波动变化状态）得40分；（3）出现峰值后满5年且MK检验中Z值<0，但下降趋势不显著得60分；（4）出现峰值后满5年且MK检验中Z值<0，同时Z值在0.05水平显著（即碳排放量显著下降）得80分；（5）出现峰值后满5年且MK检验中Z值<0，同时Z值在0.01水平显著（即碳排放量极其显著下降）得100分。

数据来源：中国碳核算数据库（CEADs）。

（十）碳排放脱钩指数

指标释义：一定时期（一般选择4年）省域内碳排放总量平均增长率与同期GDP平均增长率的比值。

指标类型：定量、逆向。

计算方法：碳排放脱钩指数=〔（某年度碳排放总量/4年前碳排放总量）^（1/4）−1)／（某年度GDP总量/4年前GDP总量）^（1/4）−1〕。

数据来源：中国碳核算数据库（CEADs）、各省域统计年鉴。

（十一）森林覆盖率（%）

指标释义：省域内森林面积占土地总面积的比值。

指标类型：定量、正向。

计算方法：森林覆盖率=森林面积/土地总面积。

数据来源：各省域统计年鉴。

（十二）非化石能源消费占比（%）

指标释义：省域内风能、太阳能、水能、核能等非化石能源消费占一次能源消费总量的比重。

指标类型：定量、正向。

计算方法：非化石能源消费占比=1－（煤炭占能源消费总量的比重+石油占能源消费总量的比重+天然气占能源消费总量的比重）。

数据来源：各省域统计年鉴。

（十三）终端电气化率（％）

指标释义：省域终端能源消费结构中电能所占的比重。

指标类型：定量、正向。

计算方法：终端电气化率=终端电能消耗量/终端能源消费总量。

数据来源：《中国电气化年度发展报告2022》。

（十四）清洁能源渗透率（％）

指标释义：表征省域清洁能源利用水平的数值，主要由清洁能源装机占比、清洁能源电量占比共同体现。

指标类型：定量、正向。

计算方法：清洁能源渗透率=50%×清洁能源装机占比+50%×清洁能源电量占比。

数据来源：各省域"十四五"能源发展专项规划、各省域统计年鉴。

（十五）第三产业占比（％）

指标释义：服务业产出占省域经济总值的比重。

指标类型：定量、正向。

计算方法：第三产业占比=第三产业产值/地区生产总值。

数据来源：各省域统计年鉴。

（十六）高排放行业占比（％）

指标释义：省域内工业、建筑、交通等高碳排放行业产出占省域经济总值的比重。

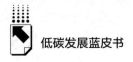

指标类型：定量、逆向。

计算方法：高排放行业占比＝高排放行业产值/地区生产总值。

数据来源：各省域统计年鉴。

（十七）新能源汽车渗透率（％）

指标释义：省域内新能源汽车销量占汽车总销量的比重。

指标类型：定量、正向。

计算方法：新能源汽车渗透率＝新能源汽车销量/汽车总销量。

数据来源：政务公开平台、网络资料。

（十八）碳排放 MRV 体系健全度

指标释义：省域碳排放监测、披露、核算等方面的能力建设公开情况。

指标类型：定性、正向。

计算方法：碳排放计量监测、信息披露、统计核算、综合考核、市场建设等 5 个领域各计 20 分，各领域已开展实践得 20 分，未开展不得分。

数据来源：各省域涉碳顶层规划政策。

（十九）低碳政策健全度

指标释义：省域围绕低碳发展出台配套政策的完备程度。

指标类型：定性、正向。

计算方法：围绕低碳发展出台的投资政策、绿色金融政策、财税价格政策、市场化机制政策等 4 类政策各计 20 分，各类型政策已出台得 20 分，未出台不得分（参照《中共中央　国务院关于完整准确全面贯彻新发展理念做好碳达峰碳中和工作的意见》设计）。

数据来源：政务公开平台。

（二十）环境净化指数

指标释义：表征省域环境净化水平的数值，主要由工业固体废物利用率、城市污水处理率、生活垃圾无害化处理率共同体现。

指标类型：定量、正向。

计算方法：环境净化指数=工业固体废物利用率折算分+城市污水处理率折算分+生活垃圾无害化处理率折算分。

工业固体废物利用率折算分=（工业固体废物利用率-最低的省域工业固体废物利用率）／（最高的省域工业固体废物利用率-最低的省域工业固体废物利用率）。

城市污水处理率折算分=（城市污水处理率-最低的省域城市污水处理率）／（最高的省域城市污水处理率-最低的省域城市污水处理率）。

生活垃圾无害化处理率折算分=（生活垃圾无害化处理率-最低的省域生活垃圾无害化处理率）／（最高的省域生活垃圾无害化处理率-最低的省域生活垃圾无害化处理率）。

数据来源：各省域统计年鉴。

（二十一）清洁能源发展指数（％）

指标释义：表征省域清洁能源发展速度的数值，主要由清洁能源装机增速、清洁能源电量增速共同体现。

指标类型：定量、正向。

计算方法：清洁能源发展指数=50％×清洁能源装机增速+50％×清洁能源电量增速。

数据来源：各省域"十四五"能源发展专项规划、各省域统计年鉴。

（二十二）低碳转型财政支出比重（％）

指标释义：省域低碳发展支出占一般公共预算支出的比重。

指标类型：定量、正向。

计算方法：低碳转型财政支出比重=节能环保支出／一般公共预算支出。

数据来源：各省域统计年鉴。

（二十三）环境市场建设水平

指标释义：省域碳排放权交易市场、用能权交易市场、绿电交易市场建

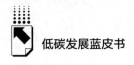

设情况。

指标类型：定性、正向。

计算方法：碳排放权交易市场、用能权交易市场、绿电交易市场等 3 个市场各计 20 分，各市场已开展实践得 20 分，未开展不得分。

数据来源：国家涉碳顶层规划政策。

（二十四）新能源汽车销量增速（%）

指标释义：省域内新能源汽车销售量的增长速度。

指标类型：定量、正向。

计算方法：新能源汽车销量增速 =（某年度新能源汽车销量/前一年度新能源汽车销量）-1。

数据来源：政务公开平台、网络资料。

四　"双碳"指数计算方法

在确定省域"双碳"指数指标体系基础上，为了进一步科学评价省域低碳进展情况，量化发展成效、明晰演进趋势，结合各类指标特点，设计省域"双碳"指数评价流程和指标赋值赋权方法，最终实现省域之间低碳发展进程的量化可比。

（一）总体评价流程

第一步：计算三级指标评分。三级指标主要分为定性与定量两种，其中定性指标采用综合化赋值法进行百分制取值，定量指标采用标准化赋值法进行百分制取值，且对指标数值进行归一化处理，进而消除不同量纲对评价结果的影响。

第二步：计算各级指标权重。为强化评价体系对于实现"双碳"目标抓重点、补短板、强弱项的指导作用，采用熵权法对所有三级指标进行权重设置，并根据指标间上下层级对应关系，加和求取一级、二级指标权重。

第三步：计算总评分，即"双碳"指数。结合三级指标评分与权重，采用综合加权法得到二级指标评分；再参考上述流程，重复采用综合加权法得到一级指标评分以及省域"双碳"指数总评分（见图3）。

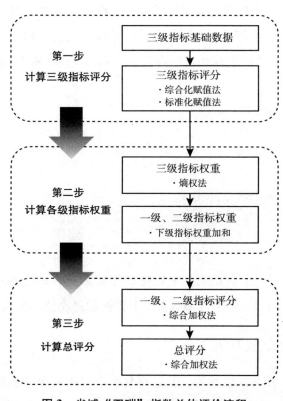

图3 省域"双碳"指数总体评价流程

（二）指标赋值方法

1. 综合化赋值法

综合化赋值法依托目标基本定义对指标的好坏进行科学划分，实现对定性指标的量化处理，其核心思想是对指标的不同水平赋予差异化的数值，并以此为基础进行综合评价。例如，针对碳排放趋势检验指标，该方法通过测算省域碳排放峰值年，进而区分省域当前所处的碳达峰进程阶段（尚未达

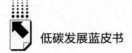

峰、波动达峰、完全达峰等），并赋予0~100分范围内不同的分值。

2.标准化赋值法

标准化赋值法通过对指标的标准化处理消除指标单位、数量级等因素对评价结果的影响，实现对定量指标的规范性赋值。其中，对于正向指标，最大值计100分，最小值计1分；对于逆向指标，最大值计1分，最小值计100分；省域得分参照最高和最低得分，采用min-max标准化法进行无量纲转换。

正向指标标准化赋分公式：

$$X_{ij} = \frac{x_{ij} - \min\{x_{ij}\}}{\max\{x_{ij}\} - \min\{x_{ij}\}}$$

逆向指标标准化赋分公式：

$$X_{ij} = \frac{\max\{x_{ij}\} - x_{ij}}{\max\{x_{ij}\} - \min\{x_{ij}\}}$$

式中，X_{ij}为第i个省份第j个指标的原始数据，x_{ij}为标准化后的得分，$\min\{x_{ij}\}$、$\max\{x_{ij}\}$为30个省份第j个指标的最小值和最大值。

（三）指标赋权方法

熵权法是一种客观赋权法，其思想是根据指标包含信息量的多少确定权重。若指标包含信息量较大，其变化程度将对应较大，说明该指标在评价体系中的作用相对明显，指标权重理论上应更高。具体计算过程如下：

（1）计算不同省份某个指标值x_{ij}的比重p_{ij}：

$$p_{ij} = \frac{x_{ij}}{\sum_{i=1}^{n} x_{ij}}$$

（2）计算该指标的信息熵e_j：

$$e_j = -\ln(n) \sum_{i=1}^{n} p_{ij}\ln p_{ij}$$

（3）计算该指标的权重 w_j：

$$w_j = \frac{1 - e_j}{\sum\limits_{j=1}^{m}(1 - e_j)}$$

五　全国省域"双碳"指数情况

（一）总体情况

以我国除西藏、香港、澳门、台湾以外的 30 个省份为对象开展省域"双碳"指数测算。

总体来看，我国 30 个省份"双碳"指数普遍不高，且地区差异明显，反映了我国整体低碳发展水平有待提高，不同省份之间低碳发展不平衡不充分现象较为突出。30 个省份"双碳"指数均值为 43.0 分、中值为 42.4 分。30 个省份"双碳"指数的方差为 118.6、标准差为 10.9。

（二）分地区情况

西南地区"双碳"指数领跑态势初步显露，地区平均"双碳"指数为 49.0 分。现阶段优异的低碳状态是西南地区得分领先的关键所在，充裕的水电资源直接保证相关省份清洁能源渗透率等指标的不俗表现，并间接带动碳排放趋势波动下降。

华北地区各省份之间"双碳"指数差异显著，地区平均"双碳"指数 46.0 分。不同的省份产业定位不同造就了华北地区内部低碳发展进程的差异化，工业大省的清洁转型进程明显滞后于服务型省份，导致其面临巨大的低碳压力。

华南地区个别省份"双碳"指数表现亮眼，地区平均"双碳"指数为 44.0 分，不同省份之间有一定的差异。由于华南地区产业结构、能源结构和能效水平均较为合理，部分评分落后省份仅需锚定低碳响应维度着重发

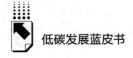
力，即可尽快改善低碳发展较慢局面。

华中地区各省份"双碳"指数集中在全国平均水平附近，地区平均"双碳"指数为43.7分，不同省份之间差异不大。华中地区内部低碳发展进程较为一致，尤其是所有省份现阶段的低碳状态极其接近，可以采取相对统一步调协同推进节能降碳工作。

东北地区"双碳"指数与华中地区基本接近，地区平均"双碳"指数为42.9分，不同省份之间差异不大。低碳状态维度是东北地区的主要得分短板，考虑到东北地区在终端电气化率、新能源汽车渗透率等指标上劣势较大，未来需要通过创新政策和升级技术改变不佳的低碳状态。

华东地区各省份"双碳"指数呈现阶梯态分布特征，地区平均"双碳"指数为42.8分，不同省份之间有一定的差异。华东地区碳排放总量大且增速快，导致大多数省份将长期承受较高强度的低碳压力，预计华东地区将成为决定全国能否如期实现碳达峰碳中和的关键战场。

西北地区"双碳"指数总体偏低，地区平均"双碳"指数为34.3分，各省份也均较低。产业结构偏重、对化石能源依存度高是西北地区低碳进程相对滞后的主要因素，但西北地区低碳响应较为积极，现已部署一系列工作以谋求加速低碳发展。

（三）各省份低碳压力情况

总体来看，多数省份低碳压力评分低、负担大，具体情况如下。

1. 生态环境降碳压力

生态环境降碳压力得分由涉碳雄心目标、人均碳排放量、人均碳排放增速、环境污染指数（人均工业固体废物排放量、人均工业废水排放量、人均二氧化硫排放量）等4个三级指标赋值加权得来，以体现省域在推进生态环境建设方面承受的压力。

涉碳雄心目标方面，过半省份宣布率先达峰，全国共有江西、河南等16个省份提出将在2030年前实现碳达峰目标，其余省份设定的目标偏向保守，仅要求在2030年实现碳达峰即可。个别省份尝试率先中和，仅上海和青海两地明确将在 2060 年前实现碳中和目标，其余省份均选择与国家"双碳"目标要求步调一致（见表 2）。

表 2   省域涉碳雄心目标制定情况

涉碳雄心目标	省域
2030 年前碳达峰	上海、河南、江西、北京、天津、河北、山东、辽宁、吉林、黑龙江、陕西、四川、广东、广西、海南、贵州
2060 年前碳中和	上海、青海

人均碳排放量方面，南部地区的人均碳排放量较低，华南、西南、华东等地区绝大多数省份的人均碳排放量未超过 10 吨，以四川为代表的南方省份因水电资源充裕而对化石能源依存度偏低，造就了较低的碳排放总量，再加之庞大的人口基数，人均碳排放量处在极低的水平。北部地区的人均碳排放量偏高，南北差异初步形成，华北、西北、东北等地区多个省份的人均碳排放量超过 15 吨，以内蒙古为代表的北方省份碳排放总量国内排名靠前，人均碳排放量长期维持高位。

人均碳排放增速方面，大部分省份保持正数，增速集中在 20% 范围以内，其中青海作为国内人均碳排放增速最大的省份，达到 17.5%，但也有江西、辽宁等近三成省份的人均碳排放增速趋近于 0。少数省份人均碳排放显露下降趋势，降幅集中在 -10%~0 范围以内，其中安徽作为国内人均碳排放增速最小的省份，达到 -9.0%（见图 4）。

环境污染指数方面，经济发达省份表现尤为优秀，北京、天津、广东等省份的环境污染指数均处在国内最低水平，三地人均工业固体废物排放量未超过 2 吨、人均工业废水排放量未超过 10 吨、人均二氧化硫排放量未超过 0.001 吨。煤炭工业大省污染相对严重，宁夏、内蒙古、山西等省份的环境污染指数均处在国内最高水平，三地人均工业固体废物排放量最高达到 13 吨、人均工业废水排放量最高达到 41 吨、人均二氧化硫排放量最高达到 0.009 吨，上述指标都数倍于经济发达省份。

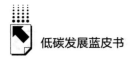
人口密度方面，经济发达地区人口密集特点鲜明，北京、天津等直辖市人口密度超过 1000 人/公里^2，上海更是达到近 4000 人/公里^2，人口密度与经济发展存在强相关性，稠密的人口有助于造就经济的规模效应和集聚效应，进而拉动经济快速增长。经济欠佳地区相对地广人稀，新疆、甘肃等省份人口密度不足 100 人/公里^2，青海更是仅 8 人/公里^2，人口密度低虽然对环境友好，但也可能带来劳动力短缺、消费需求疲软等问题。

（四）各省份低碳状态情况

测算结果显示，大多数省份低碳进展态势有待提速。在低碳状态维度满分为 44.1 分的前提下，所有省份低碳状态评分均值 18.4 分、中值 18.3 分。分地区看，初步呈现由西至东逐步递减趋势。现阶段华东地区的经济发展与碳排放尚未脱钩，保持经济的高速发展在一定程度上将阻碍碳排放趋势扭转向好，进而造成省域低碳状态有待进一步改善。

1. 生态环境低碳状态

省域生态环境低碳状态得分由碳排放趋势检验、碳排放脱钩指数、森林覆盖率 3 个三级指标赋值加权得来，以体现省域在生态环境方面的低碳化程度。碳排放趋势检验方面，过半省份正式迈入波动达峰阶段，截至 2021 年底，湖南、云南、山东等 5 个省份的碳排放出现峰值但未超过 5 年，黑龙江、青海、湖北等 11 个省份的碳排放出现峰值且超过 5 年，北京的碳排放更是初步呈现下降趋势。东南沿海省份暂时停留在高速增长阶段，除上海外其他省份的碳排放还未出现峰值，且碳排放增长幅度明显，2017~2021 年广东的年均碳排放增速保持在 4.7%，预计短时间内难以实现达峰（见图 7）。

碳排放脱钩指数方面，个别省份转变为强脱钩状态，北京、上海、四川等 5 个省份的碳排放脱钩指数小于 0，代表上述省份在保持经济发展的同时成功实现碳排放下降。其余省份依然保持弱脱钩状态，福建、浙江、江苏等 25 个省份的碳排放脱钩指数集中在 0~0.8 区间，代表大部分省份"高投入、高能耗、高排放"的发展格局近年来有所改善，经济发展与碳排放初步实现解耦（见图 8）。

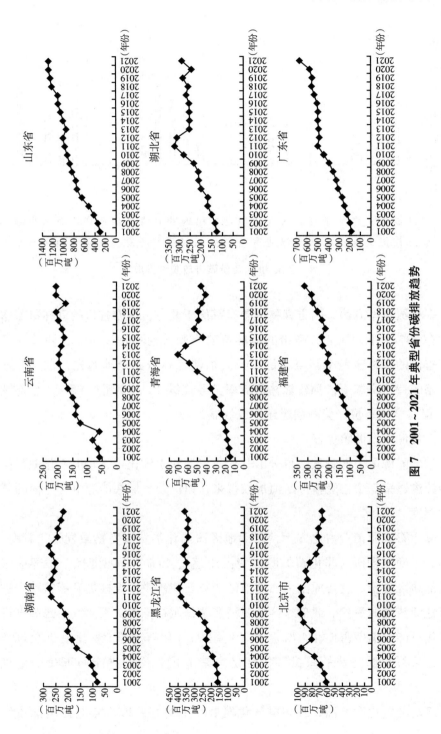

图7 2001～2021年典型省份碳排放趋势

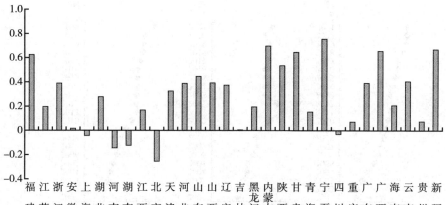

图8　全国30个省份碳排放脱钩指数

森林覆盖率方面，南方森林资源禀赋优于北方，南方省份的森林覆盖率集中在50%上下，而北方省份的森林覆盖率则普遍不超过40%，西北地区若干省份的森林覆盖率甚至不足10%。福建森林资源全国领先，在生态强省战略的持续实施下，福建森林覆盖率已经连续10余年超过65%，且连续45年保持全国首位，美丽福建建设成效显著。

2. 能源电力低碳状态

省域能源电力低碳状态得分由非化石能源消费占比、终端电气化率、清洁能源渗透率3个三级指标赋值加权得来，以体现省域在能源电力方面的低碳化程度。

非化石能源消费占比方面，西部地区清洁化消费水平略微领先，青海、四川、云南等省份的非化石能源消费占比超过40%，小幅度优于中部地区和东部地区省份，主要原因为西部地区非化石能源供给规模提升能够率先拉动当地清洁能源消费。北部地区能源消费革命亟待推进，天津、山西等省份的非化石能源消费占比在10%左右（见图9），化石能源消费比重仍在80%以上，化石能源消费的减量替代将是未来上述省份推进能源革命的重点工作。

终端电气化率方面，我国电气化发展稳中向好，2022年全国电能占终

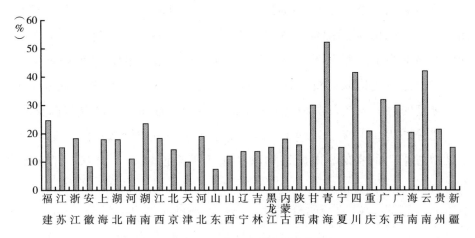

图9 全国30个省份非化石能源消费占比

端能源消费比重约26.9%，较上年提升1.4个百分点，同比增幅为2018～2022年最大，总体居全球前列，且国内所有省份都已进入电气化中期阶段（见图10）。东南沿海省份电气化进程加速推进，福建、浙江、江苏等省份的电能占终端能源消费比重约33.1%，超过日本、韩国、美国等发达国家电气化水平，同时在"电动福建"建设、江苏电能替代工作等相关政策支持下，预计上述省份也将成为国内首批进入电气化后期阶段的省份。

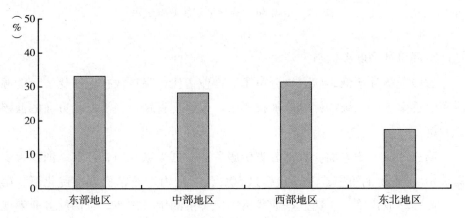

图10 全国各区域终端电气化率均值

　　清洁能源渗透率方面，西部地区风光水资源格外充裕，青海、云南、四川等省份的清洁能源渗透率均超过80%（见图11）。随着"十四五"期间以西部为主的九大清洁能源基地加快建设，清洁电源装机规模和清洁电能供给能力还将取得新突破。福建成为东部地区清洁能源发展领头羊，依靠丰富的海上风能资源和沿海核电厂址资源，福建清洁能源装机及发电量占比分别达63.0%、52.9%，是东部地区唯一清洁能源装机及发电量占比"双过半"的省份，电源结构清洁化水平全面领先于山东、江苏等火电大省。

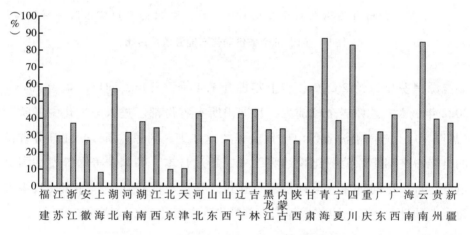

图11　全国30个省份清洁能源渗透率

3. 经济社会低碳状态

　　省域经济社会低碳状态得分由第三产业占比、高排放行业占比、新能源汽车渗透率3个三级指标赋值加权得来，以体现省域在经济社会方面的低碳化程度。

　　第三产业占比方面，大部分省份服务业占据半壁江山，江苏、浙江、安徽等18个省份的第三产业占比超过50%，在国内产业结构调整优化下，第三产业逐渐取代第一、第二产业成为国民经济的主导产业。京沪服务业发展高地基本建成，第三产业占比分别达83.9%、74.1%，远高于全国第三产业占比（53.4%），接近发达国家水平，服务业成为驱动发达地区高速发展的强劲引擎。

高排放行业占比方面，大部分省份的高排放行业占比为40%~50%，工业、交通、建筑等高排放行业依然是国民经济的支柱产业，我国经济发展对上述行业存在较为严重的路径依赖，降低上述行业碳排放强度将是下一阶段节能减排的攻坚任务。北部地区延续传统工业经济格局，山西、内蒙古、陕西等省份的高排放行业占比略高于50%，国内重大生产力布局使上述省份形成和延续重型产业结构。

新能源汽车渗透率方面，南部地区市场需求日益旺盛，海南、广西、重庆等省份的新能源汽车渗透率约40%，主要得益于南方温和的气候和地理环境，其中海南更是凭借独特的热带气候和独立的海岛形态，成为我国最早宣布禁售燃油车的省份，有力推动新能源汽车渗透率增长。北部地区市场持续萎靡不振，青海、黑龙江等省份的新能源汽车渗透率不足10%（见图12），极端寒冷天气下新能源汽车的续航里程将显著下降，严重阻碍北部地区新能源汽车的推广应用。

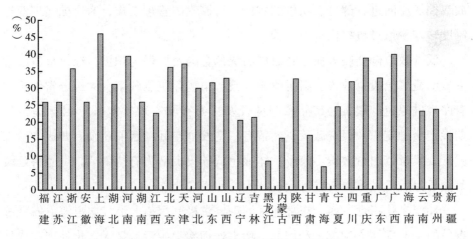

图12　全国30个省份新能源汽车渗透率

（五）各省份低碳响应情况

测算结果显示，部分省份低碳响应措施小有成效。在低碳响应维度

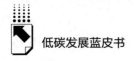

满分为26.9分的前提下，30个省份低碳响应评分均值11.7分、中值11.9分。部分省份在低碳政策出台、环境市场建设等方面相对滞后，尤其是较少出台涉碳类财税价格、市场化机制政策，或将影响省域后续低碳进程。

分地区看，低碳响应评分与地理位置之间相关性弱，而且低碳响应力度突出省份较为分散，因此所有省份均具备开发低碳响应措施的潜力。

1. 生态环境管控行动

省域生态环境管控行动得分由碳排放MRV体系健全度、低碳政策健全度、环境净化指数3个三级指标赋值加权得来，以体现省域生态环境管控行动开展情况。

碳排放MRV体系健全度方面，30个省份均强调涉碳基础能力培育，30个省份的指标得分都大于等于60分，代表任意省份至少在碳排放计量监测、信息披露、统计核算、综合考核、市场建设等5个领域中的3个领域开展实践。四成省份高标准推进碳排放双控配套制度建设，随着能耗双控转向碳排放双控加速演进，部分有条件的省份先行探索碳管理工作，为全国实现双控制度转变平稳过渡提供有益经验。

低碳政策健全度方面，省级层面绿色金融发展最为积极，绿色金融政策数量明显多于投资政策、财税价格政策、市场化机制政策，大部分省份正在有序推进绿色低碳金融产品和服务开发，为省域实现"双碳"目标提供长期稳定金融支撑。投资政策仍然留有一定发展空间，目前还余有四成省份未就低碳投融资出台政策，市场主体绿色低碳投资活力有待激活，可能将延缓节能环保、低碳零碳负碳等关键技术的研发应用。

环境净化指数方面，东部地区治理要求极其严格，浙江、上海、安徽等省份的工业固体废物综合利用率、污水处理率、生活垃圾无害化处理率均处在国内最高水平，三地数据均分别达到90%及以上、96%及以上、100%。北部地区管控较为宽松，青海、宁夏、陕西等省份的环境净化指数较低，三地也是国内极少数生活垃圾无害化处理率尚未达到100%的省份，城乡人居生态环境还需深入改善。

2. 能源电力转型行动

省域能源电力转型行动的得分情况如图 13 所示，其分值由三级指标清洁能源发展指数赋值加权得来，体现省域能源电力转型行动开展情况。

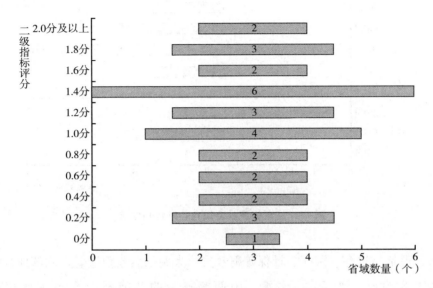

图13 省域能源电力转型行动评价情况

大多数省份清洁能源发展指数接近全国平均线，宁夏、陕西、河北等省份的清洁能源装机及发电量增长率在 20% 左右，基本实现清洁能源供给能力的稳定增强，有力推动能源电力低碳状态持续优化。个别省份迎来跨越式升级，天津、内蒙古等省份的清洁能源装机增长率超过 50%，天津、上海等省份的清洁能源发电量增长率超过 30%，分布式光伏的井喷式安装与集中式光伏的并网投产，成为上述省份能源绿色低碳转型的核心力量。

3. 经济社会绿色行动

省域经济社会绿色行动的得分情况如图 14 所示，其分值由低碳转型财政支出比重、环境市场建设水平、新能源汽车销量增速 3 个三级指标赋值加权得来，共同体现省域经济社会绿色行动开展情况。

低碳转型财政支出比重方面，我国节能环保预算总体有限，国内节能环保支出占一般公共预算支出的平均水平约为 2.7%，虽然近年来已呈现上涨

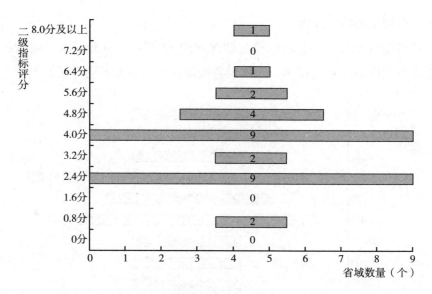

图 14　省域经济社会绿色行动评价情况

趋势，但是与教育、医疗、社保等财政支出大头依然差距显著。北部地区相对侧重低碳投入，辽宁、青海、山西等省份的节能环保支出占比超过4.0%，主要用于支持重点领域大气污染治理、冬季清洁取暖项目等，助推省域深入打好蓝天、碧水、净土保卫战。

环境市场建设水平方面，南部地区率先开展市场化实践，大部分碳排放权交易市场与用能权交易市场集中在南方省份，其中广东、重庆等省份入选首批碳排放权交易市场试点，福建、浙江、四川等省份入选首批用能权交易试点。福建成为环境市场创新试验田，作为首个国家生态文明试验区，福建是国内极少数同时开展碳排放权交易市场、用能权交易市场和绿电交易市场建设的省份，并早已启动不同市场间统筹衔接与融合发展机制的探索规划。

新能源汽车销量增速方面，北部地区提升幅度超出预期，青海、新疆、吉林等省份部分代表性城市的新能源汽车销量增速超过150%，主要原因是上述地区往年销售量偏小，且电池、电机和电控系统的技术革新为解决新能源汽车抗寒问题打开突破口。南部地区基本保持平稳，重庆、湖南、广东等省份部分代表性城市的新能源汽车销量增速约30%，近年国家接续出台的车辆购置税减免、充电基础设施建设等政策措施,对新能源汽车发展延续良好态势起到关键作用。

六 福建省"双碳"指数结果分析

(一)总体情况

福建低碳发展水平居国内中上游。福建"双碳"指数总评分42.8分,与部分发达省份间的差距还较为明显,下阶段福建低碳转型发力空间依然相对充足。具体而言,福建在清洁能源渗透率、森林覆盖率、碳排放MRV体系健全度等指标上领先优势明显,但在碳排放脱钩指数、碳排放趋势检验、高排放行业占比等指标上严重落后,福建需着力加速产业结构绿色低碳转型,同时厚植生态环境先发优势,努力尝试扭转碳排放快速增长局面,推动低碳发展水平迈上新台阶。

(二)分维度情况

福建低碳压力在国内属于中等偏大,下阶段福建需要在严峻的低碳发展形势下组织系列工作。具体而言,福建在人均碳排放量、人均能源消费量、人口密度等指标上具有一定优势,但在涉碳雄心目标、人均碳排放增速等指标上表现不尽如人意,说明福建有必要着力补强碳排放及环境污染的人为管控环节,确保按期甚至超前完成碳达峰目标。

福建低碳状态后续优化空间巨大。福建低碳状态评分17.4分,下阶段福建可以聚焦低碳状态维度的薄弱环节精准施策以补齐短板。具体而言,福建在森林覆盖率、终端电气化率等指标上处于国内顶尖水平,在清洁能源渗透率指标上也具备一定优势,但在碳排放趋势检验、碳排放脱钩指数、高排放行业占比等指标上严重落后,说明福建以第二产业为主导的经济发展模式相对粗犷,使全省长期以来无法过渡至低碳状态,有必要着力推进产业结构绿色低碳转型,确保经济发展与碳排放逐步解耦。

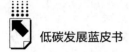
　　福建低碳响应工作走在国内前列。福建低碳响应评分 15.1 分，下阶段福建需要在更高起点上落实低碳发展行动以巩固优势。具体而言，福建在碳排放 MRV 体系健全度、环境市场建设水平等指标上处于国内顶尖水平，在低碳政策健全度、环境净化指数、新能源汽车销量增速等指标上同样具备显著优势，仅在低碳转型财政支出比重、清洁能源发展指数等指标上稍显不足，说明福建低碳政策供给细致充裕，已经基本形成护航省域低碳转型的政策体系，有必要着力深化配套体制机制建设，确保政策先发优势转变为发展胜势。

参考文献

　　杨雪：《中国乡村振兴综合指数评价指标体系的构建及应用》，《区域经济评论》2023 年第 1 期。

　　赖力等：《双碳背景下我国新能源产业竞争力关键点和创新发展研究》，《现代管理科学》2022 年第 3 期。

　　杨儒浦等：《工业园区减污降碳协同增效评价方法及实证研究》，《环境科学研究》2023 年第 2 期。

　　颜峻等：《城市安全发展评估指标体系与指数构建》，《中国安全科学学报》2023 年第 3 期。

　　仲云云：《中国区域低碳经济评价指标体系构建及实证分析》，《南京邮电大学学报》（社会科学版）2018 年第 1 期。

　　朱书昕：《"双碳"目标导向下能源企业绿色指数测度研究》，硕士学位论文，昆明理工大学，2023。

　　盖世功、潘国辉：《盘锦"双碳"发展综合指数体系研究与实践》，《新经济导刊》2022 年第 3 期。

　　张士宁等：《全球碳中和形势盘点与发展指数研究》，《全球能源互联网》2021 年第 3 期。

　　王敏等：《城市减污降碳协同创新评价技术体系构建及应用研究》，中国环境科学学会 2023 年科学技术年会，江西南昌，2023 年 4 月。

　　马国亮、马晓翠：《基于 PSR 模型和熵值法的陇南市生态环境保护质量评价》，《国土与自然资源研究》2024 年第 4 期。

　　张峻、万其林、邵景安：《基于熵权法—PSR 模型的重庆市大气污染治理政策效果评价》，《环境科学导刊》2024 年第 3 期。

张培：《基于 PSR 的长三角区域生态环境质量综合评价及预测》，《枣庄学院学报》2024 年第 2 期。

赵芳：《中国能源—经济—环境（3E）协调发展状态的实证研究》，《经济学家》2009 年第 12 期。

落基山研究所、中国科学院生态环境研究中心：《乡村碳中和公平转型：现状与展望暨乡村碳中和发展指数报告》，2023。

中国省级双碳指数研究课题组：《推进"双碳"务须全国一盘棋　中国省级双碳指数 2021—2022》，2023。

国家统计局编《中国统计年鉴（2023）》，中国统计出版社，2023。

福建省统计局、国家统计局福建调查总队编《福建统计年鉴（2023）》，中国统计出版社，2023。

江苏省统计局、国家统计局江苏调查总队编《江苏统计年鉴（2023）》，中国统计出版社，2023。

浙江省统计局、国家统计局浙江调查总队编《浙江统计年鉴（2023）》，中国统计出版社，2023。

安徽省统计局、国家统计局安徽调查总队编《安徽统计年鉴（2023）》，中国统计出版社，2023。

上海市统计局、国家统计局上海调查总队编《上海统计年鉴（2023）》，中国统计出版社，2023。

湖北省统计局、国家统计局湖北调查总队编《湖北统计年鉴（2023）》，中国统计出版社，2023。

河南省统计局、国家统计局河南调查总队编《河南统计年鉴（2023）》，中国统计出版社，2023。

江西省统计局、国家统计局江西调查总队编《江西统计年鉴（2023）》，中国统计出版社，2023。

北京市统计局、国家统计局北京调查总队编《北京统计年鉴（2023）》，中国统计出版社，2023。

天津市统计局、国家统计局天津调查总队编《天津统计年鉴（2023）》，中国统计出版社，2023。

河北省统计局、国家统计局河北调查总队编《河北统计年鉴（2023）》，中国统计出版社，2023。

山东省统计局、国家统计局山东调查总队编《山东统计年鉴（2023）》，中国统计出版社，2023。

山西省统计局、国家统计局山西调查总队编《山西统计年鉴（2023）》，中国统计出版社，2023。

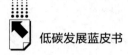
辽宁省统计局、国家统计局辽宁调查总队编《辽宁统计年鉴（2023）》，中国统计出版社，2023。

吉林省统计局、国家统计局吉林调查总队编《吉林统计年鉴（2023）》，中国统计出版社，2023。

黑龙江省统计局、国家统计局黑龙江调查总队编《黑龙江统计年鉴（2023）》，中国统计出版社，2023。

内蒙古自治区统计局、国家统计局内蒙古调查总队编《内蒙古统计年鉴（2023）》，中国统计出版社，2023。

陕西省统计局、国家统计局陕西调查总队编《陕西统计年鉴（2023）》，中国统计出版社，2023。

甘肃省统计局、国家统计局甘肃调查总队编《甘肃统计年鉴（2023）》，中国统计出版社，2023。

宁夏回族自治区统计局、国家统计局宁夏调查总队编《宁夏统计年鉴（2023）》，中国统计出版社，2023。

四川省统计局、国家统计局四川调查总队编《四川统计年鉴（2023）》，中国统计出版社，2023。

重庆市统计局、国家统计局重庆调查总队编《重庆统计年鉴（2023）》，中国统计出版社，2023。

广东省统计局、国家统计局广东调查总队编《广东统计年鉴（2023）》，中国统计出版社，2023。

广西壮族自治区统计局、国家统计局广西调查总队编《广西统计年鉴（2023）》，中国统计出版社，2023。

海南省统计局、国家统计局海南调查总队编《海南统计年鉴（2023）》，中国统计出版社，2023。

云南省统计局、国家统计局云南调查总队编《云南统计年鉴（2023）》，中国统计出版社，2023。

新疆维吾尔自治区统计局、国家统计局新疆调查总队编《新疆统计年鉴（2023）》，中国统计出版社，2023。

碳源碳汇篇

B.4
2024年福建省碳排放分析报告

陈津莼　陈彬　郑楠　陈柯任*

摘　要：　2022年福建省碳排放总量为2.90亿吨，同比下降0.1%，与上年基本持平，其中碳排放主要集中在电力热力生产、制造业、交通运输业及居民生活四个领域，占全省碳排放比重分别为48.1%、39.6%、8.1%和2.1%。考虑能源结构转型的不确定性，本报告设置了基准、加速转型和深度优化场景对福建碳排放趋势进行预测，在3个场景下福建省分别于2030年、2028年、2027年达峰，峰值水平分别为3.89亿吨、3.40亿吨、3.31亿吨。此外，在3个场景下，制造业均早于全社会1年达峰，电力热力生产、居民生活等领域与全社会同步达峰，交通运输业较全社会晚1年达峰。此外，本报告就推动福建省重点领域低碳转型提出了持续深化低碳能源发

---

* 陈津莼，工学硕士，国网福建省电力有限公司经济技术研究院，研究方向为能源经济、战略与政策；陈彬，工学博士，教授级高级工程师，国网福建省电力有限公司经济技术研究院，研究方向为能源战略与政策、电网防灾减灾；郑楠，工学硕士，国网福建省电力有限公司经济技术研究院，研究方向为战略与政策、能源经济；陈柯任，工学博士，国网福建省电力有限公司经济技术研究院，研究方向为能源经济、低碳技术、战略与政策。

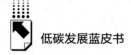
展、强化重点行业低碳转型、推广低碳生活方式、加强绿色金融支持与政策
保障、推动数字化与碳减排的深度融合等建议。

关键词： 碳排放　碳达峰　福建省

一　福建省碳排放主要情况

（一）全省碳排放整体情况

碳排放总量方面，2022 年福建省碳排放总量为 2.90 亿吨[①]（见图 1），
同比下降 0.1%，主要由于 2022 年疫情对经济的影响（2022 年福建省 GDP
仅同比增长 4.7%，较上年下降 3.6 个百分点），叠加同年水电大发，推动
化石能源消费量[②]占能源消费总量比重下降 1.3 个百分点，碳排放总量较
2021 年小幅回落。"十四五"以来全省碳排放平均增速为 3.3%，较 2016~
2020 年收窄 2.5 个百分点，一方面由于经济增速放缓，"十四五"以来 GDP
平均增速为 6.4%，较"十三五"期间放缓 0.6 个百分点；另一方面福建省
大力推动能源结构及产业结构低碳转型，截至 2022 年，全省高技术制造业
增加值占规模以上工业增加值比重较 2020 年增加 3.9 个百分点，清洁能源
装机占比、发电量占比分别较 2020 年提升 5.2 个、6.9 个百分点[③]。

碳排放强度方面，2022 年福建省碳排放强度为 545.2 千克/万元（见图 2），
同比下降 9.3%，较 2021 年降幅扩大 6 个百分点，主要由于能耗强度下降对
碳排放强度的影响[④]，福建省制造业 31 个行业中 19 个综合能耗较 2021 年下

[①] 本报告中福建省碳排放相关数据来自笔者测算，其中能源碳排放系数来源于中国碳核算数据库
（CEADs），能源消费数据来源于《福建能源平衡表（实物量）》，目前数据仅更新至 2022 年。

[②] 能源消费数据来源于《中国能源统计年鉴》。

[③] 清洁能源装机、发电量数据来自国网福建省电力有限公司。

[④] 《文献分析丨中国碳排放强度的下降：因素分解和政策含义》，中央财经大学绿色金融国际
研究院网站，2019 年 9 月 4 日，https://iigf.cufe.edu.cn/info/1012/1285.htm。

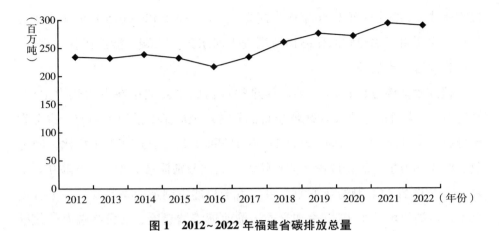

图1 2012~2022年福建省碳排放总量

图2 2012~2022年福建省碳排放强度（当年价）

降，其中传统高耗能行业非金属矿物制品业综合能耗降幅超10%。同时，2022年福建战略性新兴产业、高技术制造业增加值同比分别增长15.5%、17.1%，分别高于全省规上工业增加值9.8个、11.4个百分点①。从变化趋势看，2012年以来，福建省碳排放强度呈现逐年下降趋势，十年累计下降58.6%，高于全国平均水平24.2个百分点。但自2016年以来碳排放强度降

---

① 《福建重磅发布！2022年全省工业增加值1.96万亿元，规上工业增加值增长5.7%》，福建省工业和信息化厅网站，2023年3月3日，https：//gxt.fujian.gov.cn/zwgk/xw/jxyw/202303/t20230303_ 6124623.htm。

幅有所收窄，2016~2022 年年均降幅为 4.1%，较 2012~2015 年低 4.2 个百分点，主要由于福建省产业结构转型进入深水区，低端产能迭代基本完成，减排难度进一步显现。

　　碳排放结构方面，2022 年，福建省碳排放主要集中在电力热力生产、制造业①、交通运输业（含邮政仓储，下同）及居民生活四个领域，占全省碳排放比重分别为 48.1%、39.6%、8.1% 和 2.1%。与 2021 年相比，制造业、电力热力生产碳排放占比变动较大，同比分别提高 1.8 个、下降 0.8 个百分点（见图 3）。制造业方面，主要由于福建省制造业蓬勃发展，全省规上工业增加值增长 5.7%，叠加交通运输业遭疫情遇冷、居民终端电气化率提升导致碳排放量下降等间接因素影响，全省碳排放向制造业进一步集中。电力热力生产环节，主要由于当年福建来水偏丰，全省水电发电量同比增长 41.1%，煤电发电量同比下降 7.2%，全省电力热力生产环节碳排放总量下降 3%。

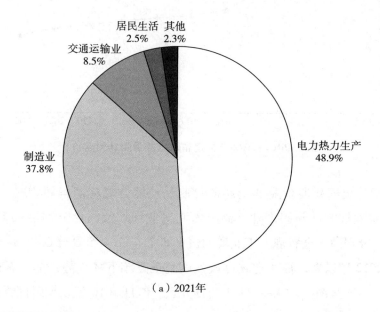

（a）2021年

---

① 制造业碳排放为笔者根据《福建能源平衡表（实物量）》测算，由于福建省统计局仅统计工业行业能源消费情况，未单独针对制造业开展统计，同时考虑福建省采矿业能源消费占比较低，因此制造业碳排放为工业行业碳排放核减电力热力生产环节碳排放。

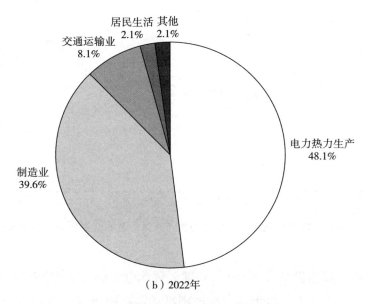

（b）2022年

图 3　2021 年、2022 年福建省碳排放结构

（二）重点行业碳排放情况

为更全面、系统地分析福建省碳排放情况及趋势特征，本报告针对电力热力生产、制造业、交通运输业及居民生活四个重点领域碳排放情况开展进一步分析。

1.电力热力生产环节碳排放情况

从碳排放现状看，2022 年福建省电力热力生产碳排放为 1.39 亿吨（见图 4），同比下降 3%，高于全社会碳排放降幅 2.9 个百分点，主要受发电结构变化影响，当年福建来水偏丰，2022 年水电发电量占全省发电量比重达12.5%，同比上升 3.1 个百分点，带动全省电力热力生产碳排放下降；同时受疫情影响，终端能源需求走低，全年全省用电量增速仅为 2.2%，较 2021年下降 12 个百分点。电力热力生产碳排放占全省碳排放总量比重达 48.1%，较 2021 年有所下降，但仍是全省最大的碳排放源。

从碳排放趋势看，总量上，电力热力生产碳排放整体呈现波动上升态

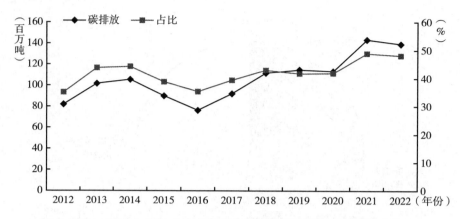

图 4　2012~2022 年福建省电力热力生产碳排放及占全省碳排放总量比重

势，主要由于煤电仍是当前的主体电源，因此电力热力生产碳排放受经济发展影响较大。占比上，电力热力生产碳排放占比较 2020 年提升 6.2 个百分点，表明全省电力热力生产环节承接其他行业碳排放转移总体增多。

2. 制造业碳排放情况

从碳排放现状看，2022 年福建省制造业碳排放为 1.15 亿吨（见图 5），同比上升 3.3%，主要受制造业增加值稳增长影响，电气机械和器材制造业、化学原料和化学制品制造业、纺织服装服饰业等多个行业增加值保持两位数快速增长①，拉动能源需求回升与制造业碳排放上升。2022 年，制造业碳排放占全省碳排放总量比重为 39.6%，较 2021 年小幅回升 1.8 个百分点，是全省第二大碳排放部门。

从碳排放趋势看，总量上，"十四五"以来福建省制造业碳排放得到有效控制，较 2020 年累计降幅达 5.5%，平均增速为 -2.8%，较"十三五"年均增速低 4.5 个百分点。占比上，制造业碳排放占比自 2016 年起总体呈下降态势，累计下降 10.1 个百分点，表明福建深入推动制造业转型升级，不断健全绿色制造体系，2022 年全省工业战略性新兴产业增加值占规上工

---

① 《2022 年福建 GDP 首破 5 万亿的背后》，福建省人民政府网站，2023 年 1 月 30 日，https：//fujian. gov. cn/xwdt/fjyw/202301/t20230130_ 6099613. htm。

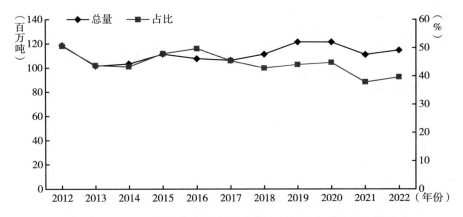

图5　2012~2022年福建省制造业碳排放及占全省碳排放总量比重

业增加值比重达27%。近年来，福建先后出台工业领域和钢铁、建材、有色金属、石油化工4个分行业的碳达峰实施方案，深入推进食品、纺织等传统行业电能替代，推动制造业碳排放占比显著下降。

3.交通运输业碳排放情况

从碳排放现状看，2022年福建省交通运输业碳排放为0.23亿吨（见图6），同比下降6.7%，主要受全省汽油、柴油消费同比分别下降4.5%、4.3%影响。一方面，由于疫情防控政策要求，全省交通运输客运总量下降17.1%，货运量仅增长1.8%[①]；另一方面，随着"电动福建"建设全面推进，省内运输清洁化水平进一步提升，全省推广应用新能源汽车16万辆，同比增长88.2%，新能源汽车渗透率达25.9%，高于全国0.3个百分点[②]，城市公交纯电动车占比提升至76.5%[③]。交通运输业碳排放占全省碳排放总量比重为8.1%，同比下降0.4个百分点。

从碳排放趋势看，总量上，2012~2019年福建交通运输业碳排放稳步上

---

① 《2022年福建省国民经济和社会发展统计公报》，福建省统计局网站，2023年2月14日，https://tjj.fujian.gov.cn/xxgk/tjgb/202303/t20230313_6130081.htm。

② 《我省十部门联合发文　九条措施全面推进"电动福建"建设》，福建省人民政府网站，2023年6月13日，https://www.fj.gov.cn/zwgk/ztzl/tjzfznzb/ggdt/202306/t20230614_6186987.htm。

③ 《2022年福建省交通运输行业发展统计公报》，福建省交通运输厅网站，2023年7月10日，https://jtyst.fujian.gov.cn/zwgk/tjxx/gbyjd/202307/t20230710_6202412.htm。

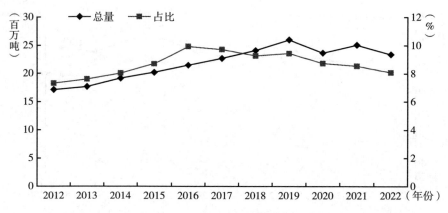

图6 2012~2022年福建省交通运输业碳排放及占全省碳排放总量比重

升，但受疫情影响，2020~2022年平均增速为-0.6%，呈现波动下降态势，2022年碳排放相较疫情前大幅下降10%。占比上，2016年以来，交通运输业碳排放占比整体呈下降趋势，全省公转铁、公转水实施成效显著，铁路、水运货物运输量占比分别提升0.4个、7.6个百分点。

4.居民生活碳排放情况

从碳排放现状看，2022年福建省居民生活碳排放为605万吨（见图7），同比下降16.2%，其中城镇居民生活碳排放321万吨，农村居民生活碳排放284万吨。居民生活碳排放占全省碳排放总量比重为2.1%，较2021年下降0.4个百分点。从终端能源消费情况看，出行需求引起的碳排放仍是现阶段居民生活最大的碳排放来源，占全省居民生活碳排放的77.2%。2022年居民生活碳排放大幅下降的原因主要为新能源汽车的大力推广，汽油、柴油制品消耗的碳排放由2021年的499万吨下降至467万吨，降低6.4%。

从碳排放趋势看，总量上，"十三五"以来，福建省居民生活碳排放整体呈现小幅上升趋势，年均增速1.7%，低于全社会同期碳排放年均增速1.5个百分点。城乡差异上，"十三五"以来农村居民碳排放平均增速2.2%，较城镇居民碳排放平均增速高0.6个百分点，主要由于城镇居民生活电气化程度较高，农村居民仍较多沿用散煤、天然气等炊事用能，同时城

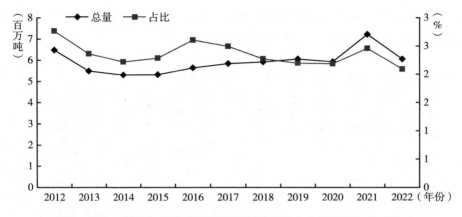

图7　2012~2022年福建省居民生活碳排放及占全省碳排放总量比重

镇低碳出行方式更加普及，充电基础设施覆盖更加完善，以2021年福州市为例，农村公用充电桩数量不足城区的5%①。占比上，"十三五"以来，福建省居民生活碳排放占比除2021年居民出行需求回暖带来的短暂回升外，总体呈下降态势，累计下降0.5个百分点，主要受公共交通网络日趋完善、新能源汽车渗透率提高、电气化水平快速提升等影响。

二　福建省碳达峰趋势分析

（一）全省碳达峰趋势预测

结合历史碳排放数据分析可知，全省碳排放总量与经济增长情况、能源结构、综合能耗等因素关联程度较高，本报告沿用《福建"碳达峰、碳中和"报告（2021）》构建的碳排放模型，重点考虑能源结构转型的不确定性，设置了基准、加速转型和深度优化3个场景，预测福建省碳排放变化趋势。其中，基准场景依据"十四五"规划推进；加速转型场景在基准场景下加快能源结构转型；深度优化场景则在加速转型场景的基础上，进一步加

---

①　数据来源于国网福建省电力有限公司。

快能源结构转型及能耗强度降低速度。根据模型拟合结果，3 个场景下 2023~2035 年福建省碳排放趋势如图 8 所示。

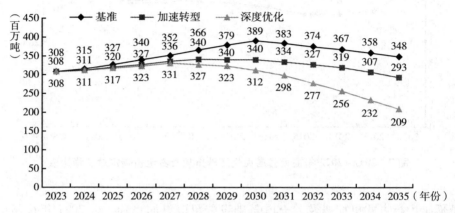

图 8　2023~2035 年福建省碳排放预测

根据预测结果，在基准场景下，福建省碳排放将于 2030 年达峰，与全国达峰目标一致，峰值为 3.89 亿吨，较 2022 年上涨 34%。在加速转型场景下，福建省碳排放将于 2028 年达峰，较全国达峰目标早 2 年，峰值为 3.40 亿吨，较 2022 年上涨 17.2%。在深度优化场景下，福建省碳排放将于 2027 年达峰，较全国达峰目标早 3 年，峰值为 3.31 亿吨，较 2022 年上涨 14%。

（二）重点行业碳达峰趋势预测

1. 电力热力生产碳达峰趋势预测

结合历史变化趋势分析，电力热力生产碳排放情况主要受全社会用电量及发电结构等因素影响。考虑用电量及电源结构转型的不确定性，同样设置 3 个场景，对福建省电力热力生产碳排放变化趋势进行预测，预测结果如图 9 所示。

根据预测结果可知，在基准场景下，电力热力生产碳排放将于 2030 年达峰，峰值水平为 2.14 亿吨，占当年全社会碳排放比重为 54.8%。在加速

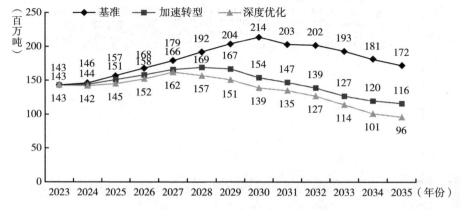

图9 2023～2035年福建省电力热力生产碳排放预测

转型场景下，电力热力生产碳排放将于2028年达峰，峰值水平为1.69亿吨，占当年全社会碳排放比重为49.7%。在深度优化场景下，电力热力生产碳排放将于2027年达峰，峰值水平为1.62亿吨，占当年全社会碳排放比重为48.9%。在3个场景下，电力热力生产均与全社会同步达峰，主要是随着终端电气化率的不断提升，全省碳排放不断向电力热力生产环节集中，因此电力热力生产环节的减排进度将极大影响全社会碳排放达峰进程。

2. 制造业碳达峰趋势预测

结合历史变化趋势分析，制造业碳排放情况主要受制造业增加值、制造业单位能耗水平、终端用能结构等因素影响。考虑到制造业能耗水平及用能结构变化的不确定性，同样设置基准、加速转型和深度优化3个场景，对福建省制造业碳排放变化趋势进行预测，预测结果如图10所示。

根据预测结果可知，在基准场景下，制造业碳排放将于2029年达峰，峰值水平为1.326亿吨，占当年全社会碳排放比重为35%。在加速转型场景下，制造业碳排放将于2027年达峰，峰值水平为1.301亿吨，占当年全社会碳排放比重为38.7%。在深度优化场景下，制造业碳排放将于2026年达峰，峰值水平为1.285亿吨，占当年全社会碳排放比重为39.7%。在3个场景下，制造业均早于全社会1年达峰，主要是由于福建省政府多次强调要加

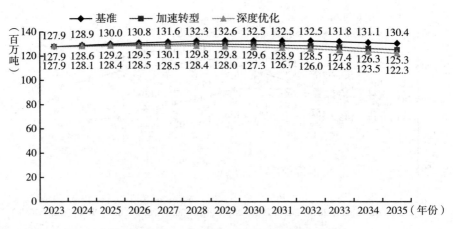

图 10　2023~2035 年福建省制造业碳排放预测

快推动制造业高端化、智能化转型，要求全面推进制造业节能降碳行动，将推动制造业能耗水平加快下降、终端用能结构清洁化发展，预计可早于全社会达峰。

3. 交通运输业碳达峰趋势预测

结合历史变化趋势分析，交通运输业碳排放情况主要受旅客周转量、货物周转量及终端电气化率等因素影响。综合考虑上述因素，设置基准、加速转型和深度优化 3 个场景，对福建省交通运输业碳排放变化趋势进行预测，结果如图 11 所示。

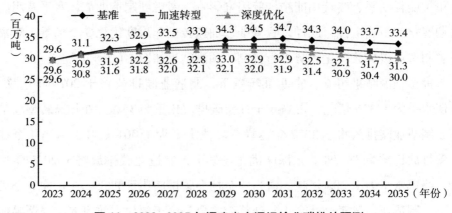

图 11　2023~2035 年福建省交通运输业碳排放预测

根据预测结果可知，在基准场景下，交通运输业碳排放将于2031年达峰，峰值水平为0.347亿吨，占当年全社会碳排放比重为9.1%。在加速转型场景下，交通运输业碳排放将于2029年达峰，峰值水平为0.330亿吨，占当年全社会碳排放比重为9.9%。在深度优化场景下，交通运输业碳排放将于2028年达峰，峰值水平为0.321亿吨，占当年全社会碳排放比重为9.8%。在3个场景下，交通运输业均晚于全社会1年达峰，主要由于全国各区域产业合作紧密推动货物运输量持续上升，同时公路、水路、航空等领域能源消费仍以汽油、柴油等化石能源为主，清洁替代存在较大技术瓶颈，因此交通运输业碳减排进程相对较慢。

4. 居民生活碳达峰趋势预测

结合历史变化趋势分析，居民生活碳排放主要来源于出行、炊事照明等生活需求，受终端电气化率影响较大。重点考虑终端电气化率变化情况，设置基准、加速转型和深度优化3个场景，对福建省居民生活碳排放变化趋势进行预测，结果如图12所示。

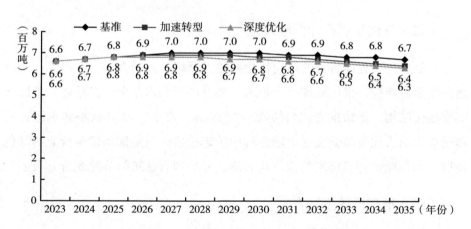

图12　2023~2035年福建省居民生活碳排放预测

说明：为便于展示，本图数据四舍五入，仅保留小数点后1位。

根据预测结果可知，在基准场景下，居民生活碳排放将于2030年达峰，峰值水平为699万吨，占当年全社会碳排放比重为1.8%。在加速转型场景下，居民生活碳排放将于 2028 年达峰，峰值水平为 688 万吨，占当年全社会碳排放比重为 2.0%。在深度优化场景下，居民生活碳排放将于 2027 年达峰，峰值水平为 681 万吨，占当年全社会碳排放比重为 2.1%。在 3 个场景下，居民生活碳排放均与全社会同步达峰。

三 福建省重点领域减碳相关建议

（一）持续深化低碳能源发展

一是进一步加快海上风电和分布式光伏发电等可再生能源的发展，重点推进深远海海上风电项目，提高能源结构中可再生能源占比。二是加强氢能、储能等新兴能源技术的研究与应用，尤其是在交通和工业领域探索氢能的应用场景，推动形成多元化的清洁能源供应体系。三是进一步优化煤电机组的"三改联动"工作，稳步推进煤电机组向调节性电源转型，为能源体系平稳低碳转型保驾护航。

（二）强化重点行业低碳转型

一是加快高耗能行业的结构优化和技术升级，推动钢铁、石化等行业加速淘汰落后产能，推广低碳生产技术，提升能源利用效率。二是进一步优化交通运输结构，加快推进"公转铁""公转水"工作，提升铁路和水运在货物运输中的占比，降低交通运输过程中的碳排放。三是推动建筑行业的绿色转型，加强绿色建筑标准的推广与实施，开展现有建筑的节能改造升级。

（三）推广低碳生活方式

一是通过政策引导与市场激励，进一步推动新能源汽车普及，完善充电基础设施建设，提升新能源汽车的使用便利性。二是加强低碳生活理念的宣传，开发覆盖日常生活各方面的碳排放核算工具，引导居民减少高碳消费，培养绿色消费习惯。三是探索碳积分与碳普惠机制，激励居民通过参与低碳活动获取积分，用于换取绿色商品或服务，增强公众的低碳意识。

（四）加强绿色金融支持与政策保障

一是完善绿色金融产品体系，鼓励银行、基金等金融机构加大对低碳项目的支持力度，推动社会资本向低碳产业流动。二是推动绿色债券、绿证、碳排放权交易市场的发展，促进企业通过市场机制主动减碳，降低减碳成本。三是加强政策保障，制定更为精细化的碳减排政策和标准，引导企业和社会各界共同参与碳达峰与碳中和行动，为全省减碳工作提供有力支撑。

（五）推动数字化与碳减排的深度融合

一是建立全省碳排放监测与管理数字平台，实现碳排放数据的实时监测、分析与管理，提升政府和企业的碳管理能力。二是推动工业互联网与智能制造技术的应用，通过数据分析与优化控制，提升工业生产过程的能源利用效率。三是利用大数据和人工智能技术，优化交通、能源和建筑等重点领域的碳减排策略，提高减排措施的有效性。

参考文献

任宏洋等：《中国碳排放影响因素及识别方法研究现状》，《环境工程》2023 年第10 期。

余碧莹等：《碳中和目标下中国碳排放路径研究》，《北京理工大学学报》（社会科学版）2021 年第 2 期。

李金超、鹿世强、郭正权：《中国省际碳排放预测及达峰情景模拟研究》，《技术经济与管理研究》2023 年第 3 期。

B.5
2024年福建省碳汇情况分析报告

陈柯任 陈立涵 李益楠*

摘 要： 为响应中共中央、国务院推进美丽中国建设的要求，福建省提出要奋力打造美丽中国先行示范省。碳汇项目的开发和交易，是探索生态产品价值实现的重要方式之一，也是进一步优化生态环境、推进美丽中国建设的重要抓手。2023年，福建省在林业碳汇、海洋碳汇、农业碳汇方面均开展了较多亮点工作，推动碳汇机制持续完善。下一步，建议福建省将碳汇发展与乡村振兴有机结合，建立区域协作模式发展林业碳汇，以产业融合挖掘海洋碳汇潜在价值，并完善农业碳汇监测核算体系，实现生态效益与经济效益双赢，为福建省的高质量发展注入新动能。

关键词： 碳汇 美丽中国 乡村振兴

一 2023年福建省碳汇现状分析

（一）林业碳汇

在林业碳汇领域，福建省通过顶层设计与试点建设并重，系统推进林业碳汇发展。龙岩市、南平市等地市均在林业碳汇方面推出创新亮点。

---

* 陈柯任，工学博士，国网福建省电力有限公司经济技术研究院，研究方向为能源经济、低碳技术、战略与政策；陈立涵，工学硕士，国网福建省电力有限公司经济技术研究院，研究方向为能源经济、战略与政策；李益楠，工学硕士，国网福建省电力有限公司经济技术研究院，研究方向为能源经济、战略与政策。

福建省发布专项规划和试点政策推进林业碳汇发展。一是加强宏观指导。2023年12月，福建省林业局印发《福建省林业碳汇专项发展规划（2021—2030年）》，明确森林植被碳储量等五个发展目标，提出扩面提质稳步增汇等六项主要措施，明确重要生态系统保护修复等六项工程和加强组织领导等六项保障措施，为全省林业碳汇发展指明了方向。二是强化试点建设。2022~2023年，全省选择20个县（市、区）、国有林场开展省级林业碳中和试点，共建成碳中和林102.6万亩，预估新增碳汇量132.1万吨。

龙岩市基于司法固碳平台推广司法碳汇。龙岩市在省内率先推出"碳汇池"司法固碳平台①，平台整合了全市司法固碳案件信息，实现森林碳汇等资源共享，并加强实时监测、关联分析、综合研判，为助力"双碳"工作提供了数据支撑。龙岩市检察机关通过该平台对本地林业数据资源汇总筛查，开展监督线索分析预警，创新"检察+碳汇"办案模式，与公安、林业等部门联合开展司法固碳行动，督促修复被损毁林地1990亩，并向违法行为人收缴森林碳汇损失补偿金，用于司法固碳基地等林业碳汇试点项目的培育和发展。

南平市"一元碳汇"上线并在全市推广。"一元碳汇"是依托村集体和林农的林地林木资源而设计销售的森林或竹林经营碳汇项目。该项目按照"一元碳汇"项目方法学开发，以"一元钱若干千克二氧化碳当量"为挂牌单价，面向自愿开展碳中和的机关事业单位、企业、社会团体和个人出售。2023年南平在全市推广"一元碳汇"②，印发《南平市"一元碳汇"开发及交易管理办法（试行）》，公布南平市"一元碳汇"logo和《南平市"一元碳汇"交易规则（试行）》，全市完成10个"一元碳汇"项目开发、碳汇备案量为62.29万吨。截至2024年4月底，已有1.45万人次通过"一元碳汇"项目认购了8530吨碳汇，惠及林农769户。

---

① 《司法固碳，龙岩出招》，福建省人民政府网站，2023年5月11日，https://www.fujian.gov.cn/zwgk/ztzl/sxzygwzxsgzx/sdjj/lsjj/202305/t20230511_6167621.htm。

② 《让绿水青山"流金淌银"——看南平如何探索生态产品价值实现路径》，南平市自然资源局网站，2024年7月16日，https://zrzyj.np.gov.cn/cms/html/npsgtzyj/2024-07-16/1918868730.html。

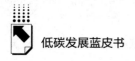

（二）海洋碳汇

福建省在海洋碳汇领域围绕碳汇交易、碳汇核算、碳汇应用等取得一系列进展，展现了福建省在促进绿色低碳发展方面的积极作为。

一是开拓海洋碳汇多元化交易场景。2023 年 6 月 3 日，福州市连江县政府向福建亿达食品有限公司颁发由海洋渔业部门备案确认的全国首张蓝色碳票[①]，涉及连江县安凯乡奇达村的 171.8 公顷海域，折算碳减排量 27456 吨，估值超过 55 万元。2023 年 6 月 20 日，全国首个海洋碳汇现场认购在漳州市东山县举行，危害海洋生态犯罪的涉案当事人自愿认购碳汇 10.5 万元，用于海洋生态环境修复，开拓了"生态司法+蓝碳交易"场景。2023 年 12 月 8 日，大闽食品（漳州）有限公司自愿通过海峡资源环境交易中心购买漳州市海水养殖碳汇 1000 吨，用于企业自身运营碳中和，为碳汇交易市场注入了新的活力。

二是建立全国首个地级市渔业碳汇资源库。2023 年 12 月 8 日，漳州市海水养殖碳汇核算成果在福州海峡股权交易中心正式上线，是全国首个地市级渔业碳汇资源库[②]。该资源库通过卫星航拍识别海水养殖情况，以拟定养殖模式和生产周期的变化曲线，测算碳汇估值，防止重复核算、交易。总计核算养殖面积约 1.7 万公顷，共核算出碳汇产品约 24 万吨，有效推动碳汇数据可追溯、可视化管理。

三是推进海洋碳汇实景应用。2023 海峡（福州）渔业周·中国（福州）国际渔业博览会上，兴业银行福州分行捐赠 1000 吨"海洋碳汇"，以此抵消渔博会活动产生的全部温室气体，实现会议活动碳中和，达到零碳活动目标，并获得海峡资源环境交易中心授予的碳中和荣誉证书。

---

① 《中国首张蓝色碳票在福州颁发》，福建人大网，2023 年 6 月 4 日，https：//www.fjrd.gov.cn/ct/4-182902。

② 《福建日报点赞漳州渔业碳汇 漳龙集团布局蓝碳产业显成效》，漳州市人民政府网站，2024 年 3 月 15 日，https：//www.zhangzhou.gov.cn/cms/html/zzsrmzf/2024-03-15/1295220 078.html。

（三）农业碳汇

福建省在农业碳汇交易方面进行广泛探索，在特色产业碳汇开发、跨区域合作及国际核证的自愿碳减排标准（VCS）项目开发等领域取得多项突破，有效发挥农业碳汇在绿色发展和乡村振兴中的重要作用。

一是围绕茶产业开展农业碳汇试点探索。2022年5月，厦门产权交易中心建成运行我国首个农业碳汇交易平台，并向厦门市莲花镇军营村、白交祠村发放全国首批农业碳票，交易范围覆盖两村共7754亩生态茶园的3357吨农业碳汇，开启了茶园生态碳汇试点建设先河。2023年9月，全国首单茶树碳汇储量指数保险由南平市张厝乡人民政府与中国人民财产保险股份有限公司签约，共承保茶树2870亩，为张厝乡提供219.55万元的碳汇储量损失风险保障，进一步完善茶园碳汇产业生态。2023年9月，北京京汉兴业科技有限公司碳中和团队同泉州市安溪县祥华乡石狮村石犀茶叶合作社达成协议，获得合作社内1000亩茶园碳汇开发的独家代理权；11月8日完成首笔大单交易，推动碳汇交易剩余收益反哺茶园基础设施建设，保障茶园碳汇建设可持续发展。

二是以农业碳汇"西碳东卖"探索农村致富新路径。2023年8月10日，首批"闽宁协作"农业碳汇交易项目在宁夏回族自治区泾源县新民乡成功签约[1]。厦门市同安区农业农村局和厦门农业银行共同发动热心支持"闽宁协作"的企业及个人，通过厦门产权交易中心购买新民乡南庄村和马河滩村高标准农田碳减排量19790.6吨。该项目标志着泾源开启"以绿色凭证促进农村绿色交易，以绿色交易促进农民绿色增收"的新模式、新机制，为村民开辟一条"碳汇"致富新路。

三是取得VCS碳汇开发新突破。2023年5月，全国首个水禽粪污资源化利用碳汇VCS项目[2]成功落地福州，实现了福州市碳汇VCS项目开发零

---

① 《首批"闽宁协作"农业碳汇交易成功落户泾源》，"固原日报"微信公众号，2023年8月10日，https：//mp. weixin. qq. com/s/Ihggd3rK4es1t1eN_ 7dF4Q。

② 《全国首个水禽粪污资源化利用碳汇VCS项目落地福建永泰》，中国网海峡频道，2023年5月15日，https：//fj. china. com. cn/zonghe/202305/30440. html。

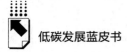
的突破。福建省农业生态环境与能源技术推广总站、福州市农业农村局等部门联合海峡资源环境交易中心、福建环融环保股份有限公司，根据畜禽粪便堆肥管理减排项目方法学为企业量身设计了 VCS 标准碳汇开发方案。永泰金蛋公司开展畜禽粪污综合利用工作，已公示的项目涉及 90 万羽蛋鸭产生的粪污，每年可将 15 万吨鲜鸭粪转化为 3 万吨有机肥，其间减少的甲烷排放量相当于 3.6 万吨二氧化碳。按照当前行情测算，预计该项目每年可为企业增收约 72 万元。

二 福建省碳汇发展趋势预测

（一）林业碳汇将与乡村振兴进一步有机结合

近年来，"林业碳汇+"模式得到推广，例如"林业碳汇+中和活动""林业碳汇+生态司法""林业碳汇+绿色金融"等，带动森林"水库、钱库、粮库、碳库"四库联动。2023 年福建省委、省政府印发《关于做好2023 年全面推进乡村振兴重点工作的实施意见》，提出要持续开展林业碳汇试点，创新林业碳汇产品与交易机制。下一步，福建省将以乡村振兴为抓手，进一步拓展"林业碳汇+"发展模式，着力实现农民增收与生态保护的双重目标。

（二）海洋碳汇开发经验有望向全国推广

福建省海洋碳汇资源丰富，碳汇开发在全国起步较早且已初见成效，"蓝碳"市场已初具规模。下一步，福建省将持续充分发挥优越的海洋自然资源禀赋，提升"蓝碳"资源利用率，深入挖掘"蓝碳"潜在价值，拓展海洋碳汇应用场景，推广海洋碳汇开发经验，推动与多省份合作，将蓝碳基金、蓝碳交易财产安全险、"生态司法+蓝碳交易"和海洋碳汇司法交易服务等蓝碳产品及交易模式推广应用到全国其他地区，助力全国加快发展海洋碳汇。

（三）农业碳汇将以特色茶产业为抓手完善监测核算体系

2022 年以来，福建省积极发挥本地茶产业优势，开展了一系列碳汇研究及交易实践，构建符合福建实际的茶园碳汇计量方法体系。2023 年至今，厦门产权交易中心持续以同安区莲花镇为试点，致力于构建农业茶园碳汇的生态地图，不断拓展农村绿色金融的应用场景；在此基础上，厦门市环境科学研究院依托厦门市生态系统生产价值业务化核算体系，探索性开发出该市高山茶园碳汇核算方法，为茶产业发展融入碳汇体系提供技术支撑。2023 年 12 月起，南平市依托"揭榜挂帅"项目，规划以安溪县为示范评估试点，开展绿色低碳茶园碳汇监测核算体系及数据管理平台建设。下一步，福建省将聚焦特色茶产业，进一步完善碳汇监测核算体系建设，加快推动茶园碳汇深度参与农业碳汇市场交易。

三　福建省碳汇发展对策建议

（一）建立区域协作模式发展林业碳汇

探索建立长效跨区域生态补偿机制，学习浙江省温州市等地区的跨市域林业碳汇交易、内蒙古自治区包头市林草碳汇跨省交易等模式，鼓励森林固碳量少的经济发达地区与森林固碳量多的地区开展区域协作，助力区域协调发展和生态保护补偿。加大力度推广应用成效较好的"碳汇+"发展模式，助力实现林业碳汇可持续开发与循环发展。

（二）推动产业融合发展加强蓝碳应用

探索"蓝碳+休闲文旅"模式，以高标准、有特色、能兼顾经济和固碳为准则纳入一批海洋旅游项目，深入挖掘"蓝碳"项目经济价值创造潜力。例如，开发福建海洋文化研学、"蓝碳"养殖区捕捞、海上观光旅游等休闲体验项目，并通过补贴形式降低企业对休闲项目的运营负担，针对能够活化

"蓝碳"资产的企业加大金融支持。借鉴蚂蚁森林等绿色公益平台模式，鼓励游客在旅行中通过生态旅游行为获取"蓝碳"积分并换取礼品，实现海洋生态经济价值，反哺蓝碳资产可持续扩张，促进生态保护和经济发展耦合。

（三）健全监测核算体系夯实农业碳汇基础

深入研究福建农业碳汇发展潜力，探索符合国际规范且贴合省内实际的碳汇项目核算方法，精准测算主要农作物固碳量，针对省内不同产业形成细分领域的核算标准。同时，强化第三方评估机制，提升农业碳汇项目认证的专业性和公信力，推动核查体系不断完善。构建全省数字农业碳汇监测统一平台，实现碳排放和碳汇数据收集与权威发布，为农业主体提供低碳转型的技术指导，助力农业整体碳汇功能的显著提升，推动农业绿色、低碳、可持续发展。

参考文献

杨美霞：《福建省林业碳汇市场价值的实现途径》，《福建林业科技》2024年第2期。

张波：《"生态司法+林业碳汇"法律适用研究》，《华北电力大学学报》（社会科学版）2024年第3期。

王宁、赵财胜：《"双碳"政策下的林业碳汇路径》，《中国土地》2024年第6期。

王涵等：《环武夷山国家公园保护发展带"十四五"期间碳汇交易潜力分析》，《海峡科学》2024年第1期。

林禹岐、吴昂：《认购林业碳汇司法适用的实践检视与制度完善》，《中国人口·资源与环境》2023年第12期。

陈思宇：《福建省林业碳汇的实践探索和发展前瞻》，《福州党校学报》2023年第4期。

杜明卉等：《海岸带蓝碳生态系统碳库规模与投融资机制》，《海洋环境科学》2023年第2期。

李巍：《蓝碳生态产品价值实现的理论同构与路径选择》，《环境保护与循环经济》

2024 年第 7 期。

宋欣妍：《食品链农业碳汇生态价值实现路径及绿色金融支持——以福建光阳蛋业为例》，《海峡科学》2024 年第 3 期。

田云、蔡艳蓉：《"双碳"目标下的农业碳问题研究进展及未来展望》，《华中农业大学学报》2024 年第 3 期。

市场价格篇

B.6
2024年福建省碳市场情况分析报告

陈 晗 张雨馨 李益楠*

摘 要: 2023年,福建碳市场控排企业由296家减少至293家,配额分配实施方案与上一年度相比具有一定的延续性和稳定性,仅对钢铁行业的配额分配方法和部分行业系数进行微调。截至2023年底,福建碳市场碳配额累计成交量达4743.9万吨,累计成交额达10.5亿元,其中,2023年成交量2619.9万吨,同比上升242.0%,总成交量在八个地方试点碳市场中最高,但成交均价最低。目前,福建碳市场仍存在碳资产价值有待挖掘、多种市场机制尚未有序衔接等问题。下阶段,建议福建在推动特色碳汇项目纳入全国温室气体自愿减排交易市场、强化碳市场基础支撑、探索碳资产价值实现机制等方面进一步开展工作,切实发挥市场碳减排资源配置作用。

---

* 陈晗,工学硕士,国网福建省电力有限公司经济技术研究院,研究方向为工程管理、能源经济;张雨馨,工学硕士,国网福建省电力有限公司经济技术研究院,研究方向为战略与政策、能源经济;李益楠,工学硕士,国网福建省电力有限公司经济技术研究院,研究方向为能源经济、战略与政策。

关键词: 碳市场　自愿减排　碳交易　碳计量　碳金融

一　2023年全国碳市场运行情况

全国碳交易体系由全国碳排放权交易市场和全国温室气体自愿减排交易市场共同组成,二者既各有侧重、独立运行,又互为补充,通过配额清缴抵销机制相互衔接。2023年,全国碳排放权交易市场第二个履约周期（2021年度、2022年度）圆满收官,并启动了全国温室气体自愿减排交易市场制度建设工作。

（一）全国碳排放权交易市场

全国碳排放权交易市场第二个履约周期共纳入重点排放单位2257家,年度覆盖温室气体排放量约51亿吨二氧化碳当量,占全国二氧化碳排放的40%以上,是全球目前覆盖排放量最大的市场。

2023年2月7日,生态环境部发布《关于做好2023—2025年发电行业企业温室气体排放报告管理有关工作的通知》,要求组织开展月度信息化存证,进一步提高了数据信息的披露要求,强化了对发电企业排放报告的精细化管理。3月13日,生态环境部印发《2021、2022年度全国碳排放权交易配额总量设定与分配实施方案（发电行业）》,优化了配额管理的年度划分、平衡值、基准值、修正系数,并新增灵活履约机制和个性化纾困机制。10月14日,生态环境部发布《关于做好2023—2025年部分重点行业企业温室气体排放报告与核查工作的通知》,规范了石化、化工、建材、钢铁、有色、造纸、民航等重点行业企业温室气体排放数据管理工作,为全国碳市场扩容奠定了基础。

2023年,全国碳市场交易量价齐升,市场活跃度稳步提升。全年共242个交易日,最高成交价为82.79元/吨,最低成交价为50.50元/吨,成交均价68.15元/吨。全年碳配额累计成交量达2.12亿吨,累计成交额达144.44亿元[①],其中,挂牌协议交易累计成交量、累计成交额分别为3499.66万

---

　①　数据来源于Wind数据库。

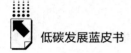
吨、25.69亿元，大宗协议交易累计成交量、累计成交额分别为1.77亿吨、118.75亿元①。截至2023年12月31日，碳配额累计成交量4.42亿吨，累计成交额249.19亿元。

（二）全国温室气体自愿减排交易市场

2023年，为调动全社会力量共同参与温室气体减排，生态环境部启动了全国温室气体自愿减排交易市场建设工作。10月19日，生态环境部、国家市场监督管理总局联合印发《温室气体自愿减排交易管理办法（试行）》，规范了全国温室气体自愿减排交易及相关活动。10月24日，生态环境部发布《关于全国温室气体自愿减排交易市场有关工作事项安排的通告》，明确了由国家应对气候变化战略研究和国际合作中心、北京绿色交易所有限公司暂时作为全国温室气体减排注册登记机构和交易机构。11~12月，《温室气体自愿减排项目设计与实施指南》《温室气体自愿减排注册登记规则（试行）》《温室气体自愿减排交易和结算规则（试行）》《温室气体自愿减排项目审定与减排量核查实施规则》相继出台，构建了全国温室气体自愿减排交易市场基本制度框架，为参与主体提供了全流程、全要素指引。

二 2023年福建碳市场运行情况

2023年7月20日，福建省生态环境厅发布《福建省2022年度碳排放配额分配实施方案》，对钢铁行业的配额分配方法和部分行业系数进行微调，与上一年度相比具有一定的延续性和稳定性。

2023年福建省碳市场运行机制、交易情况及存在的问题具体分析如下。

（一）运行机制

配额分配方面。针对钢铁行业，与原先统一采用历史强度法不同，钢铁

---

① 数据来源于上海环境能源交易所。

生产联合企业（普通钢）改为采用行业基准线法分配配额，除钢铁生产联合企业（普通钢）外仍采用历史强度法分配配额，进一步提高配额分配的精确性。针对自备电厂已纳入全国碳市场管理的非发电行业企业，明确以2021年度碳排放强度（扣除发电设施排放部分）作为历史强度值。

系数调整方面。针对采用历史强度法的行业调整减排系数，调高化工（主营产品为二氧化硅以外的生产主体）、石化等行业减排系数，即分配更多碳配额，调低铜冶炼行业、除钢铁生产联合企业（普通钢）外的钢铁行业、造纸行业等减排系数，即分配更少碳配额。针对采用基准线法的行业，调低电解铝、水泥、平板玻璃、化工（二氧化硅）、电力等行业二氧化碳排放基准，调高航空等行业基准值；将平板玻璃行业的能源结构调整系数 β 改为窑龄系数 β_1 与燃料等效应系数 β_2 的乘积，进一步提高配额分配的准确性。此外，针对化工行业新增闽江流域调节系数，南平、三明、龙岩等闽江上游区域取值99%，其余区域取值100%。

（二）交易情况

1. 交易主体

交易主体方面，划归全国碳市场开展交易的发电行业控排企业数量由第一个履约周期的40家增加至第二个履约周期的44家，福建碳市场控排企业由2021年度的296家减少至2022年度的293家。

2. 交易规模

福建碳市场于2016年12月22日开市。截至2023年底，福建碳市场碳配额累计成交量达4743.9万吨，累计成交额达10.6亿元。其中，2023年碳配额成交量2619.9万吨，同比上升242.0%，总成交量在八个地方试点碳市场中最高；成交额6.1亿元，同比上升221.2%（见图1）[①]。

截至2023年底，福建碳市场碳配额累计成交均价22.4元/吨。其中，2023年成交均价为23.3元/吨，同比下降6.0%（见图2），在2022年成交

---

① 福建省碳交易数据来自海峡股权交易中心。

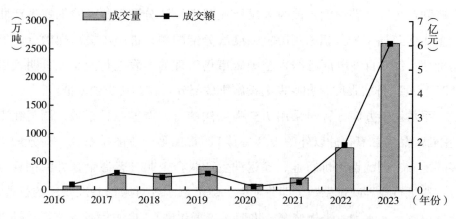

图1　2016～2023年福建碳市场碳配额成交量和成交额

资料来源：海峡股权交易中心。

均价大幅回升后，日成交均价稳定在30元/吨左右，但在八个地方试点碳市场中福建成交均价仍为最低。

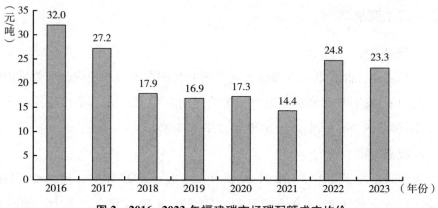

图2　2016～2023年福建碳市场碳配额成交均价

资料来源：海峡股权交易中心。

3. 交易规律

目前，全国碳市场价格发现机制逐渐显现，福建碳市场仍存在明显的履约驱动现象。

福建碳市场：2017～2023年，福建碳市场履约截止日分别为2017年6月

30日、2018年8月15日、2019年6月30日、2020年8月31日、2021年11月30日、2023年1月10日、2023年12月31日。从成交量分布来看，交易主要集中在履约截止日附近，呈现为尖峰形态，2023年福建碳市场交易活跃度整体升高，其中7月、8月、11月、12月成交量均超过历史峰值（2022年12月），2023年12月成交量达616.2万吨，反映出福建碳市场在明显的履约驱动现象下，碳价发现机制逐渐显现（见图3）。

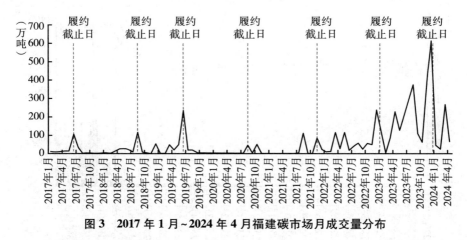

图3　2017年1月~2024年4月福建碳市场月成交量分布

资料来源：Wind数据库。

全国碳市场：2023年为全国碳市场第二个履约周期履约年，配额清缴截止日为2023年12月31日，全年市场交易呈现持续活跃的态势。成交量方面，2023年全国碳市场成交量较2022年增长了3.2倍；成交价格方面，碳价稳中有升，上半年基本稳定在50~60元/吨的区间内，下半年连续4个月创下新高，7~10月最高价分别为65.00元/吨、75.00元/吨、77.00元/吨、82.79元/吨，整体成交均价（68.15元/吨）较2022年（55.30元/吨）增长23.24%。

全国碳市场第二个履约周期内每个交易日均有成交，交易主要集中在每年下半年，重点排放单位交易积极性明显增强。2023年7月14日，生态环境部印发《关于全国碳排放权交易市场2021、2022年度碳排放配额清缴相关工作的通知》，引导各地积极组织重点排放单位尽早制定交易计划，刺激8~10月成交量连续攀升，并在第四季度达到交易高峰。由于95%的重点控排企业需要在 2023 年 11 月 15 日前完成履约，交易量峰值月份由 12 月提前至 10 月，12 月为履约末期，多数企业在此前已达到合规要求，因此交易量出现回落。12 月底，少数未履约企业在履约截止日（12 月 31 日）前开展交易，成交量呈现小高峰态势（见图 4）。总体来看，2023 年第四季度成交量占全年累计成交量比重超过 71%。

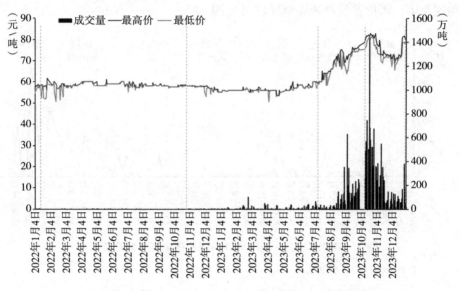

图 4 2022 年 1 月至 2023 年 12 月全国碳市场交易规模

资料来源：Wind 数据库。

4. 履约情况

福建碳市场：截至 2023 年底，福建碳市场已连续运行 2016~2022 年度共计 7 个履约周期，2022 年度控排企业应清缴碳排放配额总量 1.16 亿吨、同比减少 11.8%，履约率保持 100%，反映福建省政府和福建企业显著的减排成效和实现低碳发展的坚定决心。

全国碳市场：根据《全国碳市场发展报告（2024）》，全国碳排放权交易市场第二个履约周期共纳入发电行业重点排放单位 2257 家，年覆盖二氧化碳排放量超过 50 亿吨，配额分配盈亏基本平衡，符合政策预期。截至 2023 年底，2021 年度、2022 年度配额清缴完成率分别为 99.61%、99.88%，较第一个履约周期进一步提升，参与交易的重点排放单位数量较第一个履约周期上涨 31.79%。同时，通过灵活履约机制共计为 202 家受困重点排放单位纾解了履约困难。

（三）存在的问题

1. 碳资产价值有待挖掘

目前，福建碳市场的主要交易对象为福建省碳排放配额（FJEA）、福建林业碳汇（FFCER）、国家核证自愿减排量（CCER），以现货交易为主，缺乏碳远期、碳互换、碳期货等价格发现和风险管理工具，碳金融产品创新往往停留在首单效应上，零星试点居多，规模化推广程度较低。同时，控排企业尚未建立完善的碳资产管理体系，缺乏科学的碳管理能力，对碳市场的认知度和对新兴产品的接受度较低，叠加碳配额分配较为宽松等原因，福建碳市场参与主体较少、履约驱动现象明显，尚未形成规模化交易需求。因此，FJEA、FFCER 面临需求有限、价格不高等问题，难以通过市场机制准确反映碳资产的真实价值。

2. 多种市场机制尚未有序衔接

围绕绿色低碳发展，福建省已独立运行多种市场化机制，包括全国性和区域性碳排放权交易、温室气体自愿减排交易、绿色电力交易、绿色电力证书交易、用能权交易等，不同机制分属不同的部门主管，政策衔接动力不足。目前，湖北、北京、天津、上海等地方试点碳市场已出台相关政策，支持企业通过外购绿色电力减少碳排放履约支出，全国碳市场与 CCER 交易市场也通过履约抵消机制进行连接。但福建省碳市场与绿色电力交易市场、绿色电力证书交易市场的衔接机制尚未建立，不同市场间价格传导机制尚不完善，难以形成有效的市场联动效应，导致市场参与者难以通过跨市场交易实现成本最优和风险对冲，多种机制对减排的协同效应尚未显现。同时，部分市场的机制设计和运行存在重叠，例如，碳排放权交易市场与用能权交易市场均为总量控制，且碳排放量与燃料消耗量强相关，两个市场需有序衔接减轻企业被重复征缴环境费用的负担。

三 福建碳市场发展形势预测

（一）林业碳汇项目供需齐增

2024 年 1 月 22 日，全国温室气体自愿减排交易市场正式启动，鼓励各类社会主体按照相关规定自主自愿开发温室气体减排项目，项目减排量经核查登记后可以作为"核证自愿减排量"在市场出售。此前，生态环境部已发布造林碳汇等 4 项温室气体自愿减排项目方法学，支持林业碳汇和可再生能源项目发展。2023 年 12 月，福建省林业局印发《福建省林业碳汇专项发展规划（2021—2030 年）》，提出探索建设立足福建、面向全国，以多类型林业碳汇为主要对象的交易和服务中心，开展区域性林业碳汇交易，鼓励林业碳汇项目参与全国碳排放权交易。福建龙岩、南平、三明已成功申报国家级林业碳汇试点市，创新开发"一元碳汇"、林业碳票等区域性林业碳汇产品。下阶段，福建或将推动特色林业碳汇项目方法学在省级主管部门备案，允许相关项目纳入福建碳市场交易品种及抵消机制，并逐步向全国碳市场推广，促进林业碳汇项目开发和交易。

（二）数据质量基础将进一步夯实

碳计量是碳市场及碳交易的基础，也是实现"双碳"目标的重要技术支撑。2023 年 7 月，福建省印发《福建省工业领域碳达峰实施方案》，提出构建数字化能碳管理体系，加强能源与碳排放数据计量、监测和分析。同年 8 月，国家碳计量中心（福建）落地南平，成立全国首个碳计量专家学术委员会，旨在加强碳计量相关技术研究、路径探索和制度建设，目前已构建"空天地一体化"碳监测体系，上线"工业碳排放物联网监测平台"，有效填补碳计量产业空白，夯实碳排放监测数据质量控制基础。下阶段，福建将依托国家碳计量中心开展计量支撑碳数据质量保障研究与实践，加快推进与国际接轨的碳计量标准体系建设，进一步提升碳计量综合服务能力，有效支撑碳市场数据核算、报告和核查。

（三）金融支持碳市场发展力度加大

2024 年 3 月，中国人民银行等七部门印发《关于进一步强化金融支持绿色低碳发展的指导意见》，提出要推进碳排放权交易市场建设，研究丰富与碳排放权挂钩的金融产品及交易方式。同年 5 月，福建省发布《关于福建省金融支持绿色低碳经济发展的指导意见》，明确提出要完善碳定价机制，提升碳排放权交易市场的金融属性和功能，探索开发碳资产抵押融资、碳资产托管、碳回购、碳基金、碳租赁、碳排放权收益结构性存款等金融产品，并鼓励金融机构参与碳排放权交易，为碳排放权交易提供资金存管、清算、结算、碳资产管理、代理开户等服务；鼓励金融机构发展碳排放权融资服务，开展碳排放权抵（质）押融资等新型业务。下阶段，福建将进一步完善绿色金融配套政策体系，强化政策支持和监管约束，推动有效发现合理碳价。

四 福建碳市场发展对策建议

（一）推动特色碳汇项目纳入全国温室气体自愿减排交易市场

一是鼓励特色碳汇项目申请登记温室气体自愿减排项目。引导南平"一元碳汇"、三明"林业碳票"等区域性林业碳汇项目按照温室气体自愿减排项目方法学等相关技术规范要求编制项目设计文件，并在委托审定与核查机构对项目进行审定后，申请温室气体自愿减排项目登记。二是创新制定特色碳汇项目方法学并推动纳入 CCER 方法学体系。聚焦生态系统碳汇持续创新开发碳汇项目，如农田碳汇、双壳贝类碳汇等，制定相应方法学并推动其通过全国温室气体自愿减排交易市场备案。三是加强碳汇项目管理。严格按照《温室气体自愿减排交易管理办法（试行）》，对特色碳汇项目设计、实施、监测、报告等各环节进行管理，确保项目的真实性、唯一性和额外性。

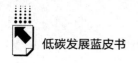
（二）强化碳市场基础支撑

一是加强碳排放监测标准体系建设。依托国家碳计量中心（福建），开展碳排放监测数据质量控制标准研究，推动建立全社会、全行业、全领域碳排放核算标准体系，确保碳排放数据的一致性、连续性和可比性。二是加强碳排放监测关键技术研究。强化国家碳计量中心（福建）与国内外碳管理监测专家团队联系，培养和引进一批能够攻克碳减排、碳监测关键性技术的团队，突破企业生产过程中碳排放数据的计量难题。三是有序引导碳市场相关新兴职业发展。建立碳排放管理员、碳排放咨询师、碳汇计量评估师等碳市场相关的省级职业资格认证机制，编制相应的职业技能标准，引导省内高等职业院校从课程体系、实验实训等方面研究开发培养体系，积极引导和支持持证人员就业，夯实碳市场建设的人才基础。

（三）探索碳资产价值实现机制

一是充分发挥碳金融产品的价格发现功能。丰富金融衍生品种类，引导金融机构探索开发碳资产抵押融资、碳资产托管、碳回购、碳基金、碳租赁、碳排放权收益结构性存款等衍生品，结合税收优惠、费率优惠等政策，规模化推广碳金融产品，提高社会各界对碳市场的参与度。二是充分激发控排企业碳资产管理意识。针对重点控排企业，通过政策宣贯、专题培训、一对一帮扶等公共服务，讲解碳排放核算方法、碳资产管理策略、碳交易规则及操作流程等内容。采用案例分析、模拟交易等方式，帮助企业掌握碳市场运作规律，引导企业灵活运用碳交易策略实现减排目标和碳资产保值增值双赢。

参考文献

生态环境部：《全国碳市场发展报告（2024）》，2024 年 7 月。

B.7
碳市场对能源电力行业的减排作用评估

陈柯任　杜　翼　项康利*

摘　要： 　碳市场是中国碳减排治理中的主要市场交易型环境政策工具，福建省试点碳市场于 2016 年建立，并在 2021 年后与全国碳市场并轨运行。本报告建模分析碳市场对能源电力行业的减排作用，结果显示，中国碳交易试点政策通过影响能源结构、能源效率和能源规模，显著降低了试点省（市）的能源电力行业碳排放量。其中，能源结构调整的中介效应最大。下一步，建议福建省持续完善试点碳市场机制，并从优化能源结构、提高能源效率等方面出发促进能源电力行业碳减排。

关键词： 　碳市场　能源电力行业　碳减排　双重差分法　中介效应

一　碳市场运行情况

2011 年，国家发展改革委批准了 7 个省（市）的碳排放权交易试点工作，试点碳市场建设进入高速发展期。2013~2014 年，北京、天津、上海、广东、深圳、重庆和湖北相继启动了地方性试点碳市场。2016 年 12 月，作为国内第 8 个碳排放权交易试点，福建省启动试点碳市场。

虽然福建试点碳市场最晚设立，但是自运行以来，福建试点碳市场减排

＊　陈柯任，工学博士，国网福建省电力有限公司经济技术研究院，研究方向为能源经济、低碳技术、战略与政策；杜翼，工学硕士，国网福建省电力有限公司经济技术研究院，研究方向为能源经济、电网规划、能源战略与政策；项康利，工学硕士，国网福建省电力有限公司经济技术研究院，研究方向为能源经济、战略与政策。

降碳效果斐然。"十三五"期间，福建全省碳排放强度累计下降超 20%，纳入交易的 9 个行业碳排放强度平均下降 8.2%，提前完成减排目标，位居全国第四。截至 2023 年底，海峡资源环境交易中心已累计实现碳排放权交易 6640.9 万吨，成交金额 16.8 亿元。其中，福建配额（FJEA）成交 4743.9 万吨，成交金额 10.6 亿元；国家核证自愿减排量（CCER）成交 1486.5 万吨，成交金额 5.5 亿元；福建林业碳汇（FFCER）成交 410.6 万吨，成交金额 6422.5 万元。[①]

全国碳市场于 2021 年 7 月正式开市，已经顺利完成两个履约周期。截至 2023 年底，全国碳排放权交易市场覆盖年二氧化碳排放量约 51 亿吨，纳入重点排放单位 2257 家，累计成交量达到 4.4 亿吨，成交额约 249 亿元，成为全球覆盖温室气体排放量最大的碳市场。碳价发现机制日益显现，第二个履约周期成交量比第一个履约周期增长了 19%，成交额比第一个履约周期增长了 89%。第二个履约周期企业参与交易的积极性明显提升，参与交易的企业占总数的 82%，比第一个履约周期增加了近 50%。

二 碳市场对能源电力行业碳排放的影响模型

本报告采用多期双重差分法估计碳市场对地区能源电力行业碳排放的影响，由于全国碳市场成立时间较短，数据量较少，本报告聚焦分析福建等 8 个试点碳市场对能源电力行业碳排放的影响。

在控制其他因素不变的基础上，多期双重差分法可以检验碳市场启动前后，试点地区与非试点地区碳排放的差异，以此测算碳市场设立对能源电力行业碳排放的影响。相应的多期双重差分模型如下：

$$Carbon_{it} = \beta_0 + \beta_1 \times CM_{it} + \beta_2 \times X_{it} + \tau_t + \theta_i + \varepsilon_{it} \tag{1}$$

其中，下标 i 和 t 分别表示地区和年份。$Carbon_{it}$ 是因变量，包含各地区

---

① 《海峡资源环境交易中心碳排放、用能权交易数据》，海峡股权交易中心，2024 年 7 月 2 日，https://carbon.hxee.com.cn/xxzx/50649.htm。

能源电力行业碳排放。CM_{it} 为核心解释变量，刻画了碳市场试点政策。β_0、β_1、β_2 分别为模型系数，其中 β_1 为试点碳市场对碳排放的影响，如果碳市场显著降低了当地的碳排放，则 β_1 显著为负。X_{it} 表示影响碳排放的一系列控制变量。τ_t 表示时间效应，控制了随时间变化影响所有地区的时间因素。θ_i 表示城市固定效应，控制了影响碳排放或碳排放强度但不随时间变动的个体因素。ε_{it} 表示误差项。

我国 8 个碳市场试点地区启动碳市场的时间依次为：2013 年 6 月（深圳）、2013 年 11 月（北京）、2013 年 12 月（天津、上海、广东）、2014 年 4 月（湖北）、2014 年 6 月（重庆）、2016 年 12 月（福建），据此将碳市场试点政策分为 3 批，第一批碳市场设立的时间为 2013 年，包括深圳、北京、天津、上海和广东；第二批碳市场设立的时间为 2014 年，包括湖北和重庆；第三批碳市场设立的时间为 2016 年，包括福建。CM_{it} 的取值规则为：当城市 i 为碳市场试点且碳市场试点已启动，则取值为 1，否则为 0。即：当 i 代表深圳、北京、天津、上海以及广东除深圳外的地级市且 $t \geqslant 2013$，或 i 代表重庆、湖北的地级市且 $t \geqslant 2014$，或 i 代表福建的地级市且 $t \geqslant 2016$ 时，$CM_{it} = 1$。除此之外，$CM_{it} = 0$。为解决潜在的序列相关和异方差问题，本报告同时计算了城市层面聚类的标准误。

三 碳市场对能源电力行业碳排放的影响实证分析

（一）实证结果

本报告的实证结果如表 1 所示。为确保估计结果的稳健性，采用逐步回归的方式报告估计结果。回归结果显示，碳市场设立可以显著降低试点省（市）能源电力行业碳排放。其中，表 1 中列（1）和列（2）为混合截面估计的估计结果。列（1）中碳市场设立的回归系数为 -0.2582，这意味着碳市场设立使试点省（市）能源电力行业碳排放降低比例为 25.82%。列（1）中未加入任何控制变量及固定效应，在这样的模型设定下有可能会包含其他因素的影响导致估计效果偏高。因此，在列（1）的基础上做了一系列的拓展。为了排除不可观测因素对估计结果的干扰，列（2）在列（1）的基础上控制了城市固定效应与年份固定效应，在控制固定效应后核心解释变量的估计系数变为-0.1245。

为了排除遗漏变量因素对模型的干扰，列（3）在列（2）的基础上加入天气控制变量，包括气压、气温、降水量、风速、日照时数。列（3）核心解释变量的估计系数变为-0.0141。列（4）在列（3）的基础上加入经济控制变量，具体包含人口数量、第二产业占比、第三产业占比、城市化水平（城镇人口/总人口）、资源丰裕度（采矿业就业人口/总人口）、经济开放度（FDI）和贸易规模（进出口总额）。列（4）核心解释变量的估计系数变为-0.0134。列（2）~列（4）碳市场设立的核心解释变量估计系数分别为-0.1245、-0.0141、-0.0134，数值基本保持稳定。这意味着碳市场设立对试点省（市）能源电力行业碳排放的影响在控制住一系列的控制变量和固定效应后受到遗漏变量影响的可能较小，估计结果较为稳健。其中，列（4）进行了最严格的控制。接下来以列（4）的结果作为基准结果进行分析。

表1　碳市场设立对能源电力行业碳排放的影响

项目	(1) OLS	(2) FE	(3) FE	(4) FE	(5) FE	(6) FE
碳市场	-0.2582*** (0.016)	-0.1245*** (0.028)	-0.0141*** (0.003)	-0.0134*** (0.003)	-0.0103** (0.005)	-0.0110*** (0.003)
样本量	4130	4130	4130	4130	3864	4046
R^2	0.519	0.838	0.998	0.999	0.861	0.943
城市固定效应		Y	Y	Y	Y	Y
年份固定效应		Y	Y	Y	Y	Y
天气控制变量			Y	Y	Y	Y
经济控制变量				Y	Y	Y
样本范围	全样本	全样本	全样本	全样本	第一批	第一批+ 第二批

注：圆括号中为标准误，根据城市进行聚类稳健法计算。* 表示在10%的水平上显著，** 表示在5%的水平上显著，*** 表示在1%的水平上显著。

双重差分法最基本的假设是平行趋势假设，具体而言是指倘若处理组个体未接受干预或冲击，则其结果变动趋势与控制组个体结果变动趋势相同。只有当处理组与控制组的目标变量在政策发生前满足平行趋势假设才能使用双重差分法。反之，如果处理组和控制组在事前就存在一定的差异，那么双重差分法的结果就不再能代表政策的净效应，极有可能存在其他因素影响被解释变量的变化。为此构建如下方程，检验碳市场设立对碳排放的影响是否满足平行趋势假设。

$$Carbon_{it} = \gamma_0 + \sum_{k=-9}^{5} \gamma_k \times CM_{i,t+k} + \rho \times X_{it} + \tau_t + \theta_i + \varepsilon_{it} \qquad (2)$$

其中，$\sum_{k=-9}^{5} \gamma_k \times CM_{i,t+k}$ 为碳市场启动前后各年年份虚拟变量与对应碳市场政策实施区域虚拟变量的交叉项。若平行趋势检验结果显示碳市场政策启动前系数 γ_k 不显著，那么碳市场政策实施省（市）与对照组省（市）之间碳排放在碳市场设立前不存在系统性差异。图 1 报告了碳市场设立对能源电力行业碳排放的平行趋势检验结果。在政策实施当年（横轴 = 0）之前 9 年（横轴为 -9~-1），以能源电力行业的碳排放量为被解释变量的模型系数不显著，说明在政策实施前政策组和对照组之间不存在系统性差异，满足平行趋势假设；在政策实施当年及实施后 5 年（横轴为 0~5），碳交易试点政策对碳排放量的分年度效应显著为负，这意味着碳市场政策实施后试点内的能源电力行业碳排放量下降。

为避免政策分批实施下采用的双向固定效应回归结果可能出现的严重偏误，本报告进行进一步稳健性检验。首先，对比了不同批次碳排放试点对能源电力行业碳排放的影响。表 1 中列（5）与列（6）在列（4）的基础上分别以第一批碳市场试点和第一批 + 第二批碳市场试点为样本进行回归，核心解释变量的估计系数分别为 -0.0103、-0.0110。对比列（4）、列（5）和列（6）的结果可知，不同批次的碳市场对碳排放的影响非常接近，大致可以认为列（4）的结果较为稳健。

进一步，由于碳市场试点为多批次实施，采用 Bacon 分解检验政策分批

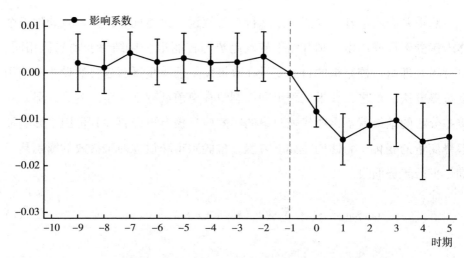

图 1　碳市场设立对能源电力行业碳排放的平行趋势检验

实施的交叠设计潜在的偏误。该偏误主要来源于采用后处理组作为处理组并且采用先处理组作为控制组（"坏的控制组"）时产生的负向效应。因为相较于后处理组或从未处理组，它们的事前趋势已经发生变化。而正是由于这种"坏的控制组"的存在，双向固定效应才在进行交错双重差分法估计时产生潜在偏误。如表 2 所示，对比后处理组（第二批试点）和先处理组（第一批试点）可能导致整体估计出现偏误。但根据 Bacon 分解检验，其权重仅为0.032，且分组估计的影响系数（-0.0364）符号与总体估计一致。因此，检验结果认为交叠实施碳排放政策的设计下潜在估计偏误不存在。

表 2　碳市场设立对能源电力行业碳排放的 Bacon 分解检验

组别	权重	影响系数
处理组 VS 从未处理组	0.905	-0.0121
先处理组 VS 后处理组	0.063	-0.0208
后处理组 VS 先处理组	0.032	-0.0364

（二）影响机制分析

碳市场设立主要从能源规模优化、能源效率提升和能源结构调整三个方面影响碳排放。一是碳市场设立后企业需要为碳排放支付额外成本，这部分碳成本会增加企业的运营成本，倒逼企业缩减生产规模和能源利用规模。二是碳市场设立后的碳成本会倒逼企业进行技术创新，提升能源使用效率。三是碳市场设立会对能源结构产生影响，激励低碳排放率的能源替代高碳排放率的能源，实现能源结构调整，这包括使用低碳排放系数的石油、天然气替代高碳排放系数的煤炭，以及使用风、光、核等清洁能源替代传统化石能源。

本报告采用能源消费总量衡量能源规模、单位 GDP 能耗衡量能源效率、清洁能源在能源消费总量中的占比以及煤炭在化石能源消费中的占比衡量能源结构。分别将这三个因素作为中介变量，采用中介效应分析法对碳市场设立影响能源电力行业碳排放的机制进行检验。

$$Carbon_{it} = \beta_0 + \beta_1 CM_{it} + \beta_2 X_{it} + \tau_t + \theta_i + \varepsilon_{it} \tag{3}$$

$$Structure_{it} = a_0 + a_1 CM_{it} + a_2 X_{it} + \tau_t + \theta_i + \varepsilon_{it} \tag{4}$$

$$Carbon_{it} = b_0 + b_1 CM_{it} + b_2 Structure_{it} + b_3 X_{it} + \tau_t + \theta_i + \varepsilon_{it} \tag{5}$$

$$Efficiency_{it} = c_0 + c_1 CM_{it} + c_2 X_{it} + \tau_t + \theta_i + \varepsilon_{it} \tag{6}$$

$$Carbon_{it} = d_0 + d_1 CM_{it} + d_2 Efficiency_{it} + d_3 X_{it} + \tau_t + \theta_i + \varepsilon_{it} \tag{7}$$

$$Scale_{it} = e_0 + e_1 CM_{it} + e_2 X_{it} + \tau_t + \theta_i + \varepsilon_{it} \tag{8}$$

$$Carbon_{it} = f_0 + f_1 CM_{it} + f_2 Scale_{it} + f_3 X_{it} + \tau_t + \theta_i + \varepsilon_{it} \tag{9}$$

其中，$Structure_{it}$，$Efficiency_{it}$，$Scale_{it}$ 为中介变量，分别代表能源结构、能源效率和能源规模。β_1 代表碳市场对碳排放的影响，a_1，c_1，e_1 分别代表碳市场对不同中介变量的影响，b_2，d_2 和 f_2 分别代表不同中介变量对碳排放的影响。

以分析能源结构影响的式（3）~式（5）为例，按照"三步法"中介效应的建模逻辑，若碳市场试点对碳排放的影响系数 β_1、碳市场试点对中介变量的影响系数 a_1 均显著，且引入中介变量后碳市场试点对碳排放的影响 b_1 显著减少，即可认为该变量中介效应成立。由于中介变量与碳排放量之间存在固定的函数关系，即如果碳交易政策对中介变量存在显著影响，则也必将对碳排放产生显著影响，因此，无需经过方程（5）的检验，只需前两步的系数均显著即可认为该变量的中介机制成立。该逻辑也适用于对另外两种中介变量的分析。

如表3所示，中国碳交易试点政策的减排机制中"清洁能源占比"的系数不显著，"煤炭占比"、"能源强度"和"能源消费总量"的系数分别显著为-0.268，-0.116和-0.077，说明我国碳交易试点政策通过使煤炭占比、能源强度、能源消费总量分别下降26.8%、11.6%、7.7%，最终实现减排效果。结合表1中已得出的碳市场试点对碳排放的影响系数显著结论，煤炭占比、能源强度、能源消费总量的中介机制成立，清洁能源占比的中介机制不成立。

表3　碳市场设立对能源电力行业碳排放的中介效应分析

项目	（1）	（2）	（3）	（4）
	能源结构		能源效率	能源规模
因变量	清洁能源占比	煤炭占比	能源强度	能源消费总量
碳市场	-0.059 (0.056)	-0.268 *** (0.016)	-0.116 *** (0.026)	-0.077 *** (0.002)
样本量	4130	4130	4130	4130
R^2	0.333	0.398	0.916	0.745
城市固定效应	Y	Y	Y	Y
年份固定效应	Y	Y	Y	Y
天气控制变量	Y	Y	Y	Y
经济控制变量	Y	Y	Y	Y

注：圆括号中为标准误，根据城市进行聚类稳健法计算。＊表示在10%的水平上显著，＊＊表示在5%的水平上显著，＊＊＊表示在1%的水平上显著。

根据结果，能源强度的中介效应大于能源消费总量，说明能源规模优化对经济增长的负面影响得到了能源效率提升的充分对冲。煤炭占比达26.8%的下降比例，说明减少煤炭消耗在中国碳交易试点政策的减排机制中承担重要作用。

表 4 提供了 Sobel、Goodman、Goodman Aroian 三种中介效应检验的结果，煤炭占比、能源强度和能源消费总量的中介效应均成立，而清洁能源占比的中介效应不成立，佐证了表 3 的检验结果。

表 4　碳市场设立对能源电力行业碳排放的中介效应检验

中介效应	（1）	（2）	（3）	（4）
	能源结构		能源效率	能源规模
因变量	清洁能源占比	煤炭占比	能源强度	能源消费总量
Sobel 检验	−0.006 （−0.631）	−0.068 *** （−0.015）	−0.099 *** （−0.024）	−0.081 *** （−0.032）
Goodman 检验	−0.006 （−0.621）	−0.068 *** （−0.016）	−0.099 *** （−0.025）	−0.081 *** （−0.032）
Goodman Aroian 检验	−0.006 （−0.643）	−0.068 *** （−0.014）	−0.099 *** （−0.024）	−0.081 *** （−0.031）
中介效应比	0.021	0.269	0.390	0.320

注：圆括号中为标准误，根据城市进行聚类稳健法计算。* 表示在 10% 的水平上显著，** 表示在 5% 的水平上显著，*** 表示在 1% 的水平上显著。

建模与实证分析结果显示，中国碳交易试点政策通过影响能源结构、能源效率和能源规模，显著降低了试点省（市）能源电力行业的碳排放量。其中，能源结构调整的中介效应最大。

参考文献

胡龙晖：《福建碳市场重点行业碳减排效果研究》，《中国市场》2024 年第 19 期。

刘志华、徐军委：《碳市场试点对省域碳排放公平性的影响及作用机制——基于多期 DID、空间 DID 与中介效应的实证研究》，《自然资源学报》2024 年第 3 期。

吴茵茵等：《中国碳市场的碳减排效应研究——基于市场机制与行政干预的协同作用视角》，《中国工业经济》2021 年第 8 期。

张希良、张达、余润心：《中国特色全国碳市场设计理论与实践》，《管理世界》2021 年第 8 期。

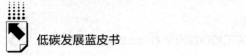

杨素等：《电-碳市场探讨：异与同、现状与展望》，《中国电力企业管理》2021 年第 19 期。

周朝波、覃云：《碳排放交易试点政策促进了中国低碳经济转型吗？——基于双重差分模型的实证研究》，《软科学》2020 年第 10 期。

余萍、刘纪显：《碳交易市场规模的绿色和经济增长效应研究》，《中国软科学》2020 年第 4 期。

钱浩祺、吴力波、任飞州：《从"鞭打快牛"到效率驱动：中国区域间碳排放权分配机制研究》，《经济研究》2019 年第 3 期。

王倩、王硕：《中国碳排放权交易市场的有效性研究》，《社会科学辑刊》2014 年第 6 期。

政策机制篇

B.8

2024年福建省控碳减碳政策分析报告

陈紫晗　张雨馨　蔡期塬*

摘　要：　2023年以来福建省各级政府加速出台控碳减碳系列政策，从更
多维度、更细领域组合发力，不断完善政策体系，全省碳减排工作目标更鲜
明、举措更详尽、成效更显著。福建省提出多项重要政策举措，包括推动重
点产业加速向绿色低碳转型，大力布局发展战新与未来产业；从供给侧、电
网侧、消费侧共同发力，推动资源利用低碳化、清洁化；从标准设计、计量
监测、落地应用等方面，全链条强化碳达峰碳中和标准计量体系建设能力；
聚焦省内优秀资源禀赋条件，巩固提升林业碳汇、海洋碳汇的生态系统碳汇
能力；围绕环境权益市场发展、绿色金融产品创新，深化探索绿色低碳发展
新型市场机制；大力培育全省低碳试点应用与低碳生产生活方式新风尚，赋
能绿色新质生产力发展。预计下阶段福建省将推动用能方式加速转型，不断

---

*　陈紫晗，工学硕士，国网福建省电力有限公司经济技术研究院，研究方向为战略与政策、企
业运营管理；张雨馨，工学硕士，国网福建省电力有限公司经济技术研究院，研究方向为战
略与政策、能源经济；蔡期塬，工学硕士，国网福建省电力有限公司经济技术研究院，研究
方向为战略与政策、改革发展。

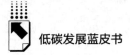
提高清洁能源产业含新量；围绕重点行业建立健全碳达峰碳中和标准体系，为省内"双碳"目标实现提供统一标准支撑；用好政府与市场"两只手"加快控碳减碳要素培育，释放灵活调控能力。建议福建省加大绿色低碳技术研发与应用力度，加快谋划省级新型能源体系建设路径，供需协同发力培育全社会绿色发展新质生产力。

关键词： 控碳减碳 低碳转型 生态碳汇

一 控碳减碳政策现状

（一）持续推动产业绿色低碳转型

推动经济社会发展绿色低碳转型，构建绿色低碳循环发展的产业体系，是积极稳妥推进碳达峰碳中和目标的有力措施。2023年，福建省深入推进低碳技术创新、重点领域绿色转型、战新和未来产业布局工作部署，全力推动产业绿色低碳转型。

在低碳技术创新方面，福建省发布《福建省工业领域碳达峰实施方案》，支持工业企业实施低效设备更新改造、能效水平提升等节能改造项目，鼓励实施低零碳园区改造。《福建省新污染物治理工作方案》提出逐步推广绿色示范技术。《福建省培育专精特新中小企业促进高质量发展行动计划（2024—2026年）鼓励企业入园进区若干措施》提出优先保障技术和能效水平先进、亩均效益突出的专精特新中小企业新增投资和技改项目。《关于全面实施水泥行业超低排放改造的意见》提出加快推广低阻旋风预热器等节能技术装备（见表1）。地市层面，福州市提出到2030年，涌现一批有影响力的未来技术、创新应用、头部企业和领军人才，聚力打造具有较强国际竞争力的未来产业集群和原始创新策源地，引导企业利用新材料、新能源和新一代信息技术实施转型升级，加快兑现技改融资贷款贴息等政策；三明市提出加大对企业绿色技术创新支持力度，加强减污降碳协同增效技术研究和推广，研发末端碳捕集、利用、封存技术，开展水泥、钢铁、火电等烟气超低排放与碳减排协同技术创新；龙岩市提出壮大一批绿色低碳技术创新企业，鼓励企业研制首台（套）重大技术装备与智能制造装备，加快突破重点产业关键核心技术和短板装备（见表2）。

表1 2023年福建省级推动产业绿色低碳转型主要政策

发布时间	政策名称	主要相关内容
1月	《福建省新污染物治理工作方案》	推进绿色制造升级，以印染、皮革、农药、医药、涂料等行业为重点，推进有毒有害化学物质替代，推荐一批基础好、代表性强、绿色化水平高的示范企业，逐步推广绿色示范技术
4月	《福建省质量强省建设纲要》	组织实施绿色产业指导目录，加快相关标准制定修订；着力打造电子信息、先进装备制造等万亿级支柱产业，先进装备制造产业突出高端化、智能化发展，推进装备数字化，推广新能源汽车，推进电动船舶产业发展试点示范；强化战略性新兴产业技术、质量、管理协同创新，培育壮大质量竞争型产业，推动制造业高端化、智能化、绿色化发展
5月	《关于福建省完善能源绿色低碳转型体制机制和政策措施的意见》	推动传统产业全面绿色低碳转型，加快推动钢铁、石化、化工、有色、建材和数据中心等重点领域节能降碳改造升级；适时制定能源领域绿色低碳产业指导目录
5月	《关于全面推进锅炉污染整治促进清洁低碳转型的意见》	全面实施超低排放改造，原则上2025年底前必须全面实现超低排放（烟尘、二氧化硫、氮氧化物排放浓度分别不高于10、35、50毫克/米³；执行锅炉大气污染物排放标准的燃油锅炉基准含氧量按3.5%折算，其他锅炉9%；执行火电厂大气污染物排放标准的燃油锅炉基准含氧量按3%折算，燃煤锅炉6%）
6月	《全面推进"电动福建"建设的实施意见（2023—2025年）》	加快新能源汽车推广应用，持续提升物流配送、环卫、工程建设、党政机关、国有企业等公共领域新能源汽车比重；推动电动船舶全产业链发展
6月	《关于全面实施水泥行业超低排放改造的意见》	引导能耗高、排放强度大的低效产能有序退出，推动水泥行业集中集聚发展，优化产业结构，形成规模效益，降低单位产品能耗，坚决淘汰落后产能和工艺装备；推动水泥行业通过原料替代、燃料替代、工艺改造，提升行业能效水平，降低污染物和碳排放强度

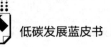

续表

发布时间	政策名称	主要相关内容
7 月	《福建省工业领域碳达峰实施方案》	到 2025 年,培育省级以上绿色低碳工厂 150 家、绿色低碳供应链企业 25 家、绿色低碳园区 15 个;加快推动钢铁、石化、化工、有色、建材、纺织、造纸、皮革等传统产业向绿色化、智能化、高端化提档升级;组织实施绿色产业指导目录,持续壮大新材料、新能源、新能源汽车、生物与新医药、节能环保、海洋高新等新兴产业
9 月	《福建省促进人工智能产业发展十条措施》	打造人工智能产业发展东南创新高地,推动人工智能与实体经济深度融合,助力数字应用第一省建设
12 月	《福建省培育专精特新中小企业促进高质量发展行动计划(2024—2026 年)鼓励企业入园进区若干措施》	鼓励专业化服务机构开发适合专精特新中小企业特点的绿色制造系统解决方案,开展节能诊断服务、能源资源计量服务,提升绿色化服务能力;鼓励将污染物排放量小、环境风险低的专精特新中小企业纳入生态环境监督执法正面清单,推行差异化监管
12 月	《关于支持宁德市开发三都澳建设新能源新材料产业核心区的意见》	支持完善动力电池多层次多用途回收利用体系,形成高效、绿色、循环、低碳的产业闭环;支持湾坞半岛不锈钢新材料产业园集聚发展,推动不锈钢企业清洁生产、低碳排放和绿色制造

表 2　2023 年福建地市级推动产业绿色低碳转型主要政策

发布时间	政策名称	主要相关内容
1 月	《莆田市推进绿色经济发展行动计划(2022—2025 年)》	加快推动化工、建材、纺织、造纸、皮革等行业绿色化改造;实施绿色制造工程,大力开展绿色工厂、绿色园区、绿色产品、绿色供应链等绿色制造体系建设;全市建成省级及以上绿色工厂 18 家,绿色园区 2 个以上,打造一批绿色供应链管理企业
1 月	《三明市人民政府办公室关于印发 2023 年市政府工作主要任务分工方案的通知》	深化"生态+"创新实践,大力发展水美经济、绿色能源产业,培育新的经济增长点;积极稳妥做好"双碳"工作,开展工业企业、园区绿色低碳升级改造,严把项目准入生态关、安全关,坚决遏制"两高"项目盲目发展

发布时间	政策名称	主要相关内容
2月	《三明市"十四五"节能减排综合工作实施方案》	重点行业绿色转型工程,以钢铁、有色金属、建材、化工等行业为重点,对标能效标杆水平,促进行业整体能效水平提升,系统梳理能效低于基准水平的重点企业清单,组织实施节能降碳改造升级行动,推动行业高质量发展;到2025年,通过实施节能降碳行动,钢铁、水泥、合成氨等重点行业产能和数据中心达到能效标杆水平的比例超过30%,鼓励高耗能重点行业能效水平应提尽提
2月	《宁德市"十四五"节能减排综合工作实施方案》	围绕宁德锂电新能源、不锈钢新材料、新能源汽车、铜材料四大主导产业,依托产业特色和战略性新兴产业优势,打造绿色低碳的新能源新材料先进制造业产业集群;推进电机电器、食品加工、机械制造等传统产业开展数字化、智能化改造,加快传统产业转型升级
2月	《南平市人民政府办公厅关于促进产业绿色高质量发展的意见》	支持传统企业绿色转型,建立绿色转型升级重点项目库,实施一批节能减排绿色改造项目,对改造后年节能量100吨标准煤以上的项目给予奖励,此外制定了化工类等传统产业绿色化转型升级路径
3月	《三明市2023年省政府重点工作涉及我市任务清单》	推动钢铁、有色、建材、石化等重点领域节能降碳,推进资源循环利用;制定工业重点领域节能降碳改造升级实施方案,全年力争推动5家企业建立企业装置能效清单
4月	《福州市推进工业争先增效行动方案》	要落实扶持政策,引导企业利用新材料、新能源和新一代信息技术实施转型升级,加快兑现技改融资贷款贴息、技改投资补助、完工投产奖励等政策
4月	《2023年龙岩市质量强市工作要点》	聚焦有色金属、机械装备产业、新材料、新能源、电子信息、节能环保产业等重点领域,组织开展质量技术攻关,鼓励企业研制首台(套)重大技术装备与智能制造装备,加快突破重点产业关键核心技术和短板装备;积极培育新材料、新能源、电子信息、节能环保等战略性新兴产业,做大做强稀土新材料省级战略性新兴产业集群
4月	《莆田市"十四五"节能减排综合工作实施方案》	以煤电、石化化工、印染等行业为重点,全面梳理能效低于基准水平的重点企业清单,引导企业参照标杆水平实施节能降碳改造升级;大力推进绿色数据中心创建,重点推进中国电子云(东南)大数据中心、豆讯云计算数据中心等项目建设;到2025年,煤制合成氨等重点行业产能和数据中心达到能效标杆水平的比例超过30%

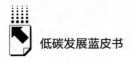

续表

发布时间	政策名称	主要相关内容
5月	《莆田市创新驱动发展战略行动方案（2023—2025年）》	以钜能电力为龙头，加快异质结太阳能电池迭代升级，做大做强国家新能源产业创新示范区核心区
5月	《漳州市新污染物治理工作方案》	引导企业全面推进原辅料无害化替代、生产工艺无害化优化等清洁生产改造，从源头上减少有毒有害化学物质产生和排放；以化工、皮革、农药、医药、涂料等行业为重点，推荐一批基础好、代表性强、绿色化水平高的示范企业，逐步推广绿色示范技术
5月	《龙岩市"十四五"节能减排综合工作实施方案》	以建材、冶金、化工等行业为重点，对标能效标杆水平，促进行业整体能效水平提升，系统梳理重点企业能效水平清单；推进钢铁、水泥行业及燃煤锅炉超低排放改造；到2025年，钢铁、水泥、平板玻璃、有色金属等重点行业产能和数据中心达到能效标杆水平的比例超过30%，鼓励高耗能重点行业能效水平应提尽提
7月	《福州市人民政府办公厅关于加快培育发展未来产业的实施意见》	推动新材料产业突破前沿技术、跨越发展，推动新一代光电、自主人工智能、未来能源、深海空天开发、元宇宙、未来医疗等6个具有发展潜力的产业倍增发展，前瞻布局量子科技、未来网络等2个孕育期未来产业，到2030年，涌现一批有影响力的未来技术、创新应用、头部企业和领军人才，聚力打造具有较强国际竞争力的未来产业集群和原始创新策源地
7月	龙岩市《关于贯彻落实省"十四五"重点工业行业节能降碳改造有关工作的通知》	加快水泥、平板玻璃、铁合金等行业节能降碳改造；到2025年，通过实施节能降碳改造升级行动，全市建材、冶金、化工等重点行业能效全部达到基准水平，水泥、平板玻璃、钢铁、铜冶炼、铁合金等重点细分行业能效达到标杆水平的产能比例超过30%，离子膜烧碱行业能效达到标杆水平的产能比例超过80%，行业整体能效水平明显提升
7月	《厦门市"十四五"时期"无废城市"建设实施方案》	持续深化生态环境分区管控体系应用，推进产业绿色低碳发展，助力构建"4+4+6"现代产业体系；持续加快构建"绿色园区+绿色供应链管理+绿色工厂+绿色设计产品"绿色制造体系，围绕厦门国家火炬高技术产业开发区全国唯一"光电显示产业集群试点"打造全产业链减废模式的领头雁，到2025年争取累计新增国家级绿色工厂20家、国家级绿色工业园区1个

续表

发布时间	政策名称	主要相关内容
9 月	龙岩市《深入推动城乡建设绿色发展实施方案》	大力培育建筑业龙头企业,壮大一批绿色低碳技术创新企业,系统布局一批支撑城乡建设绿色发展的研发项目,组织开展节能低碳建筑、智能建造和新型建筑工业化等重大关键技术攻关,积极推动科技项目成果转移转化和先进适用技术产业化
9 月	《漳州市"十四五"节能减排综合工作实施方案》	以钢铁、建材、石化化工等行业为重点,对标能效标杆水平,促进行业整体能效水平提升,系统梳理能效低于基准水平的重点企业清单;推进钢铁、水泥、焦化行业及燃煤锅炉超低排放改造,2024 年底前全市钢铁企业基本完成超低排放改造;促进数据中心和 5G 等新型基础设施能效提升,到 2025 年,基本实现数据中心和 5G 基站全部具备节电功能
10 月	厦门市《进一步稳增长转动能推动经济高质量发展若干措施》	用好加快推进新能源新材料产业高质量发展政策效益,促进生物医药产业高质量发展,做大做强生物医药、新型功能材料国家战略性新兴产业集群,构建以锂电池为龙头的新能源产业生态
12 月	《福州市建设可持续发展城市行动纲要》	大力发展循环低碳经济,培育壮大先进绿色制造业,推进新一代信息技术与绿色环保产业的深度融合创新,重点发展科技含量高、资源消耗低、环境污染少的高端制造、智能制造、绿色现代服务业;推动工业重点行业领域节能降碳改造,实现节能降碳减污协同增效、生态环境质量持续改善
12 月	《三明市"十四五"时期"无废城市"建设实施方案》	围绕三明"433"产业体系,重点在钢铁与装备制造、氟新材料、纺织、建材等重点行业和领域,深化信息技术应用和创新,开展绿色化、智能化、高端化提档升级

在重点领域绿色转型方面,福建省发布《关于福建省完善能源绿色低碳转型体制机制和政策措施的意见》《福建省工业领域碳达峰实施方案》,提出加快推动钢铁、石化、化工、有色、建材、纺织、造纸、皮革和数据中心等重点领域节能降碳改造升级。《福建省新污染物治理工作方案》提出以印染、皮革、农药、医药、涂料等行业为重点,推进有毒有害化学物质替代,推进绿色制造升级。《关于全面实施水泥行业超低排放改造的意见》提

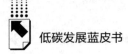

出引导水泥行业能耗高、排放强度大的低效产能有序退出，坚决淘汰落后产能和工艺装备，提升行业能效水平。《关于全面推进锅炉污染整治促进清洁低碳转型的意见》明确 2025 年底前必须全面实现超低排放。地市层面，南平市建立绿色转型升级重点项目库，对改造后年节能量 100 吨标准煤以上的项目给予奖励，并且针对化工类等传统产业制定绿色化转型升级路径；龙岩市、宁德市、漳州市、莆田市、三明市提出，到 2025 年，通过实施节能降碳行动，钢铁、水泥等重点行业产能和数据中心达到能效标杆水平的比例超过 30%，鼓励高耗能重点行业能效水平应提尽提。

在战新和未来产业布局方面，福建省发布《福建省工业领域碳达峰实施方案》，提出要持续壮大新材料、新能源、新能源汽车、生物与新医药、节能环保、海洋高新等新兴产业。《全面推进"电动福建"建设的实施意见（2023—2025 年）》提出加快新能源汽车推广应用，持续提升物流配送等公共领域新能源汽车比重，推动电动船舶全产业链发展。《福建省质量强省建设纲要》提出推广新能源汽车、推进电动船舶产业发展，强化战略性新兴产业技术、质量、管理协同创新，培育壮大质量竞争型产业。地市层面，福州市提出推动新一代光电、自主人工智能、未来能源、深海空天开发、元宇宙、未来医疗 6 个具有发展潜力的产业倍增发展，前瞻布局量子科技、未来网络 2 个孕育期未来产业；厦门市提出做大做强生物医药、新型功能材料国家战略性新兴产业集群，构建以锂电池为龙头的新能源产业生态；龙岩市提出积极培育新材料、新能源、电子信息、节能环保等战略性新兴产业，做大做强稀土新材料省级战略性新兴产业集群；宁德市提出重点围绕锂电新能源、新能源汽车等四大主导产业，培育战略性新兴产业；莆田市提出以钜能电力为龙头，加快异质结太阳能电池迭代升级。

总体来看，2023 年福建省在产业绿色转型方面沿用传统产业升级与新兴产业培育并重的主要思路，以低碳技术攻关与突破为重要抓手，推动重点领域减排降碳、能效提升，加速推进战略性新兴产业发展。此外，福建各地市还注重建设绿色低碳可循环的工业园区，积极构建循环共生的新产业链，打造产业集群，推动产业结构优化升级。

（二）助力能源绿色低碳转型

采用高效节能的资源利用模式，最大限度减少社会发展过程中的能源消耗，提高能源利用效率，是建设生态文明社会的重要实践、统筹高质量发展和高水平安全的迫切需要。2023 年以来，福建以构建新型电力系统为牵引，加快构建多元化能源供给体系，推动重塑能源供需格局，推进形成供给侧、电网侧和消费侧转型合力，助力新型能源体系建设。

在供给侧，福建省发布《关于福建省完善能源绿色低碳转型体制机制和政策措施的意见》，提出加快海上风电基地、光伏电站等建设，优先通过清洁低碳能源满足新增用能需求并逐渐替代存量化石能源。《关于支持宁德市开发三都澳建设新能源新材料产业核心区的意见》提出支持宁德市持续推进核水风光储氢等清洁能源开发利用，打造东南沿海重要清洁能源基地（见表3）。地市层面，南平市提出稳步实施整县（市、区）屋顶分布式光伏项目；莆田市提出加快平海湾海上风电、渔光互补集中式光伏发电等项目建设（见表4）。

表3　2023 年福建省级层面助力能源绿色低碳转型主要政策

发布时间	政策名称	主要相关内容
5 月	《关于福建省完善能源绿色低碳转型体制机制和政策措施的意见》	加快海上风电基地、光伏电站等建设,优先通过清洁低碳能源满足新增用能需求并逐渐替代存量化石能源,鼓励因地制宜建设多能互补、就近平衡、以清洁低碳能源为主体的新型能源系统;以数字化智能化技术支撑新型电力系统建设,全面提升和优化电网网架结构、电源结构、需求侧响应能力、调度智能化水平等
7 月	《福建省工业领域碳达峰实施方案》	重点控制化石能源消费,提高非化石能源消费占比,有序引导天然气消费;"十四五"期间合理严格控制钢铁等行业煤炭消费增长,鼓励新建、改扩建项目实行燃料煤减量替代;鼓励企业、园区就近利用清洁能源,积极推动开展分布式光伏发电市场化交易试点,支持具备条件的企业开展"光伏+储能"等自备电厂、自备电源建设

117

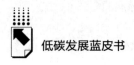

发布时间	政策名称	主要相关内容
7月	《福建省新型基础设施建设三年行动计划(2023—2025年)》	实施智慧能源工程,加快电网在线监测终端全覆盖;建设电力信息通信网络和调度控制系统,完善虚拟电厂、多源协同、"双碳"管理等功能;推进一体化"互联网+充电设施"建设,打造城市级能源综合管理平台
12月	《关于支持宁德市开发三都澳建设新能源新材料产业核心区的意见》	加快建设清洁能源应用集聚区,支持宁德市持续推进核水风光储氢等清洁能源开发利用,打造东南沿海重要清洁能源基地;支持开展近零碳工程建设,打造宁德时代"零碳工厂""零碳能源岛"试点

表4 2023年福建地市级助力能源绿色低碳转型主要政策

发布时间	政策名称	主要相关内容
1月	《莆田市推进绿色经济发展行动计划(2022—2025年)》	完善能源产供储销体系,持续提升能源高效利用水平;推进规模化集中连片海上风电开发,重点推进莆田平海湾等资源较好地区的海上风电项目建设投运;增加农村清洁能源供应;支持户用和工业园区等屋顶太阳能光伏分布式发电,因地制宜推进"渔光互补""农光互补"项目,有序发展抽水蓄能电站;稳步推进电能替代及智慧能源应用;构建以新能源为主体的新型电力系统,提高电网对高比例可再生能源的消纳和调控能力
1月	《南平市人民政府办公室关于2023年市政府工作主要任务责任分解的通知》	坚持先立后破,有序推进能源结构调整优化,稳步实施整县(市、区)屋顶分布式光伏项目,积极推动抽水蓄能项目进规入盘
2月	《宁德市"十四五"节能减排综合工作实施方案》	煤炭清洁高效利用工程,立足构筑清洁低碳、安全高效的能源保障体系,坚持先立后破,严格合理控制煤炭消费增长,持续推进煤炭清洁利用,实施煤改气改造,加快天然气支线管网建设;到2025年,非化石能源占一次能源消费比重提升到55%左右
2月	《三明市"十四五"节能减排综合工作实施方案》	立足构筑清洁低碳、安全高效的能源保障体系,坚持先立后破,严格合理控制煤炭消费增长,抓好煤炭清洁高效利用;到2025年,非化石能源占能源消费总量比重达到省下达三明指标

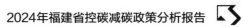

续表

发布时间	政策名称	主要相关内容
4月	《莆田市"十四五"节能减排综合工作实施方案》	能源绿色低碳转型工程,构筑清洁低碳、安全高效的能源保障体系,严格合理控制煤炭消费增长,抓好煤炭清洁高效利用;有序发展抽水蓄能、新型储能等调节性电源建设,重点推进仙游木兰抽水蓄能电站等项目建设;加快构建以新能源为主体的新型电力系统,稳步推进海上风电规划和建设,加快平海湾海上风电、渔光互补集中式光伏发电等项目建设,重点支持湄洲岛打造福建省新型电力系统建设县级示范区;到2025年,非化石能源占能源消费总量比重达到35%以上
5月	《龙岩市"十四五"节能减排综合工作实施方案》	煤炭清洁高效利用工程,立足构筑清洁低碳、安全高效的能源保障体系,坚持先立后破,严格合理控制煤炭消费增长,抓好煤炭清洁高效利用
9月	《漳州市"十四五"节能减排综合工作实施方案》	煤炭清洁高效利用工程,立足构筑清洁低碳、安全高效的能源保障体系,坚持先立后破,严格合理控制煤炭消费增长,抓好煤炭清洁高效利用;到2025年,非化石能源占能源消费总量比重达到31.9%左右
10月	《莆田市推进新型基础设施建设行动方案(2023—2025年)》	实施智慧能源工程,完善主干输电网架结构,强化智能配电网建设,加快电网在线监测终端全覆盖,全面提升电网防灾减灾能力;建设电力信息通信网络和调度系统,完善多源协同、"双碳"管理等功能;推进一体化"互联网+充电设施"建设,推动城市级能源综合管理平台建设;鼓励消费侧节能降耗和用能新业态发展,积极构建智慧能源系统,推动能源产业数字化智能化升级,打造形成数字化、智慧化的能源产供销体系
10月	《南平市新型基础设施建设三年实施方案(2023—2025年)》	实施智慧能源工程,加快电网在线监测终端全覆盖,完善虚拟电厂、多源协同、"双碳"管理等功能;推进一体化"互联网+充电设施"建设,打造城市级能源综合管理平台
10月	《龙岩市锅炉综合整治实施方案》	力争到2024年底,全市范围内每小时10蒸吨及以下燃煤锅炉全面淘汰;到2025年底,全市范围内每小时35蒸吨以下燃煤锅炉通过集中供热、清洁能源替代、深度治理等方式全面实现转型、升级、退出

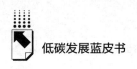

续表

发布时间	政策名称	主要相关内容
11月	《龙岩市新型基础设施建设三年行动计划(2023—2025年)》	实施智慧能源工程,推进一体化"互联网+充电设施"建设,提高智能充电站(桩)密度,打造城市级能源综合管理平台;建设电力物联网,推动电力大数据融合应用,打造智慧供电保障体系;建设燃气智能化运维平台
11月	《漳州市新型基础设施建设三年行动计划(2023—2025年)》	实施智慧能源工程,加快电网在线监测终端的全覆盖;建设电力信息通信网络和调度控制系统,完善虚拟电厂、多源协同、"双碳"管理等功能;支持"华龙一号"核电智慧工程、"5G新基建+智慧新能源"、城市级能源管理系统、一体化"互联网+充电设施"等项目建设
12月	《福州市建设可持续发展城市行动纲要》	构建可持续的现代能源体系,推进重要能源基础设施建设,大力发展风能、太阳能等非化石能源,提高非化石能源使用;促进对能源基础设施和清洁能源技术的投资,探索具有地方特色的可再生能源,完善多元清洁能源供应体系

在电网侧,福建省发布《关于福建省完善能源绿色低碳转型体制机制和政策措施的意见》,提出以数字化智能化技术支撑新型电力系统建设,全面提升和优化电网网架结构、调度智能化水平等。《福建省新型基础设施建设三年行动计划(2023—2025年)》提出加快电网在线监测终端全覆盖,建设电力信息通信网络和调度控制系统,完善虚拟电厂、多源协同、"双碳"管理等功能。地市层面,南平、漳州、莆田均提出实施智慧能源工程,打造城市级能源综合管理平台;莆田市提出有序发展抽水蓄能、新型储能等调节性电源建设,重点推进仙游木兰抽水蓄能电站等项目建设,提高电网对高比例可再生能源的消纳和调控能力。

在消费侧,福建省发布《福建省工业领域碳达峰实施方案》,明确"十四五"期间合理严格控制钢铁等行业煤炭消费增长,鼓励新建、改扩建项目实行燃料煤减量替代。地市层面,三明、龙岩、宁德、漳州提出严格合理控制煤炭消费增长,抓好煤炭清洁高效利用;莆田市提出鼓励消费侧节能降耗和用能新业态发展,积极构建智慧能源系统。

总体来看，2023 年福建省在供给侧更注重光伏、海风等清洁能源开发，在电网侧强调智能化、数字化电网建设，完善和强化适应能源转型的全网统一调度体系，在消费侧突出对煤炭的清洁高效利用，合理控制煤炭消费增长。福建省在推进能源绿色低碳转型过程中总体步伐较快，但仍需加强顶层设计规划，分阶段、分步骤做好全省能源转型实施路线图。

（三）强化碳达峰碳中和标准计量体系建设

碳达峰碳中和标准计量工作是支撑碳排放双控实行和碳定价政策体系建设的重要基础。2023 年，福建省扎实推进碳达峰碳中和标准计量工作，围绕标准建设、计量监测等方面展开系统部署。

在标准建设方面，福建省发布《关于福建省完善能源绿色低碳转型体制机制和政策措施的意见》，提出鼓励并支持企业等组织主导或参与国家关于能源绿色低碳转型相关技术标准及相应的碳排放量、碳减排量等核算标准的制定（见表5）。地市层面，福州市、莆田市明确支持海洋能源、海洋碳汇等标准化研究；南平市、三明市提出要积极创造条件参与碳汇、碳交易等标准研制工作，支持可再生能源标准、工业绿色低碳标准等体系建设；南平市提出加快建立园区"碳能智联"能碳管理平台，制定"工业企业碳账户碳排放核算标准"（见表6）。

表5　2023 年福建省级碳达峰碳中和标准计量体系建设主要政策

发布时间	政策名称	主要相关内容
4 月	《福建省质量强省建设纲要》	建立健全生态产品价值核算地方标准体系和应用制度体系，推进绿色建材产品认证及推广应用工作，推动社会采信绿色建材产品认证结果
5 月	《关于福建省完善能源绿色低碳转型体制机制和政策措施的意见》	重点用能行业严格落实单位产品能耗限额强制性国家标准和能源效率强制性国家标准，定期组织对重点用能企业落实情况进行监督检查；鼓励执行高于国家和本省的建筑节能标准；鼓励并支持企业、社会团体等组织主导或参与国家关于能源绿色低碳转型相关技术标准及相应的碳排放量、碳减排量等核算标准的制定

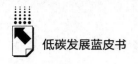

续表

发布时间	政策名称	主要相关内容
5 月	《关于全面推进锅炉污染整治促进清洁低碳转型的意见》	进一步完善污染物自动排放监测设备安装联网,加大执法监管力度,强化排污许可监管执法,重点查处监测数据弄虚作假、自动监测设备运行不正常等行为
6 月	《关于全面实施水泥行业超低排放改造的意见》	加强监管平台建设,完善监测监控设备,规范运行维护,实现全过程、全方位数字化、信息化、智能化管理,增强企业对治污设施、清洁运输等的监控监管能力。监测监控方面,建全全厂一体化环境管控平台,增加水泥窑尾氨污染因子在线监测
7 月	《福建省工业领域碳达峰实施方案》	鼓励研发数字技术赋能能耗与碳排放监测管理工具,夯实统一规范的碳排放统计核算体系基础。推动企业加强能源与碳排放数据计量、监测与分析,实现能碳管理一体化。推动重点用能设备上云上平台,持续优化工业重点用能单位能耗在线监测系统功能,提升企业稳定联网率和数据质量,建立企业碳排放和重点产品碳足迹基础数据库,提升能耗与碳排放的数字化管理、网络化协同、智能化管控水平
11 月	《福建省海洋经济促进条例》	逐步建立海洋碳汇监测核算体系
12 月	《关于支持宁德市开发三都澳建设新能源新材料产业核心区的意见》	支持行业、企业依据自身特点开展碳排放核算方法学研究,先行探索制定锂电行业重点产品碳足迹核算规则标准

表6 2023年福建地市级碳达峰碳中和标准计量体系建设主要政策

发布时间	政策名称	主要相关内容
3 月	《泉州市人民政府关于贯彻落实国务院计量发展规划(2021—2035 年)的实施意见》	强化绿色低碳计量服务能力建设,加强福建省能源计量中心(泉州)建设,进一步完善能源资源计量服务体系,开展能源计量审查,推进重点用能单位在能源资源计量数据采集、统计等方面的智能管理。推动建立健全能源计量管理体系,促进用能单位节能降耗、提质增效
5 月	《三明市人民政府关于贯彻落实国务院计量发展规划(2021—2035 年)的实施意见》	加强生态环境领域计量监测技术研究及数据分析应用,推动在线计量与环境监测技术应用融合,推进环境监测技术机构量值溯源标准化、规范化。加强碳达峰、碳中和计量领域相关技术研究,建立健全碳达峰碳中和标准计量体系,依托福建省碳计量技术委员会,力争在碳汇计量监测等上寻求突破

续表

发布时间	政策名称	主要相关内容
6月	《莆田市人民政府关于全面实施标准化战略的意见》	支持开展海洋能源等标准化研究。加快推动海上风电等重点领域标准化工作。重点支持开展智慧海洋、蓝色碳汇等新兴领域标准化研究
6月	《2023年数字南平工作要点》	制定基于智慧低碳园区"碳能智联"能碳管理平台的"工业企业碳账户碳排放核算标准",研究编制企业碳排放评价指标体系,以荣华山试点开发工业企业"碳效码"
7月	《2023年数字龙岩工作要点》	进一步完善生态环境监测网络,强化企业污染排放和自动监控设施运维的智能监管
7月	《南平市人民政府办公室关于促进市本级三大产业组团高质量发展的实施意见》	加快建立园区"碳能智联"能碳管理平台,制定"工业企业碳账户碳排放核算标准",建立碳排放等级划分;开展"碳排放监测关键计量技术及标准研究"课题攻关,联合打造碳排放数据可信监测平台
7月	《三明市林业碳汇试点建设实施方案(2023—2025年)》	提高林业碳票计量方法的科学性和严谨性,构建高效、快捷、及时的常态化林业碳汇计量监测新模式;开发林业碳汇监测信息平台;制定完善三明林业碳票碳减排量计量方法标准
7月	《三明市贯彻落实国家标准化发展纲要实施意见》	密切关注国家碳达峰、碳中和标准化提升工程,积极创造条件参与碳汇、碳交易标准研制工作。推进"三明市省重点用能单位能耗在线监测平台"涉及的能耗定额、能耗计量、在线监测等标准制定。支持可再生能源标准、工业绿色低碳标准等体系建设。积极参与林业固碳相关标准制修订,支持开展林业碳汇团体标准制定
8月	《南平市贯彻落实国务院计量发展规划(2021—2035年)实施方案》	建立碳排放计量审查制度,进一步细化碳排放单位的碳计量要求,选择3~5个优质企业开展低碳排放工作试点。积极申报国家碳计量中心(福建)落地南平事项,围绕碳排放统计核算、碳交易等需求,开展碳计量数据采集分析和应用,做好碳计量监督技术支撑,加强相关技术规范的制修订,对重点排放单位进行碳计量审查
8月	《龙岩市推进国家林业碳汇试点市建设实施方案》	开展固碳增汇模式下的森林碳汇计量监测,促进形成一套固碳增汇技术规范
9月	《宁德市人民政府关于贯彻落实国务院〈计量发展规划(2021—2035年)〉的实施方案》	发挥计量在推进全市重点用能单位能耗在线监测工作的支撑和保障作用,做好重点用能单位的能源计量器具检定校准等技术服务,推动重点用能单位建立现代先进测量体系。为温室气体排放可测量、可报告、可核查提供计量支撑

发布时间	政策名称	主要相关内容
10月	《南平市贯彻落实〈国家标准化发展纲要〉实施方案》	密切关注国家碳达峰、碳中和标准化提升工程,主动创造条件主导和参与碳汇、碳计量、碳足迹和碳交易等标准研制工作。围绕绿色发展、环境保护、节能减排领域,支持和引导有关企业开展可再生能源标准、工业绿色低碳标准等体系建设
10月	《南平市新型基础设施建设三年实施方案(2023—2025年)》	加强国家重点研发计划"碳排放监测数据质量控制关键测量技术及标准研究"全国唯一综合试点示范区建设,建设省域级碳计量数据中心;支持荣华山产业组团制定基于低碳园区"碳能智联"能碳管理平台的"工业企业碳账户排放核算标准",研究编制企业碳排放评价指标体系,建立工业企业碳账户
10月	《福州市人民政府关于全面实施标准化战略的意见》	支持在智慧海洋、海洋资源开发和保护等方面加快研制相关标准,推进海洋碳汇标准化。推动绿色经济标准化,加强绿色节能绿色设计等领域的标准化建设。鼓励支持企事业单位制定高于国家、行业标准的碳达峰、碳中和企业标准,助力"清新福建"建设
10月	《龙岩市锅炉综合整治实施方案》	进一步完善污染物自动排放监测设备安装联网,加大执法监管力度,强化排污许可监管执法,重点查处监测数据弄虚作假、自动监测设备运行不正常等行为

在计量监测方面,福建省发布《福建省工业领域碳达峰实施方案》,提出鼓励研发数字技术赋能能耗与碳排放监测管理工具,推动企业加强能源与碳排放数据计量、监测与分析,实现能碳管理一体化,推动重点用能设备上云上平台,持续优化在线监测系统功能。《福建省海洋经济促进条例》提出要逐步建立海洋碳汇监测核算体系。《关于全面实施水泥行业超低排放改造的意见》提出要加强监管平台建设,完善监测监控设备,建设全厂一体化环境管控平台,增加水泥窑尾氨污染因子在线监测。《关于支持宁德市开发三都澳建设新能源新材料产业核心区的意见》提出支持行业、企业依据自身特点开展碳排放核算方法学研究,先行探索制定锂电行业重点产品碳足迹核算规则标准。地市层面,泉州市提出加强福建省能源计量中心(泉州)建设,进一步

完善能源资源计量服务体系；南平市提出积极申报国家碳计量中心（福建）落地南平，加强国家重点研发计划"碳排放监测数据质量控制关键测量技术及标准研究"全国唯一综合试点示范区建设，建设省级碳计量数据中心；三明市提出开发林业碳汇监测信息平台，加强碳达峰碳中和标准计量领域相关技术研究；龙岩市提出进一步完善污染物排放监测，强化企业污染物排放和自动监控设施运维的智能监管；宁德市提出做好重点用能单位的能源计量器具检定校准等技术服务，推动重点用能单位建立现代先进测量体系。

总体来看，2023 年福建省对碳达峰碳中和标准计量体系建设工作进行细化部署，各地市结合自身发展禀赋进一步提出了更多具体、有可操作性的发展方案。但福建省碳达峰碳中和标准计量体系建设仍处于初期阶段，还需要在技术支持、管理制度、资金渠道等方面进一步探索完善。

（四）巩固提升生态系统碳汇能力

碳汇是大气圈中的二氧化碳转移到地球其他圈层碳库的过程，我国生态系统碳汇潜力巨大，对于缓解气候变化大有可为，因此持续巩固生态系统碳汇能力、提升生态系统碳汇增量是推动生态文明建设、实现碳达峰碳中和的重要举措。2023 年，福建省主要从林业碳汇、海洋碳汇两方面重点加强省内碳汇能力建设。

在巩固提升林业碳汇能力方面，福建省发布《福建省质量强省建设纲要》，提出实施森林质量精准提升工程，增强森林碳汇能力。《福建省加快推动竹产业高质量发展行动方案（2023—2025 年）》鼓励探索开展竹林碳汇试点，通过流转、收储、质押等途径，引导社会资本更多投向竹林碳汇（见表7）。地市层面，三明市出台一系列地方政策大力建设全国林业改革发展综合试点市，积极探索林业碳汇巩固提升经营模式、完善碳汇计量监测体系、创新林业碳汇交易模式，着力推进林票和碳汇项目开发，深入挖掘森林生态产品价值实现机制；南平市提出打造林下经济及森林碳汇生态气象服务示范点、加强碳汇项目开发储备，推动生态环境智慧治理；龙岩市实施 6 项固碳增汇工程、打造四大应用场景，加快推进林业碳

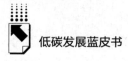

汇试点市建设，开发面向公众的林业碳汇项目平台，打造林业应对气候变化的"龙岩样板"（见表8）。

表7　2023年福建省级巩固提升生态系统碳汇能力主要政策

发布时间	政策名称	主要相关内容
4月	《福建省质量强省建设纲要》	加快绿色经济发展，实施森林质量精准提升工程，增强森林碳汇能力
7月	《福建省加快推动竹产业高质量发展行动方案（2023—2025年）》	探索开展竹林碳汇试点，通过流转、收储、质押等途径，引导社会资本更多地投向竹林碳汇
12月	《福建省海洋经济促进条例》	沿海县级以上地方人民政府有关部门应当提升海洋生态系统碳汇能力，推进海洋领域增汇减排，逐步建立海洋碳汇监测核算体系

表8　2023年福建地市级巩固提升生态系统碳汇能力主要政策

发布时间	政策名称	主要相关内容
1月	《莆田市推进绿色经济发展行动计划（2022—2025年）》	强化低碳零碳负碳重大科技攻关，加强生态系统碳汇、二氧化碳移除等方面研究；健全碳排放权交易机制，探索林业碳汇和海洋碳汇交易试点
1月	《三明市人民政府办公室关于印发2023年市政府工作主要任务分工方案的通知》	探索森林生态产品价值实现机制，完善林权、林票交易机制，支持开展林业碳汇团体标准制定；积极创建绿色社区、绿色家庭、绿色机关、绿色学校，扩大碳汇应用场景
2月	《宁德市"十四五"节能减排综合工作实施方案》	发挥三都澳独特的海洋内湾环境，深挖海洋"蓝碳"潜能，积极争取海洋碳汇相关的试点工作落户宁德，探索开展海洋"蓝碳"交易试点
2月	《三明市建立健全生态产品价值实现机制的实施方案》	稳步推进CCER、FFCER等林业碳汇项目开发，适时调整、合理储备一批林业碳汇项目，完善林业碳票管理办法，建立区域碳汇交易中心和收储机制
6月	《2023年数字南平工作要点》	推动生态环境智慧治理，支持打造顺昌县林下经济及森林碳汇生态气象服务示范点 制定基于智慧低碳园区"碳能智联"能碳管理平台的"工业企业碳账户碳排放核算标准"，研究编制企业碳排放评价指标体系，以荣华山试点开发工业企业"碳效码"

续表

发布时间	政策名称	主要相关内容
7月	《三明市林业碳汇试点建设实施方案(2023—2025年)》	探索林业碳汇巩固提升经营模式,推动乡土固碳树种筛选示范、人工针叶林结构优化固碳增汇经营模式试验示范、竹林经营固碳增汇经营模式试验示范;探索完善林业碳汇计量监测体系,创新林业碳票计量监测方法、开发林业碳汇监测信息平台;探索创新林业碳汇交易模式,完善林业碳票管理办法、建设区域林业碳汇交易中心、建立林业碳汇收储机制、拓宽林业碳汇应用场景;探索金融支持林业碳汇价值实现方式,创新金融服务产品、完善金融服务配套提高林业碳票计量方法的科学性和严谨性,构建高效、快捷、及时的常态化林业碳汇计量监测新模式;开发林业碳汇监测信息平台;制定完善三明林业碳票碳减排量计量方法标准
7月	《三明市贯彻落实国家标准化发展纲要实施意见》	结合林改工作,着力提升生态系统碳汇能力,有效发挥森林的固碳作用,积极参与相关标准制修订;以建设全国林业改革发展综合试点市为契机,探索森林生态产品价值实现机制,完善林权、林票交易机制,支持开展林业碳汇团体标准制定
7月	《2023年数字龙岩工作要点》	实施六项固碳增汇工程,马尾松林结构优化工程,稀疏天然林混交菌根树种工程,水土流失治理区固碳增汇工程,杉木、马尾松大径材复层混交工程,竹林经营固碳增汇工程,闽西珍贵阔叶用材树种选育工程;打造四大应用场景,绿色低碳林业行动、林业碳汇司法行动、林业碳汇金融行动、林业固碳减排行动;夯实四大基础工作,开展林业碳汇调查监测、建设林业碳汇项目系统、实施林业碳汇项目储备、开发市域林业碳汇产品
8月	《龙岩市推进国家林业碳汇试点市建设实施方案》	开展固碳增汇模式下的森林碳汇计量监测,促进形成一套固碳增汇技术规范
11月	《漳州市新型基础设施建设三年行动计划(2023—2025年)》	实施智慧农业工程,加快智慧林业产业公共服务平台、林业碳汇管理平台等项目建设
12月	《三明市加快推进竹产业高质量发展实施意见》	支持开展竹林FSC森林认证,开发竹林碳汇,促进竹林可持续经营

在探索开发海洋碳汇方面,福建省出台的《福建省海洋经济促进条例》明确沿海县级以上地方政府有关部门应当提升海洋生态系统碳汇能力,推进

海洋领域增汇减排，逐步建立海洋碳汇监测核算体系。地市层面，莆田市积极推动碳排放权和碳汇交易，健全碳排放权交易机制，探索海洋碳汇试点与蓝色碳汇标准化研究；宁德市发挥三都澳独特的海洋内湾环境优势，深挖海洋"蓝碳"潜能，积极争取海洋碳汇相关试点工作落户宁德，探索开展海洋"蓝碳"交易试点。

总体来看，福建省林业碳汇的建设较为深入，凭借良好的森林资源禀赋条件，省内3个城市、15个县入选全国林业改革发展综合试点市、试点县，围绕经营模式、监测体系、交易模式、产品价值实现方式等多个维度深入部署林业碳汇建设工作。但目前省内海洋碳汇的建设进程较为缓慢，宁德、厦门等沿海城市需加快争取相关试点工作落地机会。

（五）探索绿色低碳发展新型市场机制

绿色金融体系的创新与发展将生态产品的内在价值转化为经济价值，当前绿色金融的制度创新和市场激励的探索不断深化、绿色金融市场规模不断扩大，激励市场主体更好保护生态环境，提供更加优质的生态产品。2023年，福建省重点探索环境权益市场发展和绿色金融产品创新，逐步完善省内绿色金融立体发展体系。

在探索环境权益市场发展方面，福建省先后出台《福建省质量强省建设纲要》《关于福建省完善能源绿色低碳转型体制机制和政策措施的意见》等多份文件，提出要推进碳排放权、排污权、用水权等资源环境权益交易市场建设，构建金融支持绿色低碳发展的长效机制，稳步扩大绿色信贷规模（见表9）。地市层面，三明市在《三明市建立健全生态产品价值实现机制的实施方案》等多份文件中提出支持探索建立各类生态产品和环境权益交易机制，深化用能权有偿使用和交易试点，进一步完善用能权交易制度体系，加强用能权交易与能耗双控以及碳排放权交易的统筹衔接；南平市率先探索建设省级碳计量数据中心，开放碳盘查、碳交易、碳资产管理、碳账户等服务体系；莆田市支持认证机构加强绿色贸易、碳交易等认证体系研究，衔接好省级碳达峰碳中和管理平台（见表10）。

表9 2023年福建省级探索绿色低碳发展新型市场机制主要政策

发布时间	政策名称	主要相关内容
4月	《福建省质量强省建设纲要》	推动金融等生产性服务业向专业化和价值链高端延伸,加快建设福州、厦门国家物流枢纽,统筹推进普惠金融、绿色金融、科创金融、供应链金融发展,鼓励福州、厦门、泉州、平潭建设具有特色的金融集聚区
5月	《关于福建省完善能源绿色低碳转型体制机制和政策措施的意见》	探索发展清洁低碳能源行业供应链金融,创新适应清洁低碳能源特点的绿色金融产品,鼓励符合条件的企业发行碳中和债券、可持续发展挂钩债券等;引导金融机构综合运用绿色信贷、绿色债券等绿色金融产品,支持综合能源服务项目、新型储能电站、海上风电、海上光伏、抽水蓄能等具有显著碳减排效益的项目,加大对金融机构绿色金融业绩评价考核力度;支持符合条件的绿色产业企业上市融资,鼓励金融机构加大绿色信贷投放力度,支持绿色新基建发展,创新绿色信贷和绿色直接融资模式,拓展绿色保险服务;支持有条件的地区申报国家级绿色金融改革创新试验区;完善环境信用评价和绿色低碳金融联动机制;探索能源基础信息应用
7月	《福建省工业领域碳达峰实施方案》	鼓励金融机构开发绿色金融产品,大力发展绿色贷款、绿色股权、绿色债券、绿色保险、绿色基金等金融工具,引导金融机构为绿色低碳项目提供长期限、低成本资金,鼓励开发性政策性金融机构按照市场化法治化原则为碳达峰行动提供长期稳定的融资支持;推动利用绿色信贷加快工业绿色低碳改造,在钢铁、石化化工、有色金属、建材等行业支持一批节能低碳改造项目;鼓励符合条件的绿色企业上市融资、挂牌融资和再融资

表10 2023年福建地市级探索绿色低碳发展新型市场机制主要政策

发布时间	政策名称	主要相关内容
1月	《泉州市人民政府办公室关于印发强化金融服务助力稳经济保民生十八条措施的通知》	探索建立绿色金融标准体系,用好碳减排支持工具和支持煤炭清洁高效利用专项再贷款,加大对绿色低碳产业的信贷投放;探索开展排污权、取水权、用能权、碳排放权等环境权益融资,创新发展绿色保险,组织泉州市优秀绿色金融案例评选活动,强化创新引领示范,推动绿色信贷规模持续较快增长;发展区域绿色资本市场,建立"绿色挂牌上市后备企业资源库"

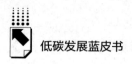

续表

发布时间	政策名称	主要相关内容
1月	《三明市人民政府办公室关于印发 2023 年市政府工作主要任务分工方案的通知》	开展气候投融资试点，推动政府储备排污权、畜禽养殖排污权交易，推进省级绿色金融改革创新试验区建设，绿色信贷增速保持 20% 以上
1月	《漳州市加强金融支持实体经济高质量发展的若干措施》	加大对先进制造业、"专精特新"和高新技术企业、绿色低碳等重点领域的信贷投放；鼓励银行机构开展供应链融资及知识产权、股权、仓单等质押贷款业务，推广"银税互动""银电互动""技改专项贷款"等金融创新产品，按市场化方式自主选择"贷款+保险+财政风险补偿"等融资模式；优化利率定价管理，合理确定利率水平，持续降低企业融资成本；创新增信服务模式，帮助信用良好的优质企业实现首笔融资，破解"首贷"难题
1月	《莆田市推进绿色经济发展行动计划(2022—2025 年)》	支持认证机构加强绿色金融、绿色贸易、碳交易等认证体系研究，衔接好省里碳达峰中和管理平台，打造绿色双碳服务、绿色公共服务和绿色金融服务系统集成的新模式，推动国内外"双碳"研究单位、高校院所、标准机构、绿色交易所等单位进驻莆田组建"双碳"智库。引导各银行保险机构积极对接省内认证机构、"双碳"智库等平台，完善绿色金融体系；大力发展绿色贷款、绿色股权、绿色债券、绿色保险、绿色基金等金融工具，引导金融机构为绿色低碳项目提供长期限、低成本资金；支持符合条件的绿色企业上市融资、挂牌融资和再融资；鼓励社会资本以市场化方式设立绿色低碳产业投资基金；对接国家生态产品价值核算(GEP)规范拓展生态产品价值核算成果应用；健全碳排放权交易机制，探索林业碳汇和海洋碳汇交易试点
2月	《三明市"十四五"节能减排综合工作实施方案》	大力发展绿色信贷，开展气候投融资试点建设，支持重点行业领域节能减排，实施绿色贷款财政贴息、奖补、风险补偿、信用担保等配套支持政策；加快绿色债券发展，支持符合条件的节能减排企业上市融资和再融资；持续深化用能权有偿使用和交易试点，进一步完善用能权交易制度体系，加强用能权交易与能耗双控以及碳排放权交易的统筹衔接，推动能源要素向优质项目、企业、产业及经济发展条件好的地区流动和集聚；探索开展地区间能耗指标交易试点，支持跨区域开展能耗双控协作

续表

发布时间	政策名称	主要相关内容
3月	《三明市建立健全生态产品价值实现机制的实施方案》	支持探索建立各类生态产品和环境权益交易机制,推进能权、碳排放权、排污权、用水权等资源环境权益交易市场建设,力争打造全省重要的综合性资源环境生态产品交易中心;积极推动碳排放重点企业参与全国碳市场交易
4月	《莆田市"十四五"节能减排综合工作实施方案》	用好碳减排支持工具和支持煤炭清洁高效利用专项再贷款;积极探索绿色贷款财政贴息、奖补、风险补偿、信用担保等配套支持政策;加快推进环境高风险企业环境污染责任保险投保工作;强化电价政策与节能减排政策协同,落实高耗能行业阶梯电价等绿色电价政策;配合开展地区间能耗指标交易试点,支持跨区域开展能耗双控协作;进一步扩大政府收储来源、加大政府储备力度
7月	《南平市人民政府办公室关于促进市本级三大产业组团高质量发展的实施意见》	加快建立园区"碳能智联"能碳管理平台,制定"工业企业碳账户碳排放核算标准",建立碳排放等级划分,引导金融机构创新增碳、减碳、脱碳等金融服务产品,促进企业低碳转型
8月	《南平市竹产业千亿行动方案》	大力推广绿色转型贷、竹塑贷、竹林认证贷、"林下经营权证"抵押贷,鼓励开发更多具有竹产业特色的信贷产品,并将符合条件的纳入绿色金融资金池贷款贴息补助范围
11月	《龙岩市促进绿色消费实施方案》	引导银行保险机构规范发展绿色金融产品与服务,为生产、销售、购买绿色低碳产品的企业和个人提供金融服务;鼓励保险机构开发面向新能源汽车、绿色建筑领域的保险产品和服务;鼓励金融机构发行绿色债券,创新绿色消费信贷产品,深化龙岩国家级普惠金融改革试验区建设,继续推广"惠林卡"等系列林业普惠金融产品,创新绿色信贷支持机制
12月	《福州市建设可持续发展城市行动纲要》	建设绿色低碳循环发展的经济体系。完善碳排放控制制度,健全资源环境要素市场化配置体系,加快碳交易市场建设,积极参与全国碳排放权交易市场

在绿色金融产品创新方面,福建省发布《关于福建省完善能源绿色低碳转型体制机制和政策措施的意见》,探索发展清洁低碳能源行业供应链金

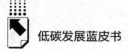

融，创新符合清洁低碳能源特点的绿色金融产品，支持综合能源服务项目、新型储能电站、海上风电、海上光伏、抽水蓄能等具有显著碳减排效益的项目，鼓励金融机构加大绿色信贷投放力度，支持绿色新基建发展，创新绿色信贷和绿色直接融资模式，拓展绿色保险服务。《福建省工业领域碳达峰实施方案》提出大力发展绿色贷款、绿色股权、绿色债券、绿色保险、绿色基金等金融工具，引导金融机构为绿色低碳项目提供长期限、低成本资金，推动利用绿色信贷加快工业绿色低碳改造。地市层面，泉州市围绕绿色金融开展金融支持实体经济高质量发展专项行动，加大首贷、信用贷支持力度，对开展绿色金融和碳金融业务的龙头企业或金融机构给予奖补；南平市持续深化绿色金融改革，用好"1+1+N"政银企对接机制，推动绿色金融产品创新扩面增效；三明市开展气候投融资试点建设，用好碳减排支持工具和支持煤炭清洁高效利用专项再贷款，实施绿色贷款财政贴息、奖补、风险补偿、信用担保等配套支持政策。

总体来看，福建省持续深入推动绿色金融体系发展，目前以三明、南平等为代表的省级金融改革试验区已在建设绿色低碳循环发展的经济体系方面做出诸多有益探索，为福建省未来通过市场机制支持碳达峰、碳中和奠定了实践基础。

（六）加速推动试点布局与应用实践

深化各领域低碳试点建设，能够以点带面在全社会培育营造绿色低碳的良好风尚，逐步形成可操作、可复制、可推广的福建低碳实践路径。2023年，福建省积极培育低碳试点落地、推动全民践行低碳减排目标，赋能全省低碳工作有序开展。

在培育低碳试点落地方面，福建省在《关于福建省完善能源绿色低碳转型体制机制和政策措施的意见》等多份文件中明确提出大力支持推进绿色电力交易试点、新能源汽车与电网能量互动试点、绿色供应链试点，分批推进整县屋顶分布式光伏开发试点，鼓励规模化沼气等生物质能和地热能开发利用的技术研发和试点项目，推动一批新型电力系统试点示范工程，适时开展区域综合能源服务试点等多类型试点应用工程。《关于支持宁德市开发三都澳建设新能源新材料产业核心区的意见》提出打造美丽生态宁德，支持宁德市持续推进核水风光储氢等清洁能源开发利用与屏南等4个国家重点生态功能区建设，打造东南沿海重要清洁能源基地，支持开展近零碳工程建设，推动探索建设"近零碳工厂""近零碳产业""近零碳园区"，打造宁德时代"零碳工厂""零碳能源岛"试点（见表11）。地市层面，厦门市围绕厦门国家火炬高技术产业开发区全国唯一"光电显示产业集群试点"，打造全产业链减废模式领头雁；三明市开展三钢闽光"无废集团"建设，应用先进适用节能低碳技术，推进三钢集团减污降碳，巩固提升国家级绿色工厂；宁德市围绕锂电新能源、不锈钢新材料、新能源汽车、铜材料四大主导产业，积极补链、延链、拓链，打造绿色低碳的新能源新材料先进制造业示范产业集群；莆田市加快构建以新能源为主体的新型电力系统，加快平海湾海上风电、渔光互补集中式光伏发电等项目建设，重点支持湄洲岛打造福建省新型电力系统建设县级示范区（见表12）。

表11　2023年福建省级加速推动试点布局与应用实践主要政策

发布时间	政策名称	主要相关内容
1月	《福建省新污染物治理工作方案》	加强新污染物治理法律法规、政策宣传解读，提高企业新污染物治理主体意识；多形式、全方位开展新污染物治理科普宣传教育，引导公众科学认识新污染物环境风险，树立绿色、健康消费理念；鼓励企业为新污染物治理献言献策，鼓励公众通过"12345"等投诉举报平台，多种渠道举报涉新污染物环境违法犯罪行为，充分发挥舆论监督作用
5月	《关于福建省完善能源绿色低碳转型体制机制和政策措施的意见》	大力宣传节能及绿色消费理念，倡导节约用能，深入开展绿色生活创建行动，鼓励有条件的地区开展高水平绿色能源消费示范建设；推动各类社会组织采信认证结果，继续推进绿色电力交易试点，为电力用户出具绿色电力消费证明，促进绿色电力消费；鼓励开展多能融合交通供能场站建设，推进新能源汽车与电网能量互动试点示范；分批重点推进整县屋顶分布式光伏开发试点项目建设，因地制宜建设渔光互补等光伏综合利用项目，推动县域能源转型；适时开展区域综合能源服务试点

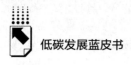
续表

发布时间	政策名称	主要相关内容
7月	《福建省工业领域碳达峰实施方案》	充分发挥各级节能中心、行业协会、科研院所、专业组织、各类媒体的作用,大力开展节能宣传周、低碳日活动,多渠道多形式组织宣传教育。加大相关专业人才培养力度,分阶段、多层次组织开展碳达峰碳中和培训,提升专业素养和业务能力。鼓励企业组织碳减排相关公众开放日活动,引导建立绿色生产消费模式
12月	《关于支持宁德市开发三都澳建设新能源新材料产业核心区的意见》	支持宁德市持续推进核水风光储氢等清洁能源开发利用,打造东南沿海重要清洁能源基地。支持开展近零碳工程建设,推动探索建设"近零碳工厂""近零碳产业""近零碳园区",打造宁德时代"零碳工厂""零碳能源岛"试点。打造美丽生态宁德。支持宁德市深入推进生态文明建设,在生态产品价值实现机制等方面先行先试,打造"三库+碳库"生态理念实践创新基地。支持推进屏南、周宁、柘荣、寿宁等4个国家重点生态功能区建设,落实生态保护财力转移支付机制;鼓励宁德市加快推进钢铁超低排放改造工作

表12　2023年福建地市级加速推动试点布局与应用实践主要政策

发布时间	政策名称	主要相关内容
2月	《宁德市"十四五"节能减排综合工作实施方案》	深入推进节约型机关、绿色家庭、绿色学校、绿色社区、绿色出行、绿色商场、绿色建筑等绿色生活创建行动,营造绿色低碳社会风尚。组织节能宣传周、世界环境日、低碳日等主题宣传活动,广泛宣传节能减排法规、政策、标准、知识。鼓励行业协会、学会、商业团体、公益组织参与节能减排公益事业
4月	《莆田市"十四五"节能减排综合工作实施方案》	加快构建以新能源为主体的新型电力系统,稳步推进海上风电规划和建设,加快平海湾海上风电、渔光互补集中式光伏发电等项目建设,重点支持湄洲岛打造福建省新型电力系统建设县级示范区;加速能源体系清洁低碳发展进程,打造福建(莆田)国家新能源产业创新示范区
5月	《龙岩市"十四五"节能减排综合工作实施方案》	加大绿色低碳产品推广力度,支持先进节能减排技术研发和推广;组织全国节能宣传周、全国低碳日、世界环境日等主题宣传活动,通过多种传播渠道和方式广泛宣传节能减排法律法规、标准和知识;发挥行业协会、商业团体、公益组织的作用,支持节能减排公益事业;畅通群众参与生态环境监督渠道

续表

发布时间	政策名称	主要相关内容
7月	《厦门市"十四五"时期"无废城市"建设实施方案》	以产业开发区、工业园区、自贸试验区为重点,持续加快构建"绿色园区+绿色供应链管理+绿色工厂+绿色设计产品"绿色制造体系,围绕厦门国家火炬高技术产业开发区全国唯一"光电显示产业集群试点"打造全产业链减废模式的领头雁,到2025年争取累计新增国家级绿色工厂20家、国家级绿色工业园区1个。深化节约型机关、绿色学校、绿色景区、环境教育基地等创建活动,开展生活领域各类"无废城市细胞"建设。到2025年,打造一批无废餐饮、无废码头、无废邮轮、无废机关、无废校园、无废景区、无废社区、无废教育基地等
9月	《漳州市"十四五"节能减排综合工作实施方案》	发挥行业协会、商业团体、公益组织的作用,支持节能减排公益事业。畅通群众参与生态环境监督渠道。开展节能减排自愿承诺,引导市场主体、社会公众自觉履行节能减排责任
11月	《龙岩市促进绿色消费实施方案》	大力推广智能家电,引导消费者更换或新购绿色节能家电、环保家居等产品;推动电商平台和商超等流通企业设立绿色产品销售专区,鼓励龙岩跨境电商综合试验区推广龙岩绿色低碳产品;有序推进塑料污染全链条治理,强化市场监管,推进快递包装绿色转型,落实一次性塑料制品使用、回收情况报告制度;推广绿色电力证书交易,组织电网公司定期公布新能源电力时段分布,有序引导用户优化用能时序,探索在保供能力许可范围内对绿色电力消费比例较高用户予以优先保障;持续推动智能光伏创新发展,大力推广建筑光伏应用,加快提升居民绿色电力消费占比
11月	《厦门市港航领域"绿动厦门湾"三年行动方案(2023—2025年)》	探索建立"一环一线"绿色航运生态示范区。一环:为加强鼓浪屿及其近岸水域世界文化遗产区的保护,促进可持续发展,从划定船舶尾气、水污染物禁排区、船舶噪声禁鸣区以及试点推行厦鼓、环鼓零碳绿色客运船舶等方面入手,探索打造环鼓浪屿绿色航运生态示范区。一线:探索在厦门和金门港之间建立低碳示范航线,以及推动为这些船舶提供服务的其他船舶、港口基础性设施设备建设,进而实现在两座港口之间最清洁、低碳的运输方式,推动两岸技术创新合作发展及基础设施应通尽通,探索搭建两岸融合绿色航运发展示范区

发布时间	政策名称	主要相关内容
12月	《三明市"十四五"时期"无废城市"建设实施方案》	以沙县小吃餐饮业为重点,倡导全社会开展"光盘行动";推行采用视频会议、电子桌牌、无纸化办公等绿色办公方式,积极组织文明单位、党政机关等公共机构带头开展生活垃圾分类,深入开展志愿服务活动;扩大绿色低碳产品供给和消费,建立绿色消费激励和回馈机制,推行绿色产品政府采购制度;开展三钢闽光"无废集团"建设,巩固提升国家级绿色工厂
12月	《福州市建设可持续发展城市行动纲要》	健全轨道交通、地面公交、自行车和步行系统协调发展的绿色出行网络,加快地铁线路、缓堵工程建设,构建与出行距离相适应的绿色交通发展模式,提倡绿色出行,加强可持续发展知识的宣传,增强全民节约、低碳意识

在推动全民践行低碳减排目标方面,福建省在《福建省工业领域碳达峰实施方案》中提出充分发挥各级节能中心、行业协会、科研院所、专业组织、各类媒体的作用,大力开展节能宣传周、低碳日活动,多渠道多形式组织宣传教育。《福建省新污染物治理工作方案》明确要多形式、全方位开展新污染物治理科普宣传教育,引导公众科学认识新污染物环境风险,树立绿色、健康消费理念。地市层面,福州市健全轨道交通、地面公交、自行车和步行系统协调发展的绿色出行网络,构建与出行距离相适应的绿色交通发展模式,提倡绿色出行;厦门市探索在厦门和金门港之间建立低碳示范航线,推动两岸技术创新合作发展及基础设施应通尽通,探索搭建两岸融合绿色航运发展示范区;三明市深入推进节约型机关、绿色家庭、绿色学校、绿色社区、绿色出行、绿色商场、绿色建筑等绿色生活创建行动,增强全民节约意识,建立完善绿色生活相关的政策和管理制度;龙岩市引导消费者更换或新购绿色节能家电、环保家居等产品,推动电商平台和商超等流通企业设立绿色产品销售专区,鼓励龙岩跨境电商综合试验区推广龙岩绿色低碳产品。

总体来看,福建省在多维度、多领域持续探索低碳试点应用布局,在各层级、各行业大力推行绿色生活方式,致力打造走在全国前列的福建低碳示范样板。在推广过程中，需要进一步完善培育机制，探索更多元的激励约束机制与推广形式。

二　福建省控碳减碳政策发展趋势

（一）支撑能源绿色低碳发展的政策将更细化

党的二十大报告提出，要推动新型能源体系加速转型，积极参与应对气候变化全球治理。当前福建省能源电力产业发展较快、转型步调稳健，可再生能源装机量不断增长。下阶段，预计福建省将利用好省内清洁能源禀赋条件，在供给侧和需求侧两端发力，以政策不断助力能源绿色低碳转型。一是以政策支持发展非化石能源，细化提出以国家级海上风电研究与试验检测基地项目建设为抓手，打造高质量海上风电研发创新平台，积极发展分布式光伏、分散式风电，因地制宜开发海洋能等新能源的政策举措。二是以政策深化推动新型电力系统省级示范区建设，细化打造东南清洁能源大枢纽，全方位塑造高能级能源配置和服务平台，以数字化智能化手段服务能源高质量发展，实现福建清洁发展水平、安全稳定水平、效率效益水平协同。三是以政策推动闽台能源深入合作，细化以金门周边海域等为开发试点，协同开发台湾海峡风电资源，进一步推进闽台联网工程建设，同时加强闽台能源电力技术交流合作等政策举措。

（二）碳达峰碳中和标准体系更健全

近年来，福建围绕碳达峰碳中和标准体系建设进行了一系列研究工作，当前标准体系的整体协调性、规范性和适用性还有待提高，标准体系与政策的衔接紧密程度、标准的有效实施机制、标准的国际化水平等还存在不足。下阶段，预计福建省或将围绕市场化进一步健全碳达峰碳中和标准体系建设。一是探索建设包括绿色金融、碳排放权交易、生态产品价值实现在内的市场化标准体系，构建以绿色金融产品、信用评级评估等标准为支撑的绿色金融体系，以碳排放配额、信息披露等标准为基本准则的碳排放权交易市

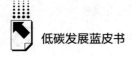

场，以及出台生态产品调查监测、核算、交易等标准。二是围绕重点行业开展"双碳"标准强基行动，围绕能源、工业、城乡建设、交通、农业、林草等重点行业，加快完善碳排放监测、数据管理、核算、核查、报告与评估等碳达峰碳中和急需的基础通用标准，为各行业"双碳"工作提供统一协调的标准支撑。

（三）控碳减碳调节手段更灵活

福建省在提升全省控碳减碳能力、探索碳中和发展路径过程中，逐渐形成了以上级管控政策配套市场机制共同发力的发展格局，在推进过程中各级政府不断提出更全面、更灵活、更有效的调控手段，控碳减碳工作取得积极进展。下阶段，预计福建省将促进有效市场和有为政府更好结合，进一步全面深化省内绿色交易市场体制机制改革。一是创新制度性建设与激励约束机制。加快制定完善与绿色发展相关的法律法规，特别针对碳排放、环境权益交易等重要问题，进一步明晰各主体的权利和义务，建立健全环境监管体系，为绿色发展提供坚实的法律保障。同时，以激励和约束相结合的方式推动全社会共同参与绿色发展，建立科学的绩效考核和评价机制，将绿色发展成果纳入政府和企业绩效考核体系。二是推动市场活力稳步提升。重点完善碳排放权交易市场、用能权交易市场等市场机制建设，推动价格机制趋于合理化、透明化；加大对市场主体的监管和处罚力度，建立健全信息披露制度，提高市场公信力；大力创新绿色金融产品和服务，针对不同规模、不同领域企业推出特色绿色债券、绿色基金等金融产品，鼓励金融机构加大对绿色项目的信贷支持力度，降低绿色融资成本。

三 福建省控碳减碳政策建议

（一）加大支持低碳技术研发推广的政策力度，培育壮大绿色低碳发展新动能

一是构建绿色低碳技术创新体系。引导企业、高校、科研院所等主体

与第三方机构、金融资本联合，形成优势互补、利益共享、风险共担的"产学研金介"合作机制，打造一批龙头企业牵头、高校院所支撑、各创新主体协同的绿色创新联合体，建立一批专注于绿色技术创新的企业孵化器、众创空间等公共服务平台，促进共性绿色技术研发，加快绿色技术创新突破。二是鼓励实施绿色低碳先进技术示范工程。选取重点区域和行业作为碳减排技术的试点，如智慧电网、新能源汽车推广、智慧城市建设等，利用试点的成功经验，形成可复制、可推广的模式，探索碳减排的有效路径。三是出台鼓励绿色低碳先进技术创新成果转化的支持政策。建立完善绿色低碳技术评估、交易体系，健全绿色技术交易管理制度，完善供需匹配、交易佣金、知识产权服务和保护等机制，提升绿色技术交易服务水平，发布绿色技术推广目录，健全绿色技术推广机制，加快绿色技术推广应用。

（二）完善能源绿色低碳转型政策体系，规划福建省新型能源体系建设路径

一是深入推进能源体制改革。加快厘清能源行业自然垄断业务与竞争性业务边界，实现二者的有效隔离，健全对自然垄断业务的监管评价标准体系，重点对投资、价格、成本、服务质量等方面开展监管；遵循行业特点和市场规律，对竞争性业务实施以支持为主的包容审慎监管，推动加快市场化进程。二是丰富对终端能源消费转型升级的政策支持手段。坚持节约优先，完善省内能耗和碳排放管理制度，控制工业、建筑、交通等高耗能行业化石能源消费，提高能源利用效率，优化能源消费结构，推动高耗能产业的转型升级；全面推进电能替代，建立绿色能源消费促进机制，实现能源消费方式的绿色低碳转型。三是拓展绿色转型国际合作机制。深化拓展亚太电协大会成果，加强与亚太地区国家的能源合作，既巩固油气资源等传统能源领域的合作，又拓展深化新能源、低碳经济等领域合作，推动更多突破性、带动性强的项目落地福建，助力更多福建产品和服务"走出去"。

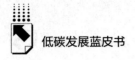

（三）创新绿色消费支持政策，培育全社会绿色发展新质生产力

一是创新绿色消费应用场景。建立健全绿色低碳发展社会治理动员机制，全面加强全社会宣贯引导，扩大新能源汽车、光伏光热产品、绿色消费类电器电子产品、绿色建材等消费，鼓励企业运用绿色设计方法与工具，开发推广一批高性能、高质量、轻量化、低碳环保产品，充分调动各类园区、企业、社区、学校等基层单位积极性，开展绿色、清洁、低碳等社会行动示范创建。二是提升政府与企业绿色采购效率。健全绿色采购的招标方式，提高政府与企业绿色采购信息透明度，选取具有代表性的工业产品率先建立规范统一的产品碳标识认证制度，提高绿色供应链管理水平，完善省内绿色供应链标准、认证体系。

参考文献

高世楫、熊小平：《加快推动控能向控碳转变的路径研究》，《中国发展观察》2023年第 8 期。

魏亿钢、石佳伟、许冠南：《中国低碳政策演进、阶段特征与治理模式变革》，《中国科学院院刊》2024 年第 4 期。

金璐瑶、曾静静：《基于三维分析框架的我国省级"双碳"政策评价研究》，《世界科技研究与发展》2024 年第 1 期。

2024年碳双控碳计量碳足迹系列政策
对福建省的影响分析

林晓凡　陈津莼　陈紫晗*

摘　要：　2024年国家先后发布《加快构建碳排放双控制度体系工作方案》《关于进一步强化碳达峰碳中和标准计量体系建设行动方案（2024—2025年）的通知》《关于建立碳足迹管理体系的实施方案》等多份关于重要控碳机制的政策文件，全面部署能耗双控向碳排放双控转变相关工作，对福建省可再生能源发展、碳排放双控目标设定与指标分解、碳排放核算准确性、碳足迹管理体系等提出更高要求，将加速福建省可再生能源发展、扩大绿色电力交易规模，推进福建省科学设定和分解各层级碳排放双控目标，同时要求福建进一步加强省级碳排放核算基础能力、构建产品碳足迹认证和分级管理体系，全面健全控碳机制。

关键词：　碳排放双控　碳排放核算　碳足迹管理

2024年，国家针对能耗双控向碳排放双控转变做出多次部署，先后密集出台《加快构建碳排放双控制度体系工作方案》《关于进一步强化碳达峰碳中和标准计量体系建设行动方案（2024—2025年）的通知》《关于建立碳足迹管理体系的实施方案》三项政策，为当前及今后一个时期福建省全面推进绿色低碳转型指明了方向。

---

* 林晓凡，工学硕士，国网福建省电力有限公司经济技术研究院，研究方向为能源经济、能源战略与政策、电力市场；陈津莼，工学硕士，国网福建省电力有限公司经济技术研究院，研究方向为能源经济、战略与政策；陈紫晗，工学硕士，国网福建省电力有限公司经济技术研究院，研究方向为战略与政策、企业运营管理。

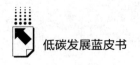

一　政策主要内容

（一）《加快构建碳排放双控制度体系工作方案》

2024 年 7 月，国务院办公厅印发《加快构建碳排放双控制度体系工作方案》（以下简称《工作方案》），重点内容如下。

一是分三阶段推进碳排放双控制度体系建设。第一阶段是当前至 2025年，着力完善地方、行业、企业、产品碳排放统计核算体系，提升"双碳"相关计量、统计和监测能力，为"十五五"时期在全国范围实施碳排放双控奠定基础。第二阶段是"十五五"时期，在全国范围内实施碳排放双控制度，以强度控制为主、总量控制为辅。建立碳达峰碳中和综合评价考核制度，健全重点用能和碳排放单位管理制度，开展项目碳排放评价，建立健全产品碳足迹管理体系和碳标识认证制度，确保如期实现碳达峰目标。第三阶段是碳达峰后，调整优化碳排放双控制度，以总量控制为主、强度控制为辅。建立碳中和目标评价考核制度，进一步强化对各地区及重点领域、行业、企业的碳排放管控要求，推动碳排放总量稳中有降。

二是明确将碳排放指标纳入规划并压实评价考核机制。国家层面，《工作方案》要求"十五五"时期，将碳排放强度降低作为国民经济和社会发展约束性指标，开展碳排放总量核算工作，不再将能耗强度作为约束性指标；同时要求制定出台碳达峰碳中和综合评价考核办法，明确评价考核工作程序及结果运用方式，对各省份开展评价考核。地方层面，《工作方案》要求推动各地区结合实际开展碳排放核算，指导省市两级建立碳排放预算管理制度，按年度开展碳排放情况分析和目标预测，并加强与全国碳排放权交易市场的工作协同。"十五五"时期，指导各地区根据碳排放强度降低目标编制碳排放预算并动态调整。"十六五"时期及以后，推动各地区建立碳排放总量控制刚性约束机制，实行五年规划期和年度碳排放预算全流程管理。

三是细化重点行业及企业碳排放管理制度，推动碳交易及绿证交易。

重点行业方面，《工作方案》要求以电力、钢铁、有色、建材、石化、化工等工业行业和城乡建设、交通运输等领域为重点，合理划定行业领域碳排放核算范围，依托能源和工业统计、能源活动和工业生产过程碳排放核算、全国碳排放权交易市场等数据，开展重点行业碳排放核算。企业方面，《工作方案》要求制修订电力、钢铁、有色、建材、石化、化工等重点行业企业碳排放核算规则标准；完善全国碳排放权交易市场调控机制，逐步扩大行业覆盖范围，探索配额有偿分配机制，提升报告与核查水平，推动履约企业减少碳排放。健全全国温室气体自愿减排交易市场，逐步扩大支持领域，推动更大范围减排。加快健全绿证交易市场，促进绿色电力消费。

（二）《关于进一步强化碳达峰碳中和标准计量体系建设行动方案（2024—2025年）的通知》

2024年7月，国家发展改革委发布《关于进一步强化碳达峰碳中和标准计量体系建设行动方案（2024—2025年）的通知》（以下简称《通知》），重点内容如下。

一是提出到2025年在碳标准、碳计量两个领域的发展目标。碳标准方面，2024年，发布70项碳核算、碳足迹、碳减排、能效能耗、碳捕集利用与封存等国家标准，基本实现重点行业企业碳排放核算标准全覆盖。2025年，面向企业、项目、产品的三位一体碳排放核算和评价标准体系基本形成，重点行业和产品能耗能效技术指标基本达到国际先进水平，建设100家企业和园区碳排放管理标准化试点。碳计量方面，2025年底前，研制20项计量标准和标准物质，开展25项关键计量技术研究，制定50项"双碳"领域国家计量技术规范，关键领域碳计量技术取得重要突破，重点用能和碳排放单位碳计量能力基本具备，碳排放计量器具配备和相关仪器设备检定校准工作稳步推进。

二是重点聚焦火电、钢铁、石化等传统行业强化碳标准研制、碳计量能力提升。提高工业领域能耗标准要求，修订提高钢铁、炼油、燃煤发电机组、制浆造纸、工业烧碱、稀土冶炼等重点行业单位产品能源消耗限额标准，全面提升能效水平。推动碳核算、碳减排标准攻关，加快氢冶金、原料替代、热泵、光伏利用等关键碳减排技术标准研制，在降碳技术领域采信一批先进的团体标准。加快推进电力、煤炭、钢铁、有色、纺织、交通运输、建材、石化、化工等重点行业企业碳排放核算标准和技术规范的研究及制修订。加强重点领域计量技术研究，推动加强火电、钢铁、水泥、石化、化工、有色等重点行业和领域碳计量技术研究。

三是遵循全生命周期管理理念，加强产品碳足迹和末端回收利用标准建设。《通知》提出要发布产品碳足迹量化要求通则国家标准，统一产品的碳足迹核算原则、核算方法、数据质量等要求。除了关注加工制造、清洁生产等过程性环节，《通知》还着眼末端回收处理和循环利用，提出要制定汽车、电子产品、家用电器等回收拆解标准；开展退役光伏设备、风电设备、动力电池回收利用标准研制；加快研制再生塑料、再生金属标准。这些与当前正在大力开展的大规模设备更新和消费品以旧换新政策有机衔接，将有力推动废旧设备和消费品回收利用等工作。

（三）《关于建立碳足迹管理体系的实施方案》

2024 年 5 月，生态环境部等十五部门联合印发《关于建立碳足迹管理体系的实施方案》（以下简称《实施方案》），重点内容如下。

一是提出到 2030 年碳足迹管理体系的发展目标。到 2027 年，碳足迹管理体系初步建立。制定发布与国际接轨的国家产品碳足迹核算通则标准，制定出台 100 个左右重点产品碳足迹核算规则标准，产品碳足迹因子数据库初步构建，产品碳足迹标识认证和分级管理制度初步建立，重点产品碳足迹规则国际衔接取得积极进展。到 2030 年，碳足迹管理体系更加完善，应用场景更加丰富。制定出台 200 个左右重点产品碳足迹核算规则标准，覆盖范围广、数据质量高、国际影响力强的产品碳足迹因子数据库基本建成，产品碳足迹标识认证和分级管理制度全面建立，产品碳足迹应用环境持续优化拓展。产品碳足迹核算规则、因子数据库与碳标识认证制度逐步与国际接轨，实质性参与产品碳足迹国际规则制定。

二是突出碳足迹管理工作指引的全链条覆盖。碳足迹涉及产品全生命周期和不同生产环节，需从全链条开展工作指引。《实施方案》清单式列出22项主要任务，覆盖了核算规则、核算因子、标识认证、分级管理、信息披露等产品碳足迹工作全流程以及基础能源、原材料、中间品、制成品等全链条产品，从财政金融、贸易产业、应用场景、政策协同等全方位、多角度为碳足迹管理工作开展提供支持，并提出为碳足迹管理工作提供人才培养、数据质量管控、计量支撑等多层次、多领域保障服务，体现了对碳足迹管理工作各环节的"全覆盖"。

三是强调建设碳足迹管理体系过程中要注重国内外协同。产品碳足迹是国际涉碳贸易政策关注重点，在建设推进过程中要注重与国际接轨，助力我国出口产品获得认可。《实施方案》提出要在加快构建碳足迹管理体系的基础上，就涉碳贸易政策加强与国际贸易相关方沟通对接，推动实现与大多数国家，特别是与共建"一带一路"国家产品碳足迹规则交流互认，并积极参与国际标准规则制定，加强研究机构、行业协会和企业产品碳足迹的国际交流合作，全方位推动产品碳足迹规则国际互信。

二 碳双控碳计量碳足迹系列政策对福建省的影响

（一）可再生能源发展及绿电交易将进一步提速

根据政府部门统计口径、中国碳核算数据库（CEADs）全社会统计口径测算，2022年福建省电力系统碳排放约占全省碳排放的45.4%，其中97%来自燃煤发电①，因此电力消费结构将对碳排放核算结果产生重大影响。未来，随着全国统一电力市场建设不断深入，电力交易结果将成为电力碳排放核算的重要依据。从企业层面看，在工商业用户全面入市和可再生能

---

① 碳排放数据根据《中国能源统计年鉴》测算，目前数据仅更新至2022年。

源绿证核发全覆盖的背景下，为了降低电力碳排放量，企业在电力市场购电时将倾向于选择风电、光伏发电等零碳绿电，进而推高绿电交易价格，提高绿电项目的投资收益，吸引更多社会主体投资可再生能源发电项目。从省级层面看，"十五五"碳排放双控制度将对各省份在碳排放强度、总量上形成约束。一方面，福建省作为电力净送出省份，浙江、广东等周边省份为了降低电力碳排放量，在省间电力市场中将优先采购福建省的核电、风电等零碳绿电。另一方面，福建省为完成碳排放考核指标，将加大海上风电等清洁能源开发支持力度，省内省外共同凝聚合力推动可再生能源发展提速，助力福建省建设东南清洁能源大枢纽。

（二）碳排放双控目标设定与指标分解机制亟待完善

《工作方案》提出，要将碳排放指标纳入国民经济和社会发展规划，各省份可进一步细化分解碳排放双控指标，压实地市及重点企业控排减排责任。结合区域资源禀赋、减排潜力与产业结构特点合理分解细化全省碳排放双控指标是基本和前提。2023 年，福建省电力热力行业及制造业碳排放占全省碳排放总量的 87.7%[①]，相关重点行业企业将成为贯彻落实碳双控要求的主体。随着碳排放双控目标纳入国民经济和社会发展规划，福建省电力、钢铁、建材、有色金属、石化、化工等行业将面临更严格的碳管理。考虑到碳排放双控目标设定与实施的复杂性，未来应按照国家部署，加快碳排放强度和总量考核指标设置相关方法研究，科学设定福建省碳排放双控"时间表""路径图"；同时，综合考虑省内重点行业企业与碳市场的衔接情况，动态调整相关行业配额，合理设定碳排放总量及强度目标，避免"运动式减碳"，引导经济社会整体的低碳转型。

（三）碳排放核算准确性、有效性、一致性要求将进一步提升

碳排放双控制度全面实施需要依托准确、科学的碳排放统计数据基础。

---

① 根据《福建能源平衡表（实物量）》测算，详见本书《2024 年福建省碳排放分析报告》。

当前国内碳排放统计基础已初步建立，但碳排放核算体系数据更新偏慢、核算口径不一、基础排放因子滞后等一系列问题也开始凸显。对福建省而言，当前省级碳排放数据核算和报送体系有待进一步完善，企业碳排放数据准确性不强、颗粒度不统一等现象仍然存在，且统计数据滞后性严重，难以充分适应全面向碳排放双控转型的要求。下阶段，福建亟须建立省级碳排放统计监测体系，强化碳排放数据全链条管理，通过大数据、区块链等新技术对碳数据实施常态化监测分析和及时预警，提升碳排放数据获取、计算、分析能力，并通过数字化平台提供有效管理、分析、展示。

（四）对碳足迹管理体系建设提出更高要求

当前我国产品碳足迹核算国家标准和行业标准仍属空缺，此次国家重点部署产品碳足迹管理体系建设工作具有重要指导作用，明确了碳足迹管理各项要求与实施路径，精准划分各部门、各主体在不同环节中的角色定位，推动碳足迹要求向金融、采购、消费等场景延伸，促进行业与地方加快建设重点产品碳足迹因子库，有效激发地方碳足迹工作动力活力。福建省作为民营经济出口大省，碳足迹管理体系的构建对于福建高水平对外开放具有重要意义，将促进省内动力电池与新能源汽车产品国际竞争力提升，降低碳贸易壁垒。以欧盟新电池法为例，其要求 2025 年 2 月起完成动力电池全生命周期碳足迹报告，2026 年 8 月起附加碳足迹标签，国际贸易政策要求趋严。截至 2024 年 8 月，福建省锂电池出口连续 13 个月位居全国第一，加快提升碳足迹核算管理基础能力、推动碳足迹规则国际互信是缓解福建新能源汽车与动力电池产品出海阻力的重要举措。目前，美国、日本、韩国、英国等国家均推出了本国的产品碳标识，碳标识体系建设是增强绿色领域国际话语权的重要举措。福建需积极推动建立与融入全国统一碳标识认证制度、参与全球碳足迹评价和标识认证体系的制定，突破国家涉碳贸易壁垒，建立自身生态保护体系，大力增强福建外贸产品的国际核心竞争力。

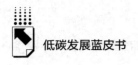

三　相关建议

（一）科学设定和分解碳排放双控目标

一是合理确定目标任务。科学研判全省碳排放总量达峰趋势，综合考虑各地区发展水平、功能定位、产业结构、能源结构、煤电外送和纳入碳排放权交易市场企业等因素，合理分解确定各地市碳排放强度降低约束性目标和碳排放总量控制预期性目标，防止将目标任务简单层层分解和层层加码。二是按"两步走"阶段性建立科学考评制度。"十四五"时期，以"试评试考"方式推动全省能耗强度和碳排放强度约束性目标协同管理、协同考核，进一步提高考核弹性，充分调动发展积极性。"十五五"及以后一个时期，全面实行碳排放双控目标责任评价考核，逐步将碳排放双控目标责任评价考核结果落实到各地区考核中。

（二）加强省级碳排放核算基础能力建设

一是建立电力消费碳排放核算体系。加快完善电力消费精细化溯源机制，出台电力消费碳排放核算标准，定期发布不同发电类型碳排放因子，及时更新省级电力排放因子，为企业有的放矢降低电力碳排放提供清晰指引。二是全面加强碳排放数据标准体系建设。由政府部门引导，行业协会组织，龙头企业牵头，汇聚产业链上下游力量，提升碳排放数据质量及管理水平，抓紧研制碳排放核算标准。同时，加快推进参与制定碳排放国际标准工作，鼓励龙头企业发挥技术和产业优势，依托国际标准化组织，积极主导制定碳排放国际标准，推进国内标准成果向国际标准转化。

（三）加快构建产品碳足迹认证和分级管理制度

一是加快提升碳足迹核算管理基础能力。加快探索重点产品碳足迹核算规则标准、建立完善产品碳足迹因子数据库，鼓励龙头企业开展自身和供应链碳足迹评价；持续完善各项碳足迹核算、评价、管理、推广等基础性工作，建立健全重点行业产业链碳足迹公示平台，对新能源汽车、动力电池等产品全面覆盖，强化社会监督功能。二是积极参与推动碳足迹规则国际互信。强化碳足迹标准国际互认，对外跟踪研判全球主要经济体涉碳贸易政策和国际产品碳足迹相关规则发展趋势，对内充分探索发挥认证检测等市场监督作用，助力提升产品碳足迹核算结果的采信水平；积极参与对接国际产品碳足迹规则，激励企业主动开展信息披露，提高信息披露数据质量，促进企业与主要贸易伙伴碳足迹核算结果互通互认，助力福建省"新三样"加速出口，推进省内产业绿色低碳加速转型。

（四）进一步推动可再生能源及绿电绿证发展

一是发挥东南清洁能源大枢纽作用带动区域低碳转型。统筹考虑省内消纳能力和周边省份电力供需形势，充分发挥福建省海上风电资源量大质优的优势，加快大规模连片开发海上风电基地，同步规划建设送出消纳通道，确保网源建设时序协同，带动周边省份加快能源低碳转型。二是加快推动新能源入市。推动新能源全面参与市场交易，优先推动平价新能源项目全面入市，有序推动享受可再生能源补贴的新能源项目以电网企业代理等形式参与市场，加快扩大新能源市场交易规模，确保满足企业通过消费零碳绿电降低电力碳排放的需求。

参考文献

袁惊柱：《能耗双控逐步转向碳排放双控研究》，《中国能源》2024年第4期。

汤芳等：《能耗双控向碳排放双控转变影响分析及推进路径设计》，《中国电力》2023年第12期。

B.10
福建省碳普惠体系建设情况及相关建议

陈劲宇　施鹏佳　项康利*

摘　要：　全球约72%的碳排放由居民消费产生，我国40%~50%的碳排放由居民消费产生①，推动社会公众领域节能减排是实现"双碳"目标必不可少的措施。碳普惠作为近年来推动消费端节能降碳的重要创新机制，主要通过鼓励公众开展低碳行动获益，目前全国已有10个省份、11个地级市出台了碳普惠政策，场景涵盖衣食住行各领域。福建省尚未建立省级碳普惠政策制度，但已有部分地市开展试点应用初步探索，且个别领域的方法学研究相对深入。下一步，福建省可借鉴先行省份做法，从顶层设计、市场机制、舆论宣传等方面着手，积极构建碳普惠政策制度，大力推动社会公众践行低碳理念。

关键词：　碳普惠　社会公众　低碳行动　福建省

一　全国碳普惠体系发展现状

碳普惠是一种推动社会公众节能减排的机制，指将个人、家庭、社区、小微企业等的减排行为进行量化、记录，并通过交易变现、政策支持、商场

---

* 陈劲宇，工学硕士，国网福建省电力有限公司经济技术研究院，研究方向为能源战略与政策、低碳技术；施鹏佳，工学硕士，国网福建省电力有限公司经济技术研究院，研究方向为配网规划、企业管理；项康利，工学硕士，国网福建省电力有限公司经济技术研究院，研究方向为能源经济、能源战略与政策。

① 《金融助力"双碳"增进人类福祉》，中国金融新闻网，2023年5月31日，https://www.financialnews.com.cn/zgjrj/202305/t20230531_271981.html。

奖励等方式实现价值，如将公交出行量化为碳积分，再利用该积分兑换为商店代金券。

（一）政策体系方面，我国地方政府碳普惠政策出台早且较国家层面健全

一是国家层面仅提及探索开展碳普惠。2021 年 10 月，我国在向联合国提交的《中国落实国家自主贡献成效和新目标新举措》文件中，首次提出推进碳普惠试点建设；2022 年 10 月和 11 月生态环境部发布的《中国应对气候变化的政策与行动 2022 年度报告》和《中国落实国家自主贡献目标进展报告（2022）》均提出探索开展碳普惠；2023 年 12 月，中共中央、国务院发布的《关于全面推进美丽中国建设的意见》要求探索建立碳普惠等公众参与机制，但国家层面尚未针对碳普惠出台专项政策。二是地方层面近年集中出台碳普惠政策。全国已有 10 个省份、11 个地级市先后出台碳普惠政策（见表 1），直接提及碳普惠的政策文件达 148 项。其中，广东省最早开展碳普惠试点，2015 年印发了《广东省碳普惠制试点工作实施方案》，2022 年印发了《广东省碳普惠交易管理办法》。此外，上海、山东、海南、天津、重庆、深圳、成都、武汉等省市集中在 2022 年前后发布碳普惠体系建设方案及管理办法，厦门也在 2024 年正式启动碳普惠体系建设。

表 1　我国地方政府出台的碳普惠政策汇总

序号	层级	地区	政策标题	发布时间
1	省级	广东省	广东省碳普惠制试点工作实施方案	2015 年 7 月 17 日
			广东省发展改革委关于碳普惠制核证减排量管理的暂行办法	2017 年 4 月 14 日
			广东省碳普惠交易管理办法	2022 年 4 月 6 日
2		河北省	河北省碳普惠制试点工作实施方案	2018 年 9 月 25 日
3		重庆市	重庆市"碳惠通"生态产品价值实现平台管理办法(试行)	2021 年 9 月 14 日
4		浙江省	浙江省用于大型活动（会议）碳中和的碳普惠减排量管理办法(试行)	2022 年 8 月

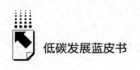

序号	层级	地区	政策标题	发布时间
5	省级	上海市	上海市碳普惠体系建设工作方案	2022 年 11 月 22 日
			上海市碳普惠体系管理办法（试行）（征求意见稿）	2023 年 1 月 19 日
6		天津市	天津市碳普惠体系建设方案	2022 年 12 月 27 日
7		山东省	山东省碳普惠体系建设工作方案	2023 年 1 月 2 日
8		海南省	海南省碳普惠管理办法（试行）	2023 年 2 月 20 日
9		北京市	北京 MaaS 2.0 工作方案	2023 年 5 月 31 日
10		安徽省	安徽省碳普惠体系建设工作方案（征求意见稿）	2023 年 7 月 19 日
11	市级	成都市	成都市人民政府关于构建"碳惠天府"机制的实施意见	2020 年 3 月 18 日
			成都市"碳惠天府"机制管理办法（试行）	2020 年 10 月 23 日
			成都市深化"碳惠天府"机制建设行动方案	2022 年 12 月 5 日
12		深圳市	深圳碳普惠体系建设工作方案	2021 年 11 月 12 日
			深圳市碳普惠管理办法	2022 年 8 月 2 日
13		苏州市	苏州工业园区碳普惠管理办法（试行）	2022 年 12 月 7 日
14		汕尾市	汕尾市碳普惠机制建设工作方案	2022 年 12 月 30 日
15		广州市	广州市碳普惠自愿减排实施办法	2023 年 1 月 31 日
16		武汉市	武汉市碳普惠体系建设实施方案（2023—2025 年）	2023 年 4 月 4 日
			武汉市碳普惠管理办法（试行）	2023 年 8 月 18 日
17		河源市	河源市碳普惠制建设工作方案	2023 年 4 月 20 日
18		青岛市	青岛市碳普惠体系建设工作方案	2023 年 7 月 11 日
19		抚州市	抚州市碳普惠交易管理办法（草案）	2023 年 7 月 27 日
20		哈尔滨市	哈尔滨市碳普惠体系建设工作方案	2023 年 10 月
21		厦门市	厦门市碳普惠管理办法（征求意见稿）	2024 年 4 月 10 日
			厦门市碳普惠体系建设工作方案	2024 年 5 月 11 日

（二）实施主体方面，我国碳普惠可分为政府主导和企业主导两种机制

一是政府主导的碳普惠实践应用较少。政府主导的碳普惠主要由地方生态环境部门推动，负责碳普惠方法学的备案发布，碳普惠核证减排量的备

案，并开发碳普惠应用平台，总体上我国政府主导的碳普惠应用数量相对较少，其中广东、上海等省市较为典型。二是企业主导的碳普惠呈加快发展态势。2021年以来，为了自身经营、提高用户黏性以及打造绿色企业形象，越来越多的企业启动发展碳普惠，其中中国建设银行、中国邮政储蓄银行、中信银行、平安银行等均开发了个人碳账户等碳普惠机制，并与个人信贷挂钩；蚂蚁集团"蚂蚁森林"、京东物流"青流计划"、哈啰出行"小蓝C碳账户"、阿里巴巴"88碳账户"等企业碳普惠应用呈现百花齐放态势。

（三）应用场景方面，我国碳普惠应用场景已拓展至公众生活各方面

碳普惠场景一般分为以个人为主的社会公众场景和以企业单位为主的项目类场景。一是社会公众场景已覆盖衣食住行等领域。碳普惠应用场景逐步拓展，相对较成熟的广东省碳普惠已经拓展至低碳社区（家庭或个人的节水、节电、节气、垃圾分类等）、低碳出行（乘坐地铁、公交车、BRT，租用公共自行车等）、低碳旅游（旅游过程中选择购买电子门票、乘坐低碳交通工具等）、节能低碳产品（消费者购买低碳节能家电等产品）等场景，截至2022年3月共涵盖了20种碳减排场景。二是项目类场景主要涉及生态碳汇及新能源领域。企业碳普惠项目总体偏少，以林业碳汇、海洋碳汇以及有方法学的能源替代类为主，且申报碳普惠的核证减排量不能重复参与申报国家温室气体自愿减排量、绿色电力交易、绿色电力证书等项目。目前广东、重庆等省市的碳普惠均包含了项目类场景，如重庆市已将某生态公园林业碳汇申报为碳普惠核证减排量。

（四）激励措施方面，我国碳普惠绝大部分采用积分兑换的激励方式

碳普惠激励措施一般包括商业激励、政策激励和交易激励。一是商业激励渠道较为单一。我国绝大部分碳普惠通过量化个人低碳行为获得碳积分，以碳积分兑换商业代金券、折扣券、现金券的方式激励公众参与，如广东省碳普惠可兑换视频平台会员、电商平台购物卡、咖啡店兑换券、景区门票等。二是政策激励方式相对有限。政策激励是将碳普惠

机制与节能减排政策结合，如给予参与碳普惠企业一定的税收优惠、颁发减碳证书等，但该类激励方式极少。目前，仅深圳市对通过碳普惠管理平台实现碳中和的机构和个人发放碳中和证书。三是交易激励备受关注且已在探索。交易激励即对碳普惠减排量进行核证并衔接碳市场，用于配额抵扣或直接参与碳交易，该方式因实现了自愿减排和碳市场的链接而最受市场关注，但目前仅广东、北京等少数省市初步实现碳普惠与碳市场的有效衔接。

（五）参与程度方面，我国公众参与碳普惠积极性不高且内驱力不足

受限于当前碳普惠激励力度有限、商业模式单一、宣传不到位、社会低碳理念尚未形成等因素影响，全国碳普惠应用活跃度较低，产品寿命周期较短。例如，江西省"江西低碳生活小程序"使用人数仅 1000 多人；江苏省碳普惠平台上线 25 天用户破 10 万人，但上线中期新增用户骤降，上线后期用户活跃度出现断崖式下跌且用户留存持续减少，生命周期 3 个月内基本结束。再如，全国首个上线的广东省碳普惠平台，当前每月积分兑换商品的销量已经下降至 0。

二 福建省碳普惠体系发展现状

（一）碳普惠省级政策尚未出台，但已有地市带头实践

省级层面，福建省尚无正式发布的碳普惠专项政策，仅在《关于完整准确全面贯彻新发展理念做好碳达峰碳中和工作的实施意见》《关于更高起点建设生态强省谱写美丽中国建设福建篇章的实施方案》等涉碳政策文件中提及探索建立碳普惠机制。地市层面，厦门市发布《厦门市碳普惠管理办法（征求意见稿）》《厦门市碳普惠体系建设工作方案》等碳普惠专项政策，基本完成碳普惠体系顶层设计，正在稳妥有序推进相关工作，带动全社会广泛参与节能降碳。

（二）碳普惠试点应用初步探索，但用户参与度较低

省级层面，福建省尚未推动建立碳普惠应用。地市层面，厦门、莆田等地市政府已开展碳普惠试点应用，其中，莆田市生态环境局于 2021 年 8 月正式上线了"莆田碳普惠"应用程序，有微笑自行车、6+3 购物超市、杭州超腾能源等企业入驻，主要通过号召社会公众绿色出行获得碳币，再利用碳币兑换相关代金券等产品，但是上线后该应用程序用户活跃度较低，目前信息更新已停滞，活跃用户几乎为 0。2021 年 8 月，厦门市生态环境局推出"思明碳行者"碳普惠小程序，上线低碳出行、低碳教育、低碳公益三大场景，以碳积分兑换为激励机制；截至 2022 年底，该平台虽然累计访问量达16.41 万人次，但是参与碳积分兑换的仅 2000 人次，活跃度较低。

（三）碳普惠方法学研究基础偏弱，但在碳汇领域有所建树

相较于广东等先行省份，福建省在碳普惠方法学领域研究较少，未设立碳普惠标准和专家委员会，碳普惠方法学理论开发与技术评估进展缓慢。但是，福建省在林业碳汇、农业碳汇、海洋碳汇方面研究较深，其中厦门大学编制的《福建省修复红树林碳汇项目方法学》已纳入福建省林业碳汇项目机制；全省已开发部分林业碳汇、农业碳汇、海洋碳汇项目，且已有部分林业碳汇项目进入碳市场参与交易。

三　福建省碳普惠体系发展对策建议

（一）统一标准，省级层面研究出台碳普惠专项政策

一是构建碳普惠顶层设计，借鉴广东、上海、重庆等省市经验，结合福建省实际，出台《碳普惠体系建设方案》《碳普惠管理办法》等制度文件，在省级层面建立碳普惠方法学备案、碳普惠减碳量核证和签发制度，统一和明确省内碳普惠标准。二是设立碳普惠专家委员会，建立权威的减排测算和

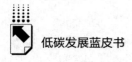

认证机构，依托厦门大学、中国科学院城市环境研究所等高校和科研院所，组建省级专家团队，支撑全省碳普惠方法学认证备案与技术评估工作。

（二）市场导向，推动碳普惠以市场化激励方式可持续发展

一是培育碳普惠交易消纳机制，借鉴广东、重庆等省市经验，探索构建碳普惠参与省内试点碳市场的机制，研究制定碳普惠减排量抵消规则，允许碳普惠真正在碳市场获得更多价值。二是拓宽碳普惠积分兑换渠道，在建立省级层面碳普惠机制的前提下，鼓励市场化企业通过互联网、大数据、区块链等技术手段创新碳普惠商业模式，贯通碳普惠数据，破解当前单一的积分兑换运营方式，以市场创新推动碳普惠可持续、高活力发展。

（三）宣传引导，提升社会公众参与碳普惠的积极性和主动性

公众低碳生活和消费理念对参与碳普惠机制具有重要影响。一方面，要依托各类互联网平台加强公众践行绿色低碳生活方式的宣传，积极推广现有的碳普惠应用机制；另一方面，要将低碳生活嵌入教育体系，培养社会公众低碳意识和习惯，选树优秀低碳生活和消费案例，利用社会传播影响，推动社会公众主动参与碳普惠行动。

参考文献

余柳等：《绿色出行碳普惠研究与北京市实践》，《城市交通》2024 年第 2 期。

刘启龙、刘伟：《"双碳"目标下我国地方碳普惠实践经验及建议》，《环境影响评价》2023 年第 6 期。

董雨檬、陆莎、杜欢政：《碳普惠制：实践梳理、经验总结及发展研究》，《中国商论》2023 年第 21 期。

景司琳等：《"双碳"目标下我国碳普惠制的探索与实践》，《中国环境管理》2023 年第 5 期。

胡晓玲、崔莹：《碳普惠机制发展现状及完善建议》，《可持续发展经济导刊》2023 年第 4 期。

产业技术篇

B.11
2024年福建省新能源产业技术
分析报告

陈思敏　陈文欣　郑 楠*

摘　要： 　随着全球能源结构转型及新型电力系统建设纵深推进，新能源产业技术发展地位及重要性与日俱增，已成为推动地区经济与环境协同发展的关键力量。福建省享有得天独厚的区位优势和资源禀赋，海上风电、储能、光伏、氢能四大产业快速发展，在福建省新能源战略发展中发挥重要作用。但存在部分产业统筹规划不够充分、关键环节布局缺失及技术创新不足等问题。建议进一步强化新能源产业统筹布局、补强补缺产业链条、加力攻克产业发展关键技术、强化资金及市场机制保障，推动福建省新能源产业发展提质升级。

关键词： 　风电　储能　光伏　氢能　新能源产业技术

　* 陈思敏，工学硕士，国网福建省电力有限公司经济技术研究院，研究方向为能源经济、能源战略与政策；陈文欣，工学硕士，国网福建省电力有限公司经济技术研究院，研究方向为能源战略与政策、能源经济；郑楠，工学硕士，国网福建省电力有限公司经济技术研究院，研究方向为能源战略与政策、能源经济。

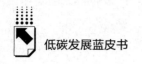

一 2024年福建省新能源产业技术发展现状

福建省风电、储能产业技术在全国具有领跑优势，光伏、氢能产业技术具备较大的发展潜力。

（一）风电

一是风机设计制造和施工建设技术全国领先。风机设计制造方面，2023年2月，我国首个国家级海上风电研究与试验检测基地在福建开工建设，填补了我国尚无大功率全尺寸地面试验平台空白；2023年11月，18兆瓦直驱海上风电机组（全球单机容量最大、叶轮直径最大）在福建下线；2024年7月，首个18兆瓦批量化海上风电场在福州开工。海上风电施工建设方面，首创"设备功能舱组合式海上升压站"，较传统海上升压站减轻重量500吨、工期缩短2个月。

二是形成以福州、漳州为重点的海上风电产业集群。福建省依托三峡海上风电国际产业园、漳州海上风电能源基地等带动上下游产业发展，已形成涵盖风机装备技术研发、设备制造、建设安装、检测认证、运行维护等的完整海上风电产业体系。其中，三峡海上风电国际产业园入驻了东方风电、金风科技、中国水电四局、艾尔姆叶片等国内外知名企业，实现海上风电整机、电机、塔筒、结构件等全产业链集聚。

三是风电装机规模与发电量保持平稳增长。装机规模方面，截至2023年底，福建省风电装机规模达761.7万千瓦，占电源总装机比重达9.4%，风电装机规模同比增长2.7%。发电量方面，2023年，福建省风电发电量达215.7亿千瓦时，占总发电量比重达6.6%，风电发电量同比增长6.5%。

（二）储能

一是储能电池产业技术创新实力较为雄厚。福建省拥有宁德时代电化学储能技术国家工程研究中心、厦门大学新能源汽车动力电源技术国家地方联合工程实验室等，储能技术研发基础坚实。福建省储能企业创新实力不断提升，其中，2023 年 12 月，海辰储能发布全球首款千安时长时储能专用电池MIC1130，较国内储能主流 280 安时系统产品单瓦时成本降低 15%、体积能量密度提升 15%。2024 年 4 月，宁德时代发布的神行磷酸铁锂电池系统能量密度达 205 瓦时/千克，突破 200 瓦时/千克极限值。

二是形成以宁德、厦门为重点的储能产业集群。福建省以宁德、厦门为牵引，带动形成上下游贯通、产业间协同的储能产业生态。在电池正负极材料、电解液、隔膜等关键原材料制造环节，集聚了厦钨新能源、翔丰华多家龙头企业，其中，厦钨新能源正极材料出货量及市场占有率居国内前列。在电池制造与组装环节，集聚了宁德时代、海辰储能、中创新航等多家龙头企业，其中，宁德时代拥有全球锂电行业仅有的 3 座"灯塔工厂"；海辰储能全球专利申请数量超 3000 项，跃居"2023 全球新能源企业 500 强"。

三是储能产业规模居全国前列且出口态势强劲。福建省储能龙头企业储能电池出货量居全国前列，其中，2023 年宁德时代储能电池总出货量达 69吉瓦时，自 2017 年以来连续七年保持全球第一位；2023 年海辰储能储能电池出货量位列全球前五、全国第二，年产值突破 100 亿元。此外，福建省为锂电池出口大省，2023 年锂电池出口总额达 1287.5 亿元、同比增长49.5%，占全国锂电池出口总额的 28.2%，居全国首位；占全省出口总额的10.9%，拉动全省出口增长 3.5 个百分点。

（三）光伏

一是异质结电池技术全国领先。福建省钧石能源"二代异质结太阳能电池生产装备"纳入国家能源领域首台（套）重大技术装备项目清单[①]；目前钜能电力异质结太阳能电池片及组件产线产能超过 1 吉瓦，产品平均转换

[①] 《国家能源局综合司关于第一批能源领域首台（套）重大技术装备项目的公示》，国家能源局网站，2020 年 12 月 1 日，http：//www.nea.gov.cn/2020-12/01/c_139555372.htm。

效率达 24.2%①，其二代异质结电池实现规模化量产，最高转换效率达 27%②；预计"十四五"期间，福建省异质结电池产能规模有望达 30 吉瓦，转换效率有望突破 30%③。

二是光伏企业核心竞争力较为强劲。福建省拥有阳光中科、金阳新能源、金石能源、中能电气等多家光伏行业龙头企业，涵盖太阳能电池技术与装备开发、光伏元器件制造等领域，在异质结整线装备、光伏发电系统解决方案等方面具有较强竞争力。

三是光伏装机规模增长态势迅猛。福建省光伏产业发展势头较为强劲。截至 2023 年底，福建省光伏装机规模已达到 874.5 万千瓦，其中分布式光伏装机规模 830.4 万千瓦，较 2022 年增长 95%，增速居华东第一位④。2023 年 11 月，福建省公示 533 万千瓦市场化光伏项目，预计 2025 年底前将全容量投产，装机规模增长速度已远超"十四五"初期规划⑤。

（四）氢能

一是氢气制储技术具备一定基础。制氢方面，福建省已有嘉庚创新实验室、东方电气（福建）创新研究院以及福大紫金等研发的制氢设备。氢储运方面，雪人股份突破液氢装备技术，已为中国科学院、中国航天科技集团等机构提供了可用于氢气液化的超低温制冷压缩机组；福大紫金开发的高效低温低压合成氨技术已成功实现示范推广应用。

二是初步形成以福州、厦门为重点的氢能产业集群。截至 2023 年 6 月，福建省规模以上氢能产业相关企业达 19 家，超过一半位于福州、厦

---

① 《HDT 异质结太阳能电池片》，福建钜能电力有限公司网站，http：//www.jp-solar.com/product-Details.php。

② 《钜能电力在全球首家实现 HBC 电池量产》，2024 年 4 月 30 日，莆田市人民政府网站，https：//www.putian.gov.cn/zwgk/ptdt/ptyw/202404/t20240407_ 1912256.htm。

③ 《新能源产业》，福建投资促进网，https：//fdi.swt.fujian.gov.cn/show-12041.html。

④ 《重磅！2023 年各省光伏装机数据出炉》，商业新知网，2024 年 2 月 29 日，https：//www.shangyexinzhi.com/article/17975378.html。

⑤ 《福建 5.3GW 市场化光伏项目优选公示：国家能源集团、中核、浙能等领衔》，北极星太阳能光伏网，2023 年 11 月 14 日，https：//guangfu.bjx.com.cn/news/20231114/1343139.shtml。

门，其中，福州市 5 家，包括雪人股份、福大紫金、氢新（福建）、中氢（福建）、泰全；厦门市 5 家，包括厦门金龙、厦钨氢能、东加氢能、华商厦庚、圣元环保①。

三是氢能产业化应用加速布局。福建省积极推进氢燃料电池汽车示范应用，其中福州、厦门分别于 2021 年 8 月、2022 年 3 月入选国家第一、第二批氢燃料电池汽车示范应用城市。此外，福州于 2023 年 1 月成立氢能源及燃料电池产业发展创新联盟，集聚了产业链上中下游 24 家单位。

二 福建省新能源产业技术发展面临的主要问题

（一）部分产业规划与配套衔接机制有待完善

风电方面，福建省尚未发布省级海上风电及产业发展专项规划，仅福清有较明确的海上风电产业布局，漳州、宁德、莆田、长乐等海上风电资源较好区域的产业发展定位还不够清晰；尚未出台相关用海标准，缺乏深远海海上风电场技术标准规范。储能方面，福建省已针对锂电新能源新材料产业发展出台相关实施意见，提出行业规划发展目标，但尚未具体明确储能产业整体的发展目标、突破方向和重点任务，以及储能建设布局和建设时序。光伏方面，福建省针对光伏项目用地问题的议事机构和组织协调机制作用发挥不充分，项目用地用海管理有待进一步规范。氢能方面，福建省虽已制定氢能产业发展行动计划，提出了氢能产业发展路径，但仍在加氢站土地审批标准体系和运营监管方面存在制度欠缺，加氢站等基础设施建设仍有困难。

（二）部分产业链关键环节企业布局仍有欠缺

风电方面，福建省海上风电装备产业缺失电控、轴承等产业链关键环

---

① 《福建省氢能产业发展现状分析与研究》，丝路印象网，2024 年 7 月 19 日，https：//www.zcqtz.com/news/1806835.html。

节，部分核心零部件对外依存度较高。福清三峡海上风电国际产业园中，东方电气、金风科技所需的轮毂、叶片等零部件均从江苏、广东等地采购。储能方面，福建省储能企业多位于产业链中上游，对锂、镍、锰、钴等资源需求量大，且对外依存度均高于80%，储能产业链供应链自主安全可控存在风险。光伏方面，福建省光伏产业整体规模还较小，缺乏大型龙头企业，产业集聚和辐射作用不明显，产业链各环节不够均衡、主要聚焦中游的电池片和组件，产业所需零部件难以实现本地配套。氢能方面，福建省氢能上下游产业链条尚未打通，制氢端积累的技术优势未能示范带动形成产品化优势，整体上尚未形成绿氢、灰氢协同发展效应。"制备—存储—运输—加注—应用"的全产业链不够健全，上游制氢和中游燃料电池系统领域还需补强。

（三）部分产业技术创新与研发能力有待提升

风电方面，福建省风电产业技术创新研发平台建设起步晚，风电技术装备研发任务艰巨，机舱、变流器、变压器、轴承等部分零部件研发制造实力有待提升。储能方面，福建省电机电控和管理系统、储能逆变器、能源管理系统等系统集成创新较弱，电池检验检测及电池四大材料研发平台缺失。制造银电极所需银粉等原材料仍依赖进口，原材料国产化比重不高。高效单结钙钛矿电池、高效晶体硅电池仍处于工程化验证阶段，制备封装等方面技术有待进一步研究。氢能方面，福建省质子交换膜电解水制氢技术与全球先进水平差距较大，装置容量仅为数十千瓦；固体氧化电解水制氢技术尚不成熟，仍处于实验室阶段；氨制氢还没有得到大规模工业化应用，大型化和高温催化剂相关技术仍待突破。

三 福建省新能源产业技术发展对策建议

（一）强化新能源产业统筹布局

一是出台规划加速产业发展。按照"试点示范促设施建设、设施建设促推广应用、推广应用促产业发展"的路径，尽快出台省级新能源产业发展专项规划或行动计划。二是加强省级层面统筹协调。成立由省领导挂帅的省级新能源产业协调小组，协调推进用地、用海等产业发展重点难题；研究组建省级新能源产业研究院，加紧研究制定新能源各细分领域产业、技术路线图。三是明确各地产业发展定位。从省级层面明确各地新能源产业发展侧重点，如以福州、漳州为主发展风电产业，以宁德、厦门为主发展储能产业，推动各地市有重点地打造新能源产业名片，协同有序加快全省新能源产业发展。

（二）持续推进产业强链补链延链

一是开展新能源产业链精准招商。结合福建新能源产业创新示范区建设，扩大海上风电、储能产业优势，积极协调引导储能行业龙头企业入股上游原材料企业；持续提高光伏、氢能技术水平，加快引进 N 型硅片、晶体加工设备、储运氢、加氢站相关设备等产业化项目；探索地方政府和龙头企业与中央能源企业开展技术和产业创新合作，补齐补强产业链配套短板。二是超前布局设备回收处置行业。提前谋划与福建省新能源产业退役设备规模相匹配的高效回收和分质利用产业，出台设备报废标准和回收处置通用技术标准，建立高效完善的退役设备资源回收网络体系。

（三）加力攻克产业发展关键技术

一是抢占新能源技术高地。围绕新能源产业链部署创新链，实施"两链"融合重点专项，采取揭榜挂帅或定向委托等方式，引导福州大学"氨—氢"绿色能源产业创新平台、钧石能源光伏发电装备国家工程研究中心等五大国家级创新平台联合知名高校、龙头企业组建创新联合体，集中力量组织开展氢能安全高效储运、高性能钠电池、全固态电池、硅基负极、高纯度多晶硅规模化生产等重大技术攻关。二是推动跨领域产业技术融合发展。探索风光氢储一体化发展模式，依托海上风电制氢基地打造沿海输氢走廊，利用可再生能源制氢及氢储运技术开展清洁能源长周期储存及大规模外送；研究氢储能电站相关应用技术，探索电-氢跨能源网络协同优化。

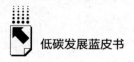

（四）强化资金以及市场机制保障

一是丰富拓展海上风电产业发展资金来源。组织相关部门合理测算福建海上风电项目投资收益率，研究出台省级海上风电补贴政策，鼓励省属投资公司、国企、社会投资主体共同设立海上风电发展基金，发行海上风电专项债券，支持海上风电开发项目。二是用好补贴政策建设氢燃料电池汽车生态圈。推动氢燃料电池汽车补贴政策初期向公共交通领域倾斜，开展氢燃料电池公交车、物流车、市政环卫车等示范运营，以租赁模式为支点逐步向乘用车领域渗透。三是完善储能参与电力市场机制。加快推动储能参与电能量市场，过渡期间探索建立储能容量补偿机制，研究适应储能成本特性的市场机制，提升新能源企业建设储能设施意愿。

参考文献

梁作放、孔令勃、潘华：《新型电力系统面临的挑战及关键技术》，《电力与能源》2024 年第 2 期。

陈旭：《新能源参与福建电力现货市场交易机制探讨》，《能源科技》2024 年第 2 期。

王冕冕：《新能源技术研究现状与应用前景展望》，《广州化工》2024 年第 1 期。

B.12
福建省海上风电产业发展竞争力
分析报告

项康利　陈柯任　陈立涵*

摘　要：　海上风电是福建省高质量发展超越、加快生态文明省建设的重要抓手。为评价福建省海上风电产业发展竞争力，本报告构建海上风电产业发展竞争力评价指标体系，基于熵权-TOPSIS模型评价江苏、浙江、广东、福建四省海上风电产业发展竞争力。结果显示，福建省竞争力居四省第三位，仍有较大进步空间。下一步，建议福建省在充分发挥资源优势、做优做强本地企业、突破海上风电技术、优化人才保障等方面持续发力，提升海上风电产业竞争力。

关键词：　海上风电产业　熵权-TOPSIS模型　福建省

一　海上风电产业发展竞争力评价指标体系

产业发展竞争力是指在全球竞争背景下，区域内某一产业的竞争力，即通过对该产业资源、生产力、产业市场和产业环境等要素的高效分配和转换，在正常公正的合理市场环境下，相对于其他竞争对手为消费者提供更优质产品和服务的能力。

---

* 项康利，工学硕士，国网福建省电力有限公司经济技术研究院，研究方向为能源经济、战略与政策；陈柯任，工学博士，国网福建省电力有限公司经济技术研究院，研究方向为能源经济、低碳技术、战略与政策；陈立涵，工学硕士，国网福建省电力有限公司经济技术研究院，研究方向为能源经济、战略与政策。

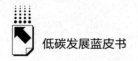
（一）指标构建原则

建立评价指标体系的过程中除了要遵循严格的科学原则，还必须切合海上风电产业的新兴性和战略性等特点，本报告遵循以下原则。

科学性原则。评价指标体系是基于理论和实践相结合来设计和构建的，它应该具备对客观事物的抽象描述。因此，往往选取评价对象最有代表性的方面作为指标，通过合理的科学论证和科学实验对指标设计进行论证。

可观测性原则。评价指标体系构建后必须对指标的可观测性进行论证，必须能够通过相关数据的收集和量化处理，得出具体的指标数据。对于某些无法直接量化的指标也要能够通过间接数据反映。

动态性原则。产业是不断发展变化的，其过程具有动态性。如果通过指标对其进行评估，指标必须也具备一定的动态性。指标必须能够实时地反映产业相关对象的变化特点，以便于综合统计整个产业发展过程和趋势变化。

可持续发展原则。可持续发展是产业发展的最终目标，也是产业发展竞争力的重要体现，对于产业发展竞争力的评价也必须遵循可持续发展的原则。

（二）指标结构

基于上述评价指标构建原则，综合海上风电产业的特点，设置目标层为海上风电产业发展竞争力，指标体系由两个层次组成，其中一级指标共4个，二级指标共12个，指标体系见表1。

表1 海上风电产业发展竞争力评价指标体系

一级指标	二级指标	单位	属性
资源与开发潜力	近海风能资源	万千瓦	正向
	平均风速	米/秒	正向
	平均风功率密度	瓦/米^2	正向

续表

一级指标	二级指标	单位	属性
产业与企业规模	"十四五"规划海上风电开工规模	万千瓦	正向
	海上风电项目投资容量	万千瓦	正向
	主要企业风电产业营收	亿元	正向
技术与研发水平	海上风电造价	元/千瓦	负向
	人均专利授权数	件/百万人	正向
	海洋研究 R&D 经费占比	亿元	正向
服务与人力保障	人均 GDP	万元	正向
	城镇非私营单位就业人员年平均工资	万元	正向
	高校招生人数	万人	正向

（三）指标的具体定义、计算方法、数据范围

1. 资源与开发潜力

"资源与开发潜力"主要通过各省的海上风能资源和海上风电开发进展反映海上风电产业发展竞争力，具体指标包括近海风能资源、平均风速、平均风功率密度。

近海风能资源：近海 50 米等深线以浅海域、10 米高度风能储量。

平均风速：各省 70 米高度层平均风速。

平均风功率密度：各省 70 米高度层平均风功率密度。

2. 产业与企业规模

"产业与企业规模"主要通过各省的海上风电产业相关项目开展情况、主要企业发展情况反映海上风电产业发展竞争力，具体指标包括"十四五"规划海上风电开工规模、海上风电项目投资容量、主要企业风电产业营收。

"十四五"规划海上风电开工规模：各省"十四五"能源规划等文件中，2021~2025 年规划开工的海上风电装机容量。

海上风电项目投资容量：2023 年正在开工的海上风电项目投资容量，其中相关项目来源于各省发布的重点项目清单。

主要企业风电产业营收：2023 年各省风电产业前三企业营收总和。

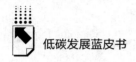

3. 技术与研发水平

"技术与研发水平"主要通过各省的海上风电产品造价、研发投入与产出反映海上风电产业发展竞争力，具体指标包括海上风电造价、人均专利授权数、海洋研究 R&D 经费占比。

海上风电造价：海上风电风机的单位造价。

人均专利授权数：2021~2023 年与海上风电相关的专利人均授权数量。

海洋研究 R&D 经费占比：2023 年海洋研究 R&D 经费占全省 R&D 经费总额的比例。

4. 服务与人力保障

"服务与人力保障"主要通过就业人员收入、人均 GDP 反映海上风电产业发展竞争力，具体指标包括人均 GDP、城镇非私营单位就业人员年平均工资、高校招生人数。

人均 GDP：2023 年各省人均 GDP。

城镇非私营单位就业人员年平均工资：2023 年各省城镇非私营单位就业人员年平均工资。

高校招生人数：2023 年各省高校招生人数。

（四）四省对比及指标取值

考虑到广东、江苏、浙江三省与福建的海上风电产业发展阶段接近，四省的省情具有一定的可比性，因此本报告选取广东、江苏、浙江、福建四省开展海上风电产业发展竞争力评价。对于本报告选取的 12 个二级指标，四省的情况如表 2 所示。其中，各指标数据年份均为 2023 年。

表 2　东南沿海四省海上风电产业发展竞争力评价指标表现

一级指标	二级指标	福建	浙江	江苏	广东
资源与开发潜力	近海风能资源（万千瓦）	21123	10305	17061	12457
	平均风速（米/秒）	4.36	4.54	5.09	4.71
	平均风功率密度（瓦/米^2）	111.5	117.6	144.9	132.2

续表

一级指标	二级指标	福建	浙江	江苏	广东
产业与企业规模	"十四五"规划海上风电开工规模（万千瓦）	1030	996	1212	1700
	海上风电项目投资容量（万千瓦）	239.6	179.8	265.0	849.4
	主要企业风电产业营收（亿元）	1376.2	1943.8	1115.7	889.7
技术与研发水平	海上风电造价（万元/千瓦）	1.26	1.15	0.94	1.16
	人均专利授权数（件/百万人）	3.71	3.83	5.74	3.32
	海洋研究 R&D 经费占比（%）	0.73	0.29	0.69	1.85
服务与人力保障	人均 GDP（万元）	12.99	12.50	15.05	10.70
	城镇非私营单位就业人员年平均工资（万元）	10.85	13.30	12.51	13.14
	高校招生人数（万人）	29.99	32.54	60.99	71.57

资料来源：《中国统计年鉴 2024》、中国可再生能源学会风能专业委员会（CWEA）、相关企业年报等。

二　福建省海上风电产业发展竞争力评估

基于选取的 12 个二级指标构成的指标体系，进一步采用熵权-TOPSIS 法评价福建省海上风电产业发展竞争力。

熵权-TOPSIS 法是在熵权法的基础上对 TOPSIS 模型进行修正。其中，熵权法负责计算每个海上风电产业发展竞争力指标的权重，TOPSIS 模型通过对比每个样本与理想方案的接近度来衡量不同地区海上风电产业发展水平的高低。熵权-TOPSIS 法具体实施步骤如下。

（一）数据标准化

通常在用熵权-TOPSIS 法计算权重之前，必要的一步操作是对数据进行标准化预处理，这是因为各指标之间的测量单位不同。为了尽量降低这种差异性，让各指标拥有一致的衡量标准，并且减少因为指标的正负性带来的影响，本报告采用不同的标准化方法分别处理正负向指标。

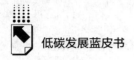

正向指标:

$$x_{ij} = \frac{x_{ij} - \min\{x_{1i},\cdots,x_{mi}\}}{\max\{x_{1i},\cdots,x_{mi}\} - \min\{x_{1i},\cdots,x_{mi}\}} \tag{1}$$

负向指标:

$$x_{ij} = \frac{\max\{x_{1i},\cdots,x_{mi}\} - x_{ij}}{\max\{x_{1i},\cdots,x_{mi}\} - \min\{x_{1i},\cdots,x_{mi}\}} \tag{2}$$

式中,m 为样本数量,k 为指标数量,x_{ij} 表示将初始的第 i 个样本的第 j 个指标的数值(其中 $i=1$, 2, $\cdots$, m;$j=1$, 2, $\cdots$, k)进行标准化得到的结果。

(二)基于熵权法确定指标权重

熵权法可以根据具体情况客观确定和修正权重,准确性高、适应能力强。它是通过分析数据的疏离程度判断指标数据对研究目标作用的大小,即利用信息熵的大小赋予不同指标权重。信息熵越大,说明该指标的影响越大,即熵权越大。熵权法的计算步骤如下。

(1)计算出第 j 项指标信息熵的数值:

$$A_j = -d\sum_{i=1}^{m} f_{ij} \times \ln f_{ij} \tag{3}$$

式中,$f_{ij} = \dfrac{x_{ij}}{\sum\limits_{i=1}^{m} x_{ij}}$ 表示 x_{ij} 占第 j 项指标的比重大小;$d = \dfrac{1}{\ln m}$ 始终大于 0,从而得到 A_j 为非负数,保证熵值的合理性。

(2)根据信息熵计算各指标的权重:

$$\omega_j = \frac{1 - A_j}{\sum\limits_{j=1}^{k}(1 - A_j)} = \frac{1 - A_j}{k - \sum\limits_{j=1}^{k} A_j} \tag{4}$$

由上式可得出各指标的权重,如表 3 所示。

表3　基于熵权法的各指标权重

一级指标	一级指标权重	二级指标	二级指标权重
资源与开发潜力	0.234	近海风能资源	0.0806
		平均风速	0.0720
		平均风功率密度	0.0815
产业与企业规模	0.261	"十四五"规划海上风电开工规模	0.0917
		海上风电项目投资容量	0.0950
		主要企业风电产业营收	0.0731
技术与研发水平	0.219	海上风电造价	0.0686
		人均专利授权数	0.0801
		海洋研究 R&D 经费占比	0.0712
服务与人力保障	0.286	人均 GDP	0.0715
		城镇非私营单位就业人员年平均工资	0.1106
		高校招生人数	0.1042

4个一级指标中，累计权重最大的是服务与人力保障，权重为0.286，这反映出服务与人力保障方面，各省的指标情况差距最大；累计权重最小的是技术与研发水平，权重为0.219，反映出各省技术与研发水平方面情况较接近。同时，4个一级指标的累计权重差距不大，反映出本报告对于各项指标的选取较为均衡、合理。12个二级指标中，城镇非私营单位就业人员年平均工资的权重超过0.11，间接提高了服务与人力保障的权重。

（三）TOPSIS 法模型

（1）构建海上风电产业发展水平测度指标的水平加权矩阵 $R = (r_{ij})_{n \times k}$，式中 $r_{ij} = \omega_j \times f_{ij}$。

（2）根据矩阵 R 确定最大值 $R_j^+ = (\max r_{i1}, \max r_{i2}, \cdots, \max r_{ik})$ 和最小值 $R_j^- = (\min r_{i1}, \min r_{i2}, \cdots, \min r_{ik})$。

（3）定义海上风电产业发展水平测度指标第 i 个评价值到最大值的欧氏距离（正理想解距离）$d_i^+ = \sqrt{\sum_{j=1}^{k} (R_j^+ - r_{ij})^2}$ 和到最小值的欧氏距离（负理

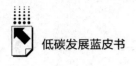

想解距离) $d_i^- = \sqrt{\sum\limits_{j=1}^{k} (R_j^- - r_{ij})^2}$ 。

（4）计算第 i 个区域的得分 $Z_i = \dfrac{d_i^-}{d_i^+ + d_i^-}$，$Z_i$ 的取值范围为（0，1），此处 Z_i 越大说明该区域海上风电产业发展水平越高，反之越低。

（四）东南沿海四省海上风电产业发展水平对比

基于熵权–TOPSIS 模型，可以计算得到东南沿海四省的海上风电产业发展情况。四省海上风电产业发展水平及 4 个一级指标距离最优解的相对接近度如表 4 所示。

表 4　东南沿海四省基于熵权–TOPSIS 模型的海上风电产业发展水平对比

省份	资源与开发潜力	产业与企业规模	技术与研发水平	服务与人力保障	海上风电产业发展水平	综合排序结果
广东	0.285	0.723	0.687	0.780	0.690	1
江苏	0.670	0.167	0.420	0.753	0.395	2
福建	0.695	0.173	0.260	0.127	0.276	3
浙江	0.075	0.277	0.095	0.235	0.229	4

如前所述，此处的相对接近度是某一省指标相对于最优解的距离。对于某一省而言，若该指标下的所有子指标都为最优解，则相对接近度的值为1；若所有子指标都为最劣解，则相对接近度的值为 0。

从总体发展水平来看，四省海上风电产业发展水平综合评价结果在0.2~0.7 之间。其中，广东的海上风电产业发展水平相对最优，江苏、福建、浙江的发展水平依次居于其后。需要说明，评价得分在 0.2~0.7 之间并不代表各省海上风电产业发展不佳；恰恰相反，本报告选取了国内海上风电产业发展最领先的四省进行对比，评价结果仅显示各省海上风电产业发展的相对优劣程度，同时说明各省发展情况较为接近。

从各项一级指标评价结果来看，资源与开发潜力方面，福建省排在首位，且明显优于其他三省，具有较大优势；产业与企业规模方面，福建省排在第三位，仅优于江苏省，与广东省、浙江省相比有较大差距；技术与研发水平方面，福建省排在第三位，落后于广东省、江苏省，优于浙江省；服务与人力保障方面，福建省排在第四位，落后于其他三省，具有较大提升空间。

三　福建省海上风电产业发展竞争力薄弱环节分析

基于海上风电产业发展竞争力评价指标体系，可以发现福建省在产业与企业规模、技术与研发水平、服务与人力保障等方面存在一些较为薄弱的环节。

（一）产业与企业规模

产业与企业规模方面，综合考虑所选取的 3 个二级指标，福建省居第三位。具体而言，在"十四五"规划海上风电开工规模、海上风电项目投资容量 2 个指标上，福建省处于第三位，而在主要企业风电产业营收指标上，福建省居第二位，仅落后于浙江省。可以看出，福建省在当前和近期开工的海上风电项目落后于其他三省，未来有较大发展空间。

（二）技术与研发水平

技术与研发水平方面，综合考虑所选取的 3 个二级指标，福建省处于第三位，仅优于浙江省。具体而言，在海上风电造价方面，福建省处于第四位；在人均专利授权数方面，福建省处于第三位，仅优于浙江省；在海洋研究 R&D 经费占比方面，福建省投入最多，处于第一位。综合来看，福建省在技术与研发上投入了较多资源，海洋研究经费投入占比高。但海上风电设备造价竞争力较弱，科研成果转化方面也有所欠缺。

（三）服务与人力保障

服务与人力保障方面，综合考虑所选取的 3 个二级指标，福建省落后于

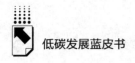

其他三省。具体而言，在人均 GDP 方面，福建省居第二位，仅次于江苏省，但在城镇非私营单位就业人员年平均工资、高校招生人数方面，福建省均处于第四位，落后于其他三省，有较大上升空间。

四 福建省海上风电产业发展建议

（一）充分发挥海上风电资源潜力

一是科学合理规划海上风电开发。提前加强工作部署及协调，对海上风电大规模开发的重大问题、重大政策等加紧开展研究，科学制定福建千万千瓦级海上风电基地建设目标、路线图和任务书，支持宁德、福州、莆田、漳州等沿海风能较好地区加快形成海上风电统一规划、集中连片、规模化滚动的开发态势。同时，加强与农渔业区、港口航运区、海洋保护区、旅游休闲娱乐区、机场净空区等涉海用海规划的衔接，规划海上风电送出电缆路线，做好用海项目公示，避免后期与其他涉海规划冲突。二是推动区域能源体系的协同。将福建海上风电能源生产基地建设纳入区域能源发展规划，推动海上风电在更大区域内实现清洁资源共享和产业共谋。在协同考虑华东、华中、华南、台湾等地区的清洁能源需求基础上，开展福建海上风电基地规划、建设。同时，加快提升清洁能源跨区配置能力，加快特高压跨区输电通道和抽水蓄能等调峰电源建设，在更大范围内优化配置和消纳大规模海上风电。

（二）做优做强福建海上风电企业

一是加强企业内外合作。推动福建本土海上风电企业与入驻福建的金风科技、明阳智能、艾尔姆叶片等省外和国外企业加强合作，共同参与海上风电整机制造、海上风电技术研发、海上风电建设等具体项目，推动本土企业技术、人才、管理全面发展，提升福建海上风电企业竞争力。二是打造本土海上风电企业品牌。在专精特新、后备企业等认证中适当放宽本土海上风电相关企业的参评条件，给予本土海上风电企业发展空间；鼓励本土企业通过股权收购、项目投资、总承包等多种模式积极参与省外和国际海上风电开发建设，积累先进技术、成本控制、施工管理等经验，提升本土企业竞争力。

（三）加快突破海上风电技术

一是攻克海上风电关键技术。依托风电龙头企业、研发实验室、高等院校、研究机构等，组织联合攻关，加强大功率海上风电机组、抗台风和防盐雾海上风电技术、海上风电漂浮装置等关键技术与部件的研发和制造，不断提升海上风电机组研发制造技术水平。鼓励风电开发企业、研究机构积极开展移动测风、漂浮式海上风电基础、远距离海上风电输电方式、海上风能与波浪能潮流能综合利用等关键核心技术研发和相关实验示范项目建设，推动深水海上风电技术突破。二是推进国家级实验平台建设。推动福清国家级海上风电研究与试验检测基地尽快投产，在宁德、漳州、福州长乐等地适当储备高等级海上风电研发中心、运维中心等实验平台，推动实验平台成为福建海上风电技术创新的摇篮。同时，支持各科研机构建设省级乃至国家级海上风电创新平台，开展产业决策咨询、勘察设计技术研究、试验检测技术研究、海上升压站建设、施工平台技术研发、运行维护大数据采集分析等工作。

（四）优化海上风电人才保障

一是推动人才梯队建设。加强海上风电人才引进，重点对海上风电领域高层次领军人才、既熟悉技术又擅长商业资源整合的管理人才、掌握海上风电和储能及氢能等领域专业知识的复合型人才加大引进力度。加大海上风电专业人才培养力度，推动高等院校优化和增设海上风电相关学科，鼓励海上风电企业与高等院校、职业院校等构建联合培养、定点培养模式，建立校企结合的海上风电人才综合培训和实践基地，支持相关企业开展员工国内外在职教育培训。二是构建人才和研究交流平台。定期举办、承办具有国际影响力和全国影响力的海上风电峰会论坛，邀请业界龙头企业、知名研究团队参与，共同为福建海上风电发展出谋划策。鼓励社会团体成立省内海上风电协

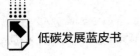

会等组织，加强技术研究和交流。鼓励相关研究机构、协会组织召开人才交流对接活动，建立海上风电人才信息平台，提供人才信息服务，保障人才正常流动，定期发布福建海上风电人才相关报告。

参考文献

林丹妮、陈柳云：《广东省海上风电产业发展政策研究》，《水电与新能源》2024 年第 6 期。

曹军、李雪亮、陈亚生：《江苏海上风电制氢政策研究》，《能源与环境》2024 年第 3 期。

燕学博、孟虎：《专利视角下福建省海上风电技术发展现状》，《中国科技信息》2024 年第 12 期。

罗珊、左萌、肖建群：《海上风电制氢技术及氢能产业发展现状与建议》，《太阳能》2024 年第 5 期。

苏龙等：《福建省大容量海上风电海域组网方案研究》，《能源与环境》2024 年第 2 期。

池亚微等：《海上风电产业链自主可控能力研究与提升建议》，《江苏科技信息》2024 年第 7 期。

严新荣等：《我国海上风电发展现状与趋势综述》，《发电技术》2024 年第 1 期。

B.13
电－氢协同发展路径与模式研究

吴建发 李益楠 郑 楠*

摘 要： 在应对气候变化共识下，氢能逐步成为全球减碳的重要选择，电－氢协同发展将在促进新能源消纳、提供辅助服务和供电保障方面发挥重要作用，为新型能源体系的建设和完善提供有效支撑。美国、日本、德国等发达国家已接连出台相关规划政策，布局电－氢协同配套产业发展，并在燃料电池、电氢转换、氢储运技术等方面取得突破。我国是世界最大的制氢国家和可再生能源发电国家，近年来陆续出台多项氢能技术发展和产业创新政策，逐渐形成"1+N"政策体系，并在电氢转化技术上取得一定突破，但仍存在电氢转换效率不高、顶层设计不够完善、基础设施建设不够健全等问题。下一步，应着手顶层政策设计、产学研协同研究、标准体系健全、典型示范工程建设，加大力度推进电－氢协同发展，助力新型能源体系建立。

关键词： 电－氢协同 可再生能源消纳 氢能应用

一 电－氢协同发展现状与未来功能定位

（一）电－氢协同发展现状

1. 国际电－氢协同发展现状

根据国际氢能理事会预测，到 2050 年，氢能将满足全球 18% 的终端用能

---

* 吴建发，工学硕士，国网福建省电力有限公司经济技术研究院，研究方向为能源经济、战略与政策；李益楠，工学硕士，国网福建省电力有限公司经济技术研究院，研究方向为能源经济、战略与政策；郑楠，工学硕士，国网福建省电力有限公司经济技术研究院，研究方向为综合能源、战略与政策。

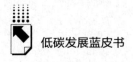

需求，减排二氧化碳达 60 亿吨。目前，国际上大约 80 个国家提出氢能发展规划，并将氢能作为脱碳能源体系的重要组成部分以及绿色经济的重要增长极。

政策支持与规划方面，截至 2023 年 7 月，全球已有 44 个国家发布氢能战略，21 个国家确定电解槽目标，其中日本、美国、德国等发达国家处于领先地位。日本于 2017 年 12 月率先发布了全球首个氢能国家战略，并于 2023 年 6 月发布修订版，明确氢能的战略定位和对象范围，制定了加速实现氢能社会发展的具体规划和目标，包括实现稳定、经济、低碳的氢（氨）供给体系以及创造各类应用场景。美国在 2023 年 6 月公布最新的国家清洁氢战略与路线图，布局交通、发电、住宅等几大领域，预计在 2030 年氢能产能达到 1000 吨。德国于 2023 年 7 月发布新版《国家氢能战略》，计划于 2027 年或 2028 年前改造和新建超过 1800 公里的氢气管道，2030 年将电解氢能力从《氢能战略 2020》中规划的 5 吉瓦提高到至少 10 吉瓦，并明确将氢及其衍生物应用于航空航运和电力部门。

技术发展与应用方面，全球范围内日本、美国、德国、韩国等主要经济体处于领先地位，并分别在不同技术上具备优势。日本在氢能及燃料电池技术和产品研发方面处于领先地位，专利数量居全球前列，同时在加氢站建设、氢储运技术等方面具有明显优势。美国注重氢能与燃料电池全产业链发展，在生产、储运上有 Air Products 等世界先进的气体公司，有技术领先的质子膜纯水电解公司，同时掌握液氢储气罐、储氢罐等核心技术。德国作为欧洲发展氢能最具代表性的国家，重点聚焦固体氧化技术和太阳能化学制氢方法的研究，同时在运输管道、管道缺陷定位与检测等技术上处于领先地位。

2.国内电-氢协同发展现状

中国作为世界最大的制氢国，也是最大的可再生能源发电国家，近年来，国内氢能发电产业发展进程明显加快，陆续出台多项促进氢能技术发展及产业创新的政策，并将氢能纳入能源范畴，作为前沿科技和新兴产业进行谋划布局。

政策支持与规划方面，国家发展改革委和国家能源局联合印发《氢能产业发展中长期规划（2021—2035 年）》，明确可再生能源制氢是主要发展方向，鼓励建设基于分布式可再生能源或电网低谷负荷的制氢工程，氢能产业相关政策的制定步伐持续加快。全国 20 多个省（区、市）陆续发布氢能规划和指导意见，加快布局氢能产业链相关环节，逐渐形成"1+N"的政策体系。

技术发展与应用方面，电—氢协同在国内呈现蓬勃发展的态势。制氢方面，电解水制氢技术，特别是碱性电解水制氢技术，已经实现国产化并大规模应用，质子交换膜电解水技术也取得显著突破，为可再生能源与氢能的协同开发提供了技术基础。氢储运方面，我国在高压气态储运和液态储运上与国际先进水平相比仍有一定差距。应用方面，目前主要集中在能源和石油化工领域，其中，以燃料电池汽车为代表的应用先导领域保有量快速增长，冶金、化工、建筑等领域仍处于探索阶段，未来随着顶层政策设计和氢能产业技术的快速发展，将呈现多元化拓展的趋势。总的来看，在政策的大力支持下，东方电气、亿华通、清能股份、鲲华能源等多家企业纷纷布局电—氢协同产业链相关环节，并联合多方力量推动氢能发电项目示范应用。未来，随着技术的不断进步和政策的持续支持，电—氢协同技术有望在国内实现更加广泛的应用和突破。

（二）电—氢协同的功能定位

1. 促进可再生能源消纳

氢能作为新型电力系统消纳可再生能源的大容量载体，电—氢协同是实现可再生能源消纳的重要手段。电制氢产生的可时移电量需求能够有效扩大新能源消纳空间，通过电制氢运行控制策略和新能源出力波动的紧密耦合，实现电能和氢能的相互转化与高效协同，能够帮助实现新能源充分消纳利用，提升能源系统的灵活性和稳定性，有效缓解弃风、弃光现象。将氢能与富余新能源发电耦合发展可以大大降低制氢成本，促进氢能规模化推广应用。预计在 2060 年碳中和情景下中国可再生能源制氢规模有望达到 1 亿吨[①]。

---

① 数据来源于《中国氢能源及燃料电池产业白皮书 2020》。

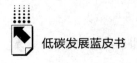

2. 提供电力辅助服务

氢能作为新型电力系统高效运行的灵活调节器，能够为电力系统提供调峰调频等电力辅助服务。当前碱性电解水制氢负荷在 50%～100% 内可调；未来质子交换膜电制氢设备的调节范围高达 160%，冷启动时间为 5 分钟，电解水制氢系统的快速响应及启停能力在用电高峰时能够提供调峰调频等系统调节服务。分布式氢燃料电池电站和分布式制氢加氢一体站可作为高弹性可调节负荷，快速响应不匹配电量。前者直接将氢能的化学能转化为电能，用于"填谷"；后者通过调节站内电制氢功率进行负荷侧电力需求响应，用于"削峰"。

3. 提供备用电源保障

氢能作为长周期能源储备的优良载体，能够充当新型电力系统安全、稳定供应的保障资源。目前保障电源主要为柴油发电机、铅酸锂蓄电池或锂电池，但是，柴油发电机噪声大、污染排放高；铅酸蓄电池或锂电池则面临使用寿命较短、能量密度低、续航能力差等缺陷。在此情况下，环保、静音、长续航的移动式氢燃料电池是最理想的替代方案之一。氢能能够通过高压气罐、液态、氢转氨、氢转甲烷等储存方式，作为保障性电源服务于电网韧性提升和能源安全保障。例如，国内首台单电堆功率超过 120 千瓦氢燃料电池移动电源参与抗击"山竹"台风。

4. 强化电力与其他行业耦合

电−氢协同作为未来重要的能源利用模式，正深刻地改变电力与其他行业之间的传统关系。电−氢协同通过氢燃料电池热电联供、区域电网调峰调频及各领域深度脱碳减排的应用，推动冷—热—电—气多能融合互补，提升终端能源效率和低碳化水平。在工业领域，氢能可用于钢铁、化工、水泥等高碳排放行业的原料替代，大幅降低这些行业的碳排放，同时通过氢能热电联供系统提升能源利用效率；在交通领域，电−氢协同成为氢燃料电池汽车稳定的氢能供应方式，推动新能源汽车产业的快速发展；在建筑领域，氢能热电联供系统可以实现能源的梯级利用，提高能源利用效率。

二 电-氢协同发展面临的问题

（一）氢能与电力相互转化过程效率偏低

转化效率较低是制约电-氢协同的主要因素之一。电制氢环节：现阶段，"电-氢"转化主要手段包括碱性电解水、质子交换膜电解水和固体氧化物电解水三种，转化效率分别为 63%~70%、56%~60% 和 74%~81%。氢发电环节："氢-电"转化过程的燃料电池发电效率为 50%~60%[①]，其中有大部分能量转化为热能。在实际应用过程中，氢储能在"电-氢-电"过程中存在两次能量转换的过程，整体效率仅有 40% 左右，远低于抽水蓄能、飞轮储能、锂电池储能以及各种电磁储能 70% 的转化效率。

（二）电-氢协同政策体系和标准体系尚不健全

随着氢能产业的发展，政策与标准对氢能产业发展的规范和支撑作用愈发凸显。政策方面，针对电-氢协同的顶层规划和激励机制尚不完善，在电解水制绿氢上，仅有部分省份出台优惠政策，顶层激励政策仍然缺失，难以形成示范性工程。标准方面，初步构建了氢能技术标准体系和燃料电池体系，但相关标准主要着眼于煤炭、天然气制氢技术及相关产业，无法为新能源制氢产业发展提供全面的指导，现阶段适应性不强，且充电加氢一体站、电-氢协同容量规划等领域标准相对空白，极大地限制了电-氢协同的规模化发展。

（三）电-氢协同的基础设施建设较为薄弱

氢能储运的基础设施承担着连接上游制氢、下游用氢的关键角色，是调节氢能供需时空错配、提升电-氢协同发展水平的重要保障。现阶段，国内

[①] 数据来源于中国储能网文章《强制配储下，氢储能有多大发展空间？》。

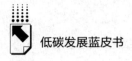

氢气用户集中在石油、化工等传统领域，氢气生产和消费彼此相邻，较少涉及大规模、长距离输送问题。氢能储运基础设施如加氢站、氢气管道等地域分布不均，无法满足相关产业快速发展的需求，特别是跨区域的氢能储运网络尚未形成，限制了电-氢协同的规模化应用。此外，电-氢协同相关的配套基础设施如电力供应、储能系统、智能化管理系统等也亟待完善，以确保电-氢协同的稳定、高效运行。

三　推进电-氢协同发展的建议

（一）加快推进电-氢协同顶层政策设计

从国家层面加快出台顶层设计政策文件，明确电-氢协同在我国能源体系中的战略地位，制定清晰的发展目标和实施路径。针对电-氢协同技术的研发、示范项目、基础设施建设等不同环节，设计税收减免、资金补贴等一系列激励政策和补贴政策，引导社会资本加大投入。同时，完善电-氢协同的项目审批、安全监管、市场准入等配套法律法规和管理制度，为电-氢协同发展提供法律保障和制度支持，为电-氢协同营造良好的发展环境。

（二）加强跨专业联合攻关及产学研协同研究

支持高校开设相关专业和课程，培养具备跨学科知识背景的复合型人才。构建产学研协同创新体系，通过共建研发平台、联合实验室等方式，推动高校、科研机构与企业之间的深度合作，鼓励电力、氢能、材料、化工等多个领域的专家学者合作开展跨领域跨专业联合攻关，重点攻克转化效率提升、应用成本下降等难题，促进电-氢协同的技术创新和转化应用。

（三）建立健全电-氢协同标准体系

2023 年 8 月，国家标准化管理委员会、国家能源局等 6 部门联合印发《氢能产业标准体系建设指南（2023 版）》，作为顶层指导文件，建议针对绿电制氢、充电加氢一体站、电-氢协同系统容量规划等细分领域展开深入研究，提出电-氢协同技术领域标准体系建设方案和技术路线图，充分发挥标准对技术交叉型行业的引导规范作用，推动电-氢协同发展。同时，主动融入现有氢能领域国际标准组织，加大氢能国际标准制定参与力度，提升我国在电-氢领域的国际影响力和话语权。

（四）加快典型示范工程建设

加快在具备条件的地区差异化建设典型示范工程，形成可借鉴的建设经验和推广模式。围绕绿氢生产规模较大的地区，开展风光氢储试验和示范工程建设，着力提升可再生能源利用率；在调峰需求较大的地区，开展氢储能电站示范工程建设，着力探索电-氢协同提供辅助服务的新模式；在国家氢能试点城市，重点在重卡、物流需求密集区，因地制宜建设分布式制氢和充电站融合综合能源服务站，开展电-氢协同技术的工程化示范，打造电-氢协同精品示范工程。同时，对示范项目进行定期评估，适时提出改进措施和建议，不断优化电-氢协同发展的模式和路径，推动其向更高水平发展。

参考文献

张丝钰等：《电-氢协同：新型电力系统发展的新路径》，《能源》2022 年第 2 期。

刘坚：《电氢协同是打造绿氢化工系统的关键举措》，《中国石化》2023 年第 9 期。

许传博、刘建国：《氢储能在我国新型电力系统中的应用价值，挑战及展望》，《中国工程科学》2022 年第 3 期。

唐坚、范子超、胡鹏：《新型能源结构下以电氢协同为基础的消纳措施探讨》，《中国设备工程》2023 年第 16 期。

能源转型篇

B.14
2024年福建省能源低碳转型情况
分析报告

施鹏佳　林晓凡　陈文欣*

摘　要： 　能源碳排放是全社会碳排放的主要来源之一，能源低碳转型是实现"双碳"目标的关键之钥。近年来，福建省能源领域碳排放呈现总量增长态势，能源供给结构不断优化，电源结构清洁化水平明显提升，终端电气化率波动上升。福建能源低碳转型发展拥有清洁能源禀赋优越、能源转型基础牢固等优势，但同时面临成本收益分配不均等问题，下一步应从优化完善政策机制、加快建设新型电力系统、扎实推进技术创新等方面重点发力。

关键词： 　能源低碳转型　碳排放　能源供给　能源消费

---

* 施鹏佳，工学硕士，国网福建省电力有限公司经济技术研究院，研究方向为配网规划、企业管理；林晓凡，工学硕士，国网福建省电力有限公司经济技术研究院，研究方向为能源战略与政策、电力市场；陈文欣，工学硕士，国网福建省电力有限公司经济技术研究院，研究方向为能源战略与政策、能源经济。

一 福建省能源低碳转型现状分析

（一）能源领域碳排放情况

能源领域碳排放占全社会碳排放绝对比重，呈现煤炭为主、总量增长态势。根据福建省发展改革委统计口径、《中国能源统计年鉴》测算，2022年福建省各类能源燃烧产生的碳排放总量约2.61亿吨[①]，其中，煤炭、石油、天然气分别占79.0%、17.2%、3.8%（见表1）。2019~2022年福建能源领域碳排放年均增速为2.1%。

表1 2015~2022年福建省能源领域碳排放总量及结构

单位：亿吨，%

年份	能源领域碳排放	碳排放占比		
		煤炭	石油	天然气
2015	2.09	73.1	22.2	4.7
2016	1.93	70.8	23.8	5.4
2017	2.09	72.6	22.3	5.1
2018	2.34	75.0	20.3	4.6
2019	2.45	74.2	21.3	4.5
2020	2.42	77.0	18.4	4.6
2021	2.63	78.0	17.5	4.5
2022	2.61	79.0	17.2	3.8

资料来源：根据福建省发展改革委、《中国能源统计年鉴》数据测算。

根据福建省发展改革委统计口径测算，2022年，福建省电力系统二氧化碳排放1.18亿吨，约占能源领域碳排放的45.2%，均由发电环节产生，且近三年碳排放平均增速为5%，仍处于攀升阶段。其中，煤电为碳排放的

[①] 2023年福建省能源领域碳排放数据未公布，暂用2022年数据。

最大来源，2022 年煤电碳排放 1. 14 亿吨，占电力系统碳排放的 96. 6%，近三年碳排放平均增速 5. 7%，为福建省电力系统碳排放增长的核心原因。

（二）能源供给和消费结构情况

由于福建省化石能源生产较少，主要来自外省及海外，因此本部分讨论的福建能源供给包含了福建省生产及外部调入的能源情况，能源消费情况则主要讨论终端用能情况。

1. 能源供给结构情况

福建能源供给结构不断优化，但近年来调整速度放缓。2022 年，福建省可供消费的能源总量达 16130. 6 万吨标准煤①，能源供给中煤炭、石油、天然气占比分别达 45. 2%、24. 7%、4. 3%，分别较全国低 10. 8 个、高 6. 7 个、低 4. 1 个百分点；一次电力及其他能源占比达 25. 8%，较全国高 8. 2 个百分点。2015~2022 年，福建省能源供给结构总体不变。除 2016 年受水电大发影响，煤炭、一次电力及其他能源占比波动较大，其他年份煤炭占比基本不低于 45%，一次电力及其他能源占比基本不高于 27%（见表 2）。

表 2　2015~2022 年福建省可供消费的能源总量及结构

单位：万吨标准煤，%

年份	可供消费的能源总量	煤炭占比	石油占比	天然气占比	一次电力及其他能源占比
2015	11862. 79	49. 9	24. 8	5. 1	20. 2
2016	12035. 99	42. 9	23. 8	5. 4	27. 9
2017	12554. 74	45. 1	24. 1	5. 3	25. 5
2018	13131. 01	48. 4	22. 5	5. 1	24. 0
2019	13718. 31	47. 3	23. 0	4. 8	24. 9
2020	13905. 19	48. 3	23. 6	4. 7	23. 4
2021	15157. 50	47. 7	22. 8	5. 0	24. 5
2022	16130. 60	45. 2	24. 7	4. 3	25. 8

资料来源：历年《福建统计年鉴》《中国能源统计年鉴》。

———————

① 数据来源于《中国能源统计年鉴》。

电源结构清洁化水平明显提升。2023年，福建省电力装机容量和发电量分别为8141.1万千瓦和3272.9亿千瓦时①，非化石能源装机容量和发电量占比分别达58.2%和50.5%（见表3），分别高于全国4.3个和16.8个百分点。煤电、气电、水电、核电、风电、光伏发电量占比分别为47.1%、2.4%、11.3%、26.1%、6.6%、2.2%，其中煤电、气电比重分别较2015年下降5.1个、1.2个百分点，风电、光伏、核电比重分别较2015年提高4.3个、2.1个、10.7个百分点（见表4）。风光发展规模落后于全国水平。截至2023年，福建省风电、光伏装机容量分别达762万千瓦、875万千瓦，分别排名全国第21、第22，总计占全省电源装机容量比重低于全国15.7个百分点；发电量分别达216亿千瓦时、70亿千瓦时，分别排名全国第17、第23，总计占全省发电量比重低于全国7个百分点。

表3   2015~2023年福建省电源装机结构

单位：万千瓦，%

年份	总装机容量	煤电占比	气电占比	水电占比	核电占比	风电占比	光伏占比	其他占比
2015	4919.5	48.5	7.9	26.4	11.1	3.5	0.3	2.4
2016	5209.5	46.0	7.4	25.0	14.6	4.1	0.5	2.3
2017	5596.7	45.5	7.0	23.4	15.6	4.5	1.7	2.5
2018	5769.7	44.6	6.8	22.9	15.1	5.2	2.6	2.8
2019	5909.2	43.8	6.6	22.4	14.7	6.4	2.9	3.3
2020	6371.6	44.9	6.1	20.9	13.7	7.6	3.2	3.6
2021	6983.3	42.0	5.6	19.9	14.6	10.5	3.0	3.9
2022	7531.0	39.7	5.2	20.4	14.6	9.9	6.2	4.0
2023	8141.1	37.0	4.8	19.7	14.3	9.4	10.7	4.1

资料来源：国网福建省电力有限公司。

---

① 数据来源于国网福建省电力有限公司。

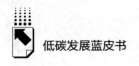

表4　2015~2023年福建省电源发电量结构

单位：亿千瓦时，%

年份	总发电量	煤电占比	气电占比	水电占比	核电占比	风电占比	光伏占比	其他占比
2015	1882.8	52.2	3.6	23.3	15.4	2.3	0.1	3.1
2016	2004.6	39.0	3.4	31.5	20.3	2.5	0.1	3.3
2017	2185.6	46.1	2.7	19.0	25.6	3.0	0.3	3.3
2018	2461.9	50.9	2.6	13.2	26.2	2.9	0.6	3.6
2019	2572.9	48.3	2.6	17.2	24.1	3.4	0.6	3.8
2020	2636.5	52.2	2.4	11.1	24.7	4.6	0.7	4.0
2021	2931.2	51.5	2.3	9.4	26.5	5.2	0.9	4.3
2022	3074.0	45.5	1.9	12.6	27.1	7.5	1.2	4.2
2023	3272.9	47.1	2.4	11.3	26.1	6.6	2.2	4.3

资料来源：国网福建省电力有限公司。

2.终端能源消费结构情况

终端能源消费已呈现石油、电力、煤炭"三足鼎立"格局。2022年福建省石油、电力、煤炭、天然气占终端能源消费总量的比重分别为37.3%、29.8%、27.7%、5.3%[①]，且电力占比仍呈现波动上升态势（见图1）。改革开放以来福建省电气化率稳步提升，从1978年的6.7%波动提升至2022年的29.8%[②]，电气化水平提升3.4倍（见图2）。其中，2022年终端电气化率同比下降3.1个百分点，主要是因为福建石油终端消费量大幅提升，电力在终端能源消费中的比重下降。石油终端消费量大幅提升主要是由于将石油等化学原料作为原料投入的化学原料行业增加值大幅增长，2022年福建化学原料行业增加值同比增长19.7%，高于全省GDP增速15个百分点。

---

① 根据历年《福建统计年鉴》能源数据测算。

② 根据历年《福建统计年鉴》能源数据测算。

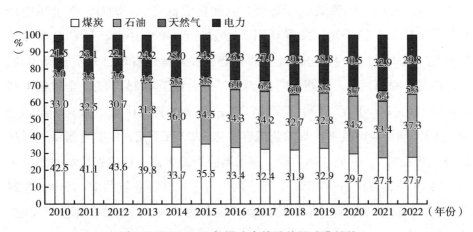

图1 2010~2022年福建省终端能源消费结构

资料来源：根据历年《福建统计年鉴》《中国能源统计年鉴》数据测算。

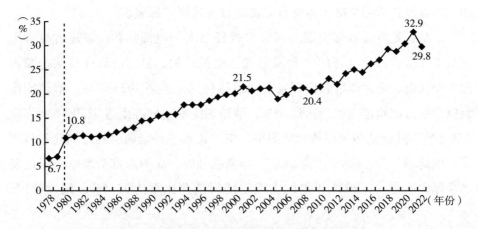

图2 1978~2022年福建省电气化率变化情况

资料来源：根据历年《福建统计年鉴》《中国能源统计年鉴》数据测算。

二 福建省能源低碳转型面临的优势和挑战

（一）能源低碳转型发展优势

一是清洁能源禀赋优越。海上风能资源富裕充足。福建省地处东南沿海

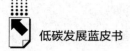

风带，台湾海峡"狭管效应"显著，风能资源富集，据测算，海上风电理论蕴藏量超 1.2 亿千瓦，发电利用小时数达近 4000 小时，年发电量可达 4908 亿千瓦时[1]。沿海核电厂址资源优势明显。福建省现已开发宁德福鼎、宁德霞浦、福州福清、漳州云霄等四个厂址，截至 2023 年底，全省核电装机容量 1166.2 万千瓦、排名全国第 2，占总发电装机比重 14.3%、排名全国第 1[2]，预计经济技术可行的装机容量达 3300 万千瓦，年发电量最大可达 2500 亿千瓦时[3]，发展空间广阔。抽水蓄能资源丰富。福建省抽水蓄能资源站点共 56 个，资源量达 1057.1 万千瓦，占全国资源总量的 25.1%[4]。2024 年 6 月，福建省单机容量最大的抽水蓄能电站——厦门电站全面投产发电，设计年发电量 14 亿千瓦时[5]。绿氢有望实现大规模发展。2023 年 6 月，全球首次海上风电无淡化海水原位直接电解制氢技术在福建省兴化湾取得成功，随着该技术的突破，福建省或将拥有大规模"绿氢矿"。

二是能源转型基础牢固。拥有"教科书式"电源结构。福建省具有电源品类齐全、占比合理的"教科书式"电源结构，目前已形成清洁能源占据半壁江山、全品类电源协同发展的总体格局。截至 2023 年底，清洁能源装机容量占比超过六成，达到 63%，清洁能源发电量占比达 52.9%[6]，实现"双过半"并连续多年保持全额消纳。电气化水平居全国前列。福建省打出了"电烤烟""电炒茶""电制盏"等特色品牌，成为东部沿海电力绿色发展最好省份之一，2023 年电能占终端能源消费比重达 35.4%，超过韩国、

————————————

① 阮前途：《打造"三大三先"示范电网　助力福建省新型电力系统建设》，《发展研究》2023 年第 6 期。

② 《2023 年全省核电发电情况》，福建省生态环境厅网站，2024 年 1 月 23 日，https：//sthjt. fujian. gov. cn/zwgk/ywxx/hyj/202401/t20240129_ 6388078. htm。

③ 《构建新型电力系统的福建探索与实践》，北极星售电网，2023 年 11 月 2 日，https：//news. bjx. com. cn/html/20231102/1340718. shtml。

④ 《国家能源局发布海水抽水蓄能电站资源普查成果》，中国政府网，2017 年 4 月 7 日，https：//www. gov. cn/xinwen/2017-04/07/content_ 5183621. htm。

⑤ 《福建单机容量最大抽水蓄能电站全面投产　设计年发电量 14 亿千瓦时》，搜狐网，2024 年 6 月 6 日，https：//www. sohu. com/a/784240297_ 222256。

⑥ 《福建：绿电奔涌山海间》，改革网，2024 年 6 月 13 日，http：//www. cfgw. net. cn/2024-06/13/content_ 25096284. htm。

法国等发达国家水平。

三是能源产业发展迅猛。现代能源产业链强健有力。福建省形成了涵盖技术研发、设备制造、建设安装、运行维护的海上风电全产业链体系，国家级海上风电研究与试验检测基地开工建设，全球首台 16 兆瓦超大容量海上风电机组并网发电[①]；拥有全球最大的动力制造商宁德时代，厦门新材料产业规模、技术水平"双领先"，厦门钨业钨冶炼产能位居全球第 1。能源产业创新发展力量雄厚。福建省集中了厦门大学、中国科学院福建物构所等在新能源材料领域具有国际影响力的优势科研力量，建设有能源与环境光催化国家重点实验室等十多个国家与省部共建平台，攻克了锂电池用铝塑膜、燃料电池用柔性碳纸/膜的国产化技术，将有力赋能能源绿色低碳转型。

四是能源互联不可替代。福建省是多个区域协同发展的交汇点。福建省东临宝岛台湾、西通华中腹地、南接粤港澳、北连长三角，已建成浙福特高压、闽粤电力联网工程，闽赣电力联网方案初步形成，为清洁能源外送、能源安全供应保障提供充分支撑。福建省是东部沿海唯一电力"外送型"省份。与福建省接壤的浙江、广东、江西均为受端省份，均无法满足区域内的用能需求，且三省的火电占比均高于福建省，与低碳循环、绿色发展的定位仍有差距。作为东南沿海唯一电力"外送型"省份，福建省每年可向华东送电超过 150 亿千瓦时，远景向华东、华中、华南等区域年外送电量可达 1400 亿千瓦时及以上，可助力周边省份减排 1.1 亿吨，在自身清洁能源产业快速发展的同时，也极大程度带动周边省份安全保供、清洁发展能力提升。

（二）能源低碳转型面临的挑战

一是能源供应安全稳定问题。能源低碳转型和气候变化将重塑能源风险格局。极端气候风险显著增加。极端高温、极端干旱、台风等灾害天气情况

---

① 《全球首台 16 兆瓦超大容量海上风电机组并网发电》，央视网，2023 年 7 月 19 日，https：//news.cctv.com/2023/07/19/ARTIlAp6RQllKIDUQEsoZQFG230719.shtml。

下将造成清洁能源出力大幅降低，加剧系统安全稳定运行与电力可靠供应挑战。供需平衡更难。风光等新能源具有较强的随机性、波动性和间歇性，可调度性差，且"极热无风、晚峰无光"特点突出，电力供需矛盾将更加突出。例如2023年8月，福建省用电量达到全年次高值311亿千瓦时，风电月发电量却降至全年最低值8.6亿千瓦时，仅占比2.8%。

二是成本收益分配不均问题。成本收益分配不均将是能源绿色低碳转型的重要阻碍之一。源网荷储各侧成本利益分配格局变化。能源低碳转型将推动收益从传统能源流向新能源、新能储能等，大幅增加网侧运行成本。如为保障高比例新能源并网消纳，灵活性电源投资、调节运行、电网扩建补强、配套送出工程等系统成本增加，预计2025年、2030年消纳新能源的系统成本将分别达到2020年的2.3倍、3.3倍。经济社会格局发展变化。能源低碳转型也将进一步倒逼产业结构发生变化，高耗能行业和低碳产业之间经济格局将重塑，产业调整可能带来的产能缩减、就业减少等问题将给地区带来发展不平衡的新挑战。如三明市因淘汰高耗能产业，近年来GDP增速较低，2023年GDP为3007.1亿元，较2022年低103.04亿元，名义增速为−3.3%[①]。

三是清洁能源消纳利用问题。配电网层面新能源消纳问题日益突出。分布式光伏建设周期短，井喷式建设并接入电网，基本上都在消费原有的电网系统接入裕度。随着大规模分布式光伏快速发展，以农村为代表的县域配电网将面临大量有功倒送，叠加农村地区用电负荷需求增长较慢，消纳问题更加突出。2023年，福建省新增农村分布式光伏322万千瓦、同比增长49%。截至2023年第三季度末，福建省10个试点县（市、区）中，南靖等4个县的可新增开放容量为0[②]。省级层面及跨区域清洁能源消纳问题。风电存在反调节特性，存在盛风季和丰水期福建省清洁资源过剩而

---

① 《福建各市2023年GDP：2市负增长，泉州第2，宁德猛涨》，"数说四方"百家号，2024年2月12日，https://baijiahao.baidu.com/s? id=1790389121383032194&wfr=spider&for=pc。

② 《福建省发展和改革委员会关于发布试点县分布式光伏接入电网承载力信息的通告》，福建省发展改革委网站，2023年11月20日，http://fgw.fujian.gov.cn/zfxxgkzl/zfxxgkml/yzdgkdqtxx/202311/t20231120_6304286.htm。

周边地区无电力需求、弱风期和枯水期福建省清洁资源紧张而周边地区电力需求旺盛的长周期调节问题，可能导致盛风期、丰水期福建省弃风弃水。

四是能源控碳机制完善问题。能耗双控体系有待完善。一方面，福建省用能权交易市场仅纳入火电、水泥、炼钢等9个行业，且纳入市场的用能单位数量较少，难以广泛激励高耗能行业、传统产业等实施节能改造和产业结构调整。另一方面，福建省能耗双控机制在指导各地区产业结构调整方面产生的作用发挥仍然不足，地区仍存在依靠高能耗产业拉动经济增长的思想。能耗双控向碳排放双控转变的基础薄弱。碳排放双控的实施需以科学的碳核算为基础前提，而我国现有碳排放核算工作存在标准边界模糊、基础数据薄弱、核算方法严重滞后等现实问题，是影响能耗双控转向碳排放双控的重要因素。碳市场机制尚待健全。北京、深圳碳市场已覆盖全行业，而福建省试点碳市场仅覆盖电力、石化、化工、建材、钢铁、有色、造纸、航空、陶瓷等9个行业，覆盖范围还需进一步扩大。此外，福建省碳市场总体不活跃，配额交易价格为20元以下，显著低于全国和其他试点碳市场，降碳作用尚未发挥。电碳市场尚未协同。现阶段，电力市场和碳市场参与主体存在重叠，交易价格耦合联动，交易产品有交叉，但是两者仍然相对独立，尚未形成协同降碳机制。

三　福建省能源低碳转型对策建议

（一）优化完善政策机制

一是加快形成政策合力。出台税收优惠、补贴奖励等更具针对性的政策，构建与能源转型相适应的投融资体系，鼓励社会资本参与，减轻企业和个人在转型初期的经济负担。二是建立健全市场机制。丰富绿电交易方式，逐步引入集中式光伏等其他可再生能源，提高市场包容性；扩大碳市场覆盖行业范围，探索构建海峡两岸碳市场与碳金融跨区域合作机制，发展碳期权、碳期货等金融工具，多措并举激活碳市场。三是促进产业转型升级。发展新能源、节能环保等战略性新兴产业，形成多元化、高附加值的现代产业体系，同时促进异质结电池、锂电池、新能源汽车等产业集群发展，打造一批具有影响力的产业集群，提升区域产业协同发展水平。

（二）加快建设新型电力系统

一是加快建强主干网架。形成联结长三角、对接粤港澳、辐射华中腹地以及台湾本岛的跨省电力输送通道，实现资源广域优化配置，促进新能源并网消纳以及大电网安全稳定运行。二是加速配电网转型升级。着力提升复杂外部环境下安全保供能力，提高灵活承载多元新型源荷能力，提升配电网与煤、气、氢、风、光等资源互联转换能力，推动配电网智慧化全面升级，实现供电高可靠、源荷高聚合、信息高融合、服务高品质。三是推动电网与数字技术融合发展。构建广泛互联、数据驱动、精益敏捷、开放多元的数字电网；加大数字赋能力度，强化"大云物移智链"等技术在能源电力领域的融合创新和应用，全面提升电力系统全息感知、灵活控制、系统平衡能力，实现源网荷储全要素可观、可测、可控。

（三）扎实推进技术创新

一是鼓励各方开展技术创新。把能源转型关键技术列为省级重点科技研究课题方向，给予经费支持，充分调动企业、研究机构、高校等各方研究力量，合力突破关键技术。二是攻克新能源关键技术。以国家海上风电研究与试验检测基地落户福建为契机，攻克海上施工、远程运维、智能控制等关键技术；建设光伏国家工程研究中心，重点突破钙钛矿、异质结高效太阳能电池技术，持续提升转换效率。依托宁德时代电化学储能技术国家工程研究中心，突破大规模新型储能难题，攻克吉瓦级及以上高安全性、低成本、长寿命锂离子储能系统技术。三是研究深化数字能源技术。推动数字技术与能源融合，创新突破数字孪生电网、新能源发电实时监测、综合能源协同控制、能源需求精准预测等技术，以数字化技术助力能源智能化低碳化发展。

参考文献

徐双庆、张哲、张绚:《我国能源互联网产业发展形态与路径分析研究》,《中国工程科学》2024 年第 3 期。

李伟:《坚守能源报国初心　担当能源转型使命　以能源安全新战略引领培育新质生产力》,《中国煤炭工业》2024 年第 8 期。

吴晓方等:《南昌市能源低碳转型发展路径分析》,《能源研究与管理》2023 年第 4 期。

B.15
能源电力先行推动闽台融合发展的对策建议

张雨馨　陈津莼　李益楠　李源非*

摘　要： 2023 年，中共中央作出建设两岸融合发展示范区重要部署，推动闽台融合迈出新步伐。近年来，台湾电力供应缺口较大，面临低碳转型压力。福建作为全国首个生态文明试验区，能源结构优良且电力供应充足，低碳技术及新能源产业发展居全国领先水平。闽台在能源基础设施、能源产业、能源技术等领域具有广阔合作前景。建议循序渐进推进闽台能源"资源互通、技术互助、产业互动"，共建安全、经济、可持续能源供需体系和产业体系，为两岸绿色转型发展提供重要助力。

关键词： 两岸融合　能源转型　基础设施建设　低碳产业　低碳技术

2023 年 9 月，中共中央、国务院发布《关于支持福建探索海峡两岸融合发展新路　建设两岸融合发展示范区的意见》（以下简称《意见》），提出支持建设两岸融合发展示范区，就闽台能源基础设施互通、产业协同发展、科技创新合作等方面作出部署。福建是对台合作的重要窗口，闽台在能源供应保障、能源消费结构、能源产业发展、能源前沿技术等领域具有取长补短、融通发展的巨大合作潜力和广阔发展空间。

---

* 张雨馨，工学硕士，国网福建省电力有限公司经济技术研究院，研究方向为战略与政策、能源经济；陈津莼，工学硕士，国网福建省电力有限公司经济技术研究院，研究方向为能源经济、战略与政策；李益楠，工学硕士，国网福建省电力有限公司经济技术研究院，研究方向为能源经济、战略与政策；李源非，管理学硕士，国网福建省电力有限公司经济技术研究院，研究方向为能源经济、战略与政策。

一 闽台能源发展现状

（一）能源供应保障方面，闽台均存在一次能源匮乏问题，台湾电力供应压力大且绿电供给能力不足

一次能源供给方面，福建是"贫煤无油无气"的一次能源匮乏省份，能源供给高度依赖省外调入，一次能源自给率仅 30%[①]；台湾一次能源较福建更为匮乏，能源自给率不足 2%[②]。福建外来能源主要来自我国其他省份，能源对外依存度在 70% 以上[③]，供给相对稳定；而台湾外来能源完全依赖进口，其中自大陆进口不足 1%，且近两年切断从大陆能源进口渠道[④]，面临较大的风险。

电能供给方面，福建电力资源充沛富裕，除满足省内用电外，每年可向省外送电，2023 年外送电量达 197.6 亿千瓦时[⑤]，电网连续安全运行超 1 万天[⑥]；而台湾长期缺电，夏季高峰备用率不足 5%，2021～2022 年相继五次发生大规模停电，电力供应隐患突出。2023 年福建清洁能源装机容量、发电量占比分别达到 63%、52.9%[⑦]，稳定实现"双过半"；2023 年台湾可再生能源装机容量、发电量占比分别仅为 28%、9.5%[⑧]，低碳转型步伐缓慢。

---

① 《打造央地合作新标杆　共谱高质量发展新篇章》，"福建日报"微信公众号，2023 年 4 月 7 日，https：//mp. weixin. qq. com/s/ETXsVo10j4WPYzkvMzNrJw。

② 《朱立伦：台湾能源供应自给率不到 2%　极脆弱》，中评网，2023 年 3 月 16 日，https：//www. crntt. com/doc/1066/2/4/1/106624182. html。

③ 《福建统计年鉴 2023》，福建省统计局网站，https：//tjj. fujian. gov. cn/tongjinianjian/dz2023/indexch. htm。

④ 《中国台湾地区的能源消费与碳排放》，"节能技术简报"微信公众号，2024 年 3 月 29 日，https：//mp. weixin. qq. com/s/xKurUSOXnIj8aNX95uTCBQ。

⑤ 《国网福建电力探索构建符合地方发展特点的电力市场机制》，北极星售电网，2024 年 7 月 23 日，https：//news. bjx. com. cn/html/20240723/1390407. shtml。

⑥ 数据来源于国网福建省电力有限公司。

⑦ 《截至 2023 年底福建清洁能源装机、发电量占比均达五成以上》，中国能源新闻网，2024 年 4 月 18 日，https：//www. cpnn. com. cn/news/dfny/202404/t20240418_ 1694498. html。

⑧ 《中国台湾地区的能源消费与碳排放》，"节能技术简报"微信公众号，2024 年 3 月 29 日，https：//mp. weixin. qq. com/s/xKurUSOXnIj8aNX95uTCBQ。

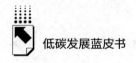

（二）能源消费结构方面，闽台能源消费均以化石能源为主，清洁低碳转型空间广阔

2023 年，福建和台湾化石能源占一次能源消费比重分别为 64.6%和 63.3%，均占主导地位；2022 年，福建和台湾二氧化碳排放分别为约 2.9 亿吨[①]、2.8 亿吨[②]，增速均放缓，但峰值尚未出现。闽台电能替代成效显著，电能作为清洁高效的终端能源，占福建与台湾终端能源消费的比重分别为 35.4%[③]和 33.5%[④]，已处于全国领先水平，未来将在能源低碳转型大局中发挥更大作用。

（三）能源前沿技术方面，台湾近年来发展缓慢，而福建多项技术已实现国际领先，技术引领优势突出

储能方面，福建拥有电化学储能技术国家工程研究中心，宁德时代已成功开发 300 瓦时/千克高镍体系电池[⑤]，国网时代福建吉瓦级宁德霞浦储能项目正式投入商用运行，整体技术水平全球领先；台湾于 2023 年 1 月投运的全岛最大储能电站容量仅 20 兆瓦[⑥]。海上风电方面，福建已下线 18 兆瓦海上风电整机，单机容量世界第一，核心部件完全国产化，我国首个国家级海上风电研究与试验检测基地开工建设[⑦]；台湾海上风电开发仍高度依赖西

---

① 由笔者根据《福建能源平衡表（实物量）》测算，详见本书《2024 年福建省碳排放分析报告》。
② "GHG Emissions of All World Countries（2023）"，European Commission，2023 年，https：//edgar.jrc.ec.europa.eu/report_ 2023。
③ 《绿能奔涌山海间 清新福建展新颜》，"电力好声音"微信公众号，2024 年 6 月 12 日，https：//mp.weixin.qq.com/s/2GT94QOnR_ aDYOFO0mHQNw。
④ 《中国台湾地区的能源消费与碳排放》，"节能技术简报"微信公众号，2024 年 3 月 29 日，https：//mp.weixin.qq.com/s/xKurUS0XnIj8aNX95uTCBQ。
⑤ 《宁德时代：动力电池技术革新的领航者》，"Apower 安普沃新能源科技"微信公众号，2024 年 8 月 17 日，https：//mp.weixin.qq.com/s/v0_ yymqMyRNzyyHCW86Jyg。
⑥ 《台湾首座光伏储能一体化、全台最大储能项目并网投运》，"综合能源服务圈"微信公众号，2023 年 1 月 11 日，https：//mp.weixin.qq.com/s/OiF1pLteGFve1v3b74McAA。
⑦ 《福建海上风电资源全国第一！我国首个国家级海上风电试验基地计划于 2024 年整体建成投运》，"福建省海洋工程咨询协会"微信公众号，2023 年 12 月 27 日，https：//mp.weixin.qq.com/s/JLLdmqpkSIoZnDHR_ w1NgA。

门子等进口设备,尚不具备整机生产技术。抽水蓄能方面,我国抽水蓄能装机容量居全球首位,在装备制造技术、工程建造水平、运营管理能力等方面国际领先,福建地区仙游抽蓄在全国首次采用全国产高水头、高转速发电机组,厦门抽蓄首次实现全站集控芯片国产化;台湾岛内现有两座抽水蓄能电站分别于1985年和1995年投产,设备老旧、技术落后,度电成本高达1.4元①,是大陆平均水平(约0.3元)的4.7倍。

(四)能源产业发展方面,福建已形成多个新能源产业集群,台湾节能环保产业更加成熟

福建在新能源领域处于领跑地位,多个产业集群加速成形。莆田、泉州等地已形成较大规模的光伏产业制造集群;宁德已成为全球最大的锂电池生产基地;兴化湾初步形成全球领先的海上风电机组整机制造、安装、试验一体化产业体系。台湾在节能环保领域先发优势突出,已形成涵盖政府、用能企业、节能服务企业、科研机构、公益组织等主体的完整产业链;福建节能减排起步较晚、基础薄弱,在节能产业的主体培育和产业链构建等方面仍有较大追赶空间。

二 闽台能源融合发展合作前景分析

《意见》指出,充分发挥福建对台独特优势和先行示范作用,善用各方资源,深化融合发展。要求打造厦金、福马同城生活圈,加快推进厦门与金门、福州与马祖通电;支持建设集聚两岸资源要素、有全球竞争力的产业基地、先进制造业集群;打造两岸生态环境科技成果转化平台。闽台可在能源电力基础设施、产业协同、科技创新等方面加速优势互补,推动闽台应通尽通迈出更大步伐。

---

① 数据来源于国网福建省电力有限公司。

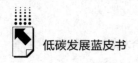
（一）基础设施互通方面，台湾海峡风电资源优渥，闽台合作开发海上风电资源前景广阔

闽台地理位置优越，台湾海峡海上风电理论蕴藏量超 2.5 亿千瓦[①]，福建省若能与台湾携手开发台湾海峡的风电资源，能够为闽台能源电力安全供应和清洁低碳转型提供可靠支撑。福建可以打造东南清洁能源大枢纽为契机，与台湾共同开发海上风电资源，构建坚强供电网络，以低碳电力保障台湾能源安全供应。

（二）先进技术合作方面，两岸能源绿色低碳转型需求迫切，打造能源技术输出高地前景广阔

闽台在优化能源消费结构、控制碳排放方面的需求同样迫切。可充分发挥福建省新能源技术引领优势，补齐台湾开发利用技术短板，以福建为窗口对台集中推广前沿技术，带动台湾能源技术提档升级，同时助力福建打造全国乃至世界级的能源技术、标准、装备输出高地。

（三）产业协同发展方面，两岸能源产业优势互补特征明显，构筑能源产业高地前景广阔

新能源产业方面，福建省正在深入推进国家新能源产业创新示范区建设，宁德锂电池、兴化湾海上风电等多个产业集群已进入全球第一方阵，可帮助台湾补齐新能源产业链短板。节能产业方面，在碳达峰、碳中和目标驱动下，节能环保将成为福建乃至全国下阶段转型发展的重点工作。台湾节能产业链完备，拥有台达集团等国际龙头企业，可助力福建节能产业提升核心竞争力，实现优势互补、协同发展。

---

① 数据来源于国网福建省电力有限公司。

三 促进闽台能源融合发展合作的对策建议

（一）推进渠道和模式创新，循序渐进探索拓展闽台能源合作新路径

一是拓宽民间合作渠道，定期举办海峡能源峰会、能源论坛等学术交流活动，鼓励宁德时代、龙净环保等福建省龙头企业和中国电机工程学会等行业协会积极邀请台湾能源环保领域的企业、协会来闽交流。同时，充分发挥在闽台商台企牵线搭桥的作用，支持闽台相关企业和行业协会以互访调研、签订合作协议等方式开展合作。二是创新入台模式，对于岛内寻求岛外合作的能源项目，探索促成福建有资质的企业和团队与岛外第三方团队合作，拓展闽台在相关领域的合作空间。

（二）统筹闽台能源互联重点项目规划建设，实现闽台能源"资源互通"

一是加快推进福建与金门、马祖通电工程，通过提供清洁、稳定、低价的电力供应，增强当地民众获得感，进而吸引集成电路、石化等需要稳定大量供电的企业在金门、马祖布局，探索打造闽台能源互通的"试验田"。二是超前论证福建向台湾本岛供能的可行性，探索建设两岸能源资源中转平台。近期以油气增储、海上运输为重点，加强相关仓储、港口建设，以福建为窗口稳步提升大陆对台输送油气、煤炭等产品规模。中长期探索通过柔性直流输电技术实现大规模海上风电、核电跨海送出，向台湾本岛提供清洁电力和系统备用空间，推动两岸能源资源互通取得新的更大突破。

（三）鼓励闽台能源领域前沿技术互通有无，实现闽台能源"技术互助"

一是通过技术支援或成套设备转移等方式支持台湾开发台湾海峡海上风

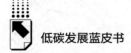

电资源以及岛内分布式能源，重点输出大容量海上风电机组、大容量电化学储能、高效率分布式光伏技术，逐步降低台湾能源进口依赖程度，保障能源安全供应。二是允许并鼓励具备比较优势的台商台企和科研单位参与福建省内科技项目，依托两地高校、能源企业以及智库机构，围绕化石能源清洁高效利用、电能替代应用场景等闽台能源清洁低碳发展的共性问题和关键技术开展联合攻关。

（四）支持闽台能源产业关键领域取长补短，实现闽台能源"产业互动"

一是在新能源产业特别是海上风电建设、综合能源服务等领域筹划实施一批闽台能源融合发展的重点工程和重点项目，共同打造闽台能源协同发展产业基地。二是充分借鉴台湾节能环保产业发展的行业主体培育、市场机制建设、技术研发推广等经验，加快引进关键领域的节能方案、环保设备等，提升福建节能环保产业核心竞争力。三是支持台湾企业通过多种渠道参与福建能源产业发展，如鼓励台湾企业来闽投资能源项目或参与能源国企混改、PPP 项目和飞地项目等。同时，探索出台审批流程精简、投资环境优化、资质标准互认等方面的支持政策，进一步加快闽台能源产业融通发展。

参考文献

苏美祥：《福建推进两岸应通尽通的路径思考》，《发展研究》2020 年第 2 期。
李晖等：《多时空尺度的两岸电力能源互联互补发展分析》，《海峡科学》2022 年第 4 期。

B.16
新型电力系统减碳贡献评估分析

陈　彬　陈柯任　陈劲宇*

摘　要： 新型电力系统是2021年3月习近平总书记首次提出应对"双碳"目标的重要举措，随后国家能源局发布了《新型电力系统发展蓝皮书》等一系列政策文件和举措，全力推动新型电力系统建设，助力"双碳"目标实现。为了探索一种测算新型电力系统减碳贡献的方法，本报告建立新型电力系统减碳贡献测算模型，并以福建省为例进行实证分析，结果显示新型电力系统建设对福建省全社会的减碳贡献突出，2023年减碳贡献量为5293.8万吨。下一步，建议在新型电力系统各环节同步推进相关工作，助力新型电力系统减碳持续深入。

关键词： 新型电力系统　减碳贡献　源网荷储

一　新型电力系统减碳贡献测算模型

本报告基于源网荷储各环节减碳原理和碳排放责任分摊机制，建立新型电力系统减碳贡献测算模型，共包含三部分，一是从总体角度，测算新型电力系统对全社会的减碳贡献量；二是从不同环节角度，测算源网荷储四个关键环节的减碳贡献量；三是从支撑建设主体角度，测算包括电网企业、发电企业在内的各类主体的减碳贡献量，并进行对比（见图1）。

---

* 陈彬，工学博士，教授级高级工程师，国网福建省电力有限公司经济技术研究院，研究方向为能源战略与政策、电网防灾减灾；陈柯任，工学博士，国网福建省电力有限公司经济技术研究院，研究方向为能源经济、低碳技术、战略与政策；陈劲宇，工学硕士，国网福建省电力有限公司经济技术研究院，研究方向为能源战略与政策、低碳技术。

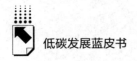
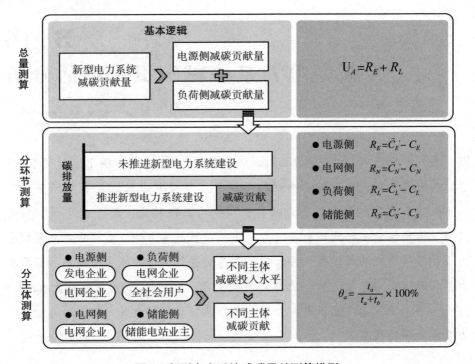

图 1　新型电力系统减碳贡献测算模型

（一）新型电力系统对全社会的减碳贡献量

新型电力系统对全社会的减碳贡献直接体现为电源侧由化石能源转化为清洁能源、全社会用户从使用化石能源转为使用电能，而电网、储能等中间环节不直接对全社会减碳。因此，新型电力系统对全社会的减碳贡献量即为电源侧减碳贡献量和负荷侧减碳贡献量之和。

$$U_A = R_E + R_L \qquad\qquad (1)$$

式中：U_A 为新型电力系统减碳贡献量，R_E 为电源侧减碳贡献量，R_L 为负荷侧减碳贡献量。

（二）源网荷储关键环节减碳贡献量

新型电力系统各环节减碳贡献量体现为未推进新型电力系统建设时的排

放量与推进新型电力系统建设后实际排放量的差值。具体而言，各环节的减碳贡献量为：

$$R_E = \tilde{C}_E' - C_E \tag{2}$$

$$R_N = \tilde{C}_N' - C_N \tag{3}$$

$$R_L = \tilde{C}_L' - C_L \tag{4}$$

$$R_S = \tilde{C}_S' - C_S \tag{5}$$

式中：R_E，R_N，R_L，R_S 分别为源、网、荷、储环节的减碳贡献量，$\tilde{C}_E'$，$\tilde{C}_N'$，$\tilde{C}_L'$，$\tilde{C}_S'$ 分别为未推进新型电力系统建设时的源、网、荷、储环节碳排放的估计值。

由于 $R_A = R_E + R_N + R_L + R_S$ 存在重复计算的问题，因此 $R_A > U_A$。为了简化计算，按照占比情况来计算源网荷储环节的实际减碳量，即：

$$U_E = U_A \times R_E / R_A \tag{6}$$

$$U_N = U_A \times R_N / R_A \tag{7}$$

$$U_L = U_A \times R_L / R_A \tag{8}$$

$$U_S = U_A \times R_S / R_A \tag{9}$$

式中：U_E，U_N，U_L，U_S 分别为源、网、荷、储环节对全社会的减碳贡献量。各个环节的具体计算流程如下。

1. 电源侧减碳贡献量

电源侧减碳贡献量的来源主要包括化石能源使用对应的碳排放量减少，包括两部分：一是区域电力系统内清洁能源替代部分煤电，实现碳排放降低；二是区域间交换电量的变化，若向区域外净送出高碳排因子电力，可促进间接碳排放量的降低。

$$C_E = \sum_{i=1}^{n} \delta_{G,i} (Q_{G,i0} + \Delta Q_{G,i}) + \sum_{j=1}^{m} \delta_{N,j} T_j - \sum_{k=1}^{l} \delta_N T_k \tag{10}$$

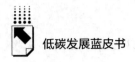
$$\tilde{C}_E' = \sum_{i=1}^{n}(\delta_{G,i}Q_{G,i0} + \delta_{G,coal}\Delta Q_{G,i}) + \sum_{j=1}^{m}\delta_{N,j0}T_j - \sum_{k=1}^{l}\delta_{N0}T_k \tag{11}$$

式中：$Q_{G,i0}$，$\Delta Q_{G,i}$ 分别为第 i 种电源基准期发电量和当期新增发电量，$\delta_{G,i}$ 为第 i 种电源的碳排放因子，$\delta_{G,coal}$ 为煤电的碳排放因子。T_j 为第 j 个区域输入本区域的电量，$\delta_{N,j0}$，$\delta_{N,j}$ 分别为第 j 个区域在基准期和当期的电网碳排放因子；T_k 为本区域向第 k 个区域输出的电量，δ_{N0}，δ_N 分别为本区域基准期和当期的电网碳排放因子。

2. 电网侧减碳贡献量

电网侧减碳贡献量体现为线损电量下降以及碳排放因子降低带来的碳减排。

$$C_N = \rho(Q_{F0} + \Delta Q_F)\delta_N \tag{12}$$

$$\tilde{C}_N' = \rho_0(Q_{F0} + \Delta Q_F)\delta_{N0} \tag{13}$$

式中：ρ_0，ρ 分别为基准期与当期的电力系统线损率，Q_{F0}，ΔQ_F 分别为基准期上网电量和当期新增上网电量。

3. 负荷侧减碳贡献量

负荷侧减碳贡献量体现在新型电力系统建设中终端电气化率不断提升，终端使用电能相对于直接使用化石能源实现的碳减排。

$$C_L = \delta_N Q_{L0} + \delta_N \Delta Q_L \tag{14}$$

$$\tilde{C}_L' = \delta_{N0} Q_{L0} + \delta_{L0} \Delta Q_L \tag{15}$$

$$\delta_{L0} = \frac{\sum_{i=1}^{ne}\delta_{Ei}E_i}{\sum_{i=1}^{ne}E_i} \tag{16}$$

式中：δ_{L0} 为基准期负荷侧电能之外的其他能源平均碳排放因子，δ_{Ei} 为除电能外第 i 种能源 E_i 的碳排放因子；Q_{L0}，ΔQ_L 分别为负荷侧基准期用电量和当期新增用电量。

4. 储能侧减碳贡献量

储能系统的充电可以视为吸收了相应电量的碳排放，并在用电高峰时段释放。若没有储能，则需要煤电在用电高峰时段额外发电，导致额外的碳排放，而用电低谷期间仅仅是多余的清洁能源被浪费了，并没有降低碳排放。因此，储能侧减碳贡献量体现为储能在用电低谷时段充电、用电高峰时段放电产生的减排效应。

$$C_S = \delta_N (Q_{sc} - Q_{sd}) \tag{17}$$

$$\tilde{C}_S' = \delta_{G,coal} Q_{sd} \tag{18}$$

式中：Q_{sc}，Q_{sd} 分别为储能充电与放电电量。

（三）不同主体推动新型电力系统建设减碳贡献测算

新型电力系统减碳贡献主体包括发电企业、电网企业、全社会用户、储能电站业主共 4 类。为科学核定不同主体的减碳贡献程度，本报告借鉴碳排放责任分摊机制①的基本思路开展减碳贡献分摊机制设计，碳排放责任分摊机制认为碳排放责任应由生产者和消费者共同承担（经济贸易往来导致生产者和消费者均有所收益），并根据区域经济效益这个关键因素界定二者分别承担的责任比重。

对比来看，减碳贡献分摊机制认为，新型电力系统减碳贡献是发电企业、电网企业、全社会用户、储能电站业主 4 类主体共同贡献的结果，源网荷储每个环节按照该环节的减碳来源明确分摊贡献的主体，分摊的关键核心因素则是该环节核心主体的减碳投入水平（见表 1、表 2）。

表 1　涉碳分摊机制基本原理

分配机制	核心理念	分配原则	关键因素
碳排放责任分摊机制	责任共担	受益原则	区域经济效益
减碳贡献分摊机制	贡献共享	投入原则	减碳投入水平

---

① 碳排放责任分摊机制由日本环境学者 Y. Kondo 于 1998 年首次提出，是目前各行业碳排放核算中可使用的科学性最强的理论方法。该机制从公平视角出发，认为区域碳排放责任应由生产者和消费者共同承担，并界定了二者分别承担的责任比重算法。

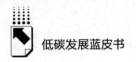

表2　新型电力系统不同环节减碳贡献主体

新型电力系统环节	减碳贡献主体
电源侧	发电企业、电网企业
电网侧	电网企业
负荷侧	电网企业、全社会用户
储能侧	储能电站业主

借鉴碳排放责任分摊机制，本报告提出减碳贡献分摊算法，不同减碳主体的减碳贡献主要由减碳投入水平决定：

$$\theta_a = \frac{t_a}{t_a + t_b} \times 100\% \qquad (19)$$

式中：θ_a 为主体 a 的减碳贡献率，t_a、t_b 为主体 a、b 的减碳投入水平。

二　新型电力系统减碳贡献分析

基于上述模型，测算 2021~2023 年福建省新型电力系统减碳贡献，结果如下：

（一）总体看，新型电力系统对全社会的减碳贡献突出，2023年减碳贡献量为5293.8万吨，为实现碳达峰奠定了重要基础

2021~2023 年，福建省新型电力系统建设持续加快，清洁发电量占比提升了 4.2 个百分点，电气化水平提升了 3.9 个百分点，新型电力系统对全社会的减碳贡献量分别达 2142.5 万吨、4480.2 万吨、5293.8 万吨，逐年递增态势明显。若不考虑新型电力系统建设，2023 年福建省碳排放将增长至 3.67 亿吨，排放规模是现状的 1.17 倍、排放增速是现状的 1.26 倍，将极大增加福建省碳达峰难度（见图2）。

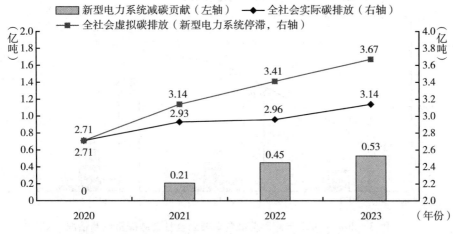

图2　2020~2023年福建新型电力系统对全社会的减碳贡献

（二）分环节看，新型电力系统减碳贡献中电源、负荷两侧占比分别为67.3%和27.9%，其中核电在电源侧减碳贡献量占比为47.7%

2023年，新型电力系统电源侧、电网侧、负荷侧和储能侧对全社会的减碳贡献量分别为3563.9万吨、45.0万吨、1478.1万吨和206.9万吨二氧化碳，分别占新型电力系统对全社会减碳贡献量的67.3%、0.9%、27.9%和3.9%（见图3）。电源侧减碳贡献量最大，主要归功于核电（占电源侧减碳贡献量的47.7%，下同）、风电（22.1%）、水电（18.1%）、光伏（12.1%）等清洁电源发电量持续增长；负荷侧减碳贡献量位居其次，主要归功于电能替代减少了全社会化石能源的使用。

（三）分企业主体看，发电企业、电网企业在新型电力系统中减碳贡献最大，贡献程度分别为41.8%、34.0%

新型电力系统对全社会的减碳贡献量中，电网企业的减碳贡献量占比达34.0%（见图4），相当于2023年对福建省贡献1799.9万吨的减碳量。具体来看，电源侧，发电企业既提供清洁电量，又保障充足电力电量供应，减

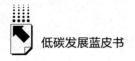

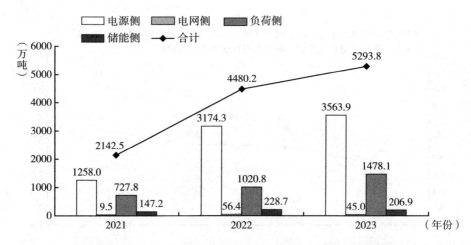

图3 2021～2023年源网荷储各环节对全社会减碳贡献量情况

碳贡献量占比之和达 61.7%，其中中国华电、国家能源集团、中核集团贡献量占比分别为 8.5%、8.5%、5.3%。电网企业在电源侧的减碳贡献量占比达 38.3%，主要来源为新能源并网持续投入、保障电力电量平衡供应，同时福建省电网企业拥有水电站等部分清洁电源。在电网侧，电网企业通过自身低碳调度和减少高耗能输变电设备使用，减碳贡献量占比达 100%。在

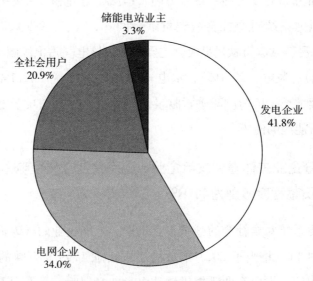

图4 国网福建电力在新型电力系统中的减碳贡献量占比情况

负荷侧，电网企业积极推动电能替代，减碳贡献量占比达 24.4%。在储能侧，电网企业减碳贡献量占比为 12.6%，低于中国华电（31.1%）、福建投资集团（27.9%）等储能电站业主。

三　进一步推动新型电力系统减碳的建议

（一）加大电网投资和输配电价政策支持

电网企业是新型电力系统建设中减碳贡献最大的单个主体之一，是电源清洁化和终端电气化的主要贡献者，为支撑减碳需投入较大的电网建设和系统运行成本。同时，后续加速减碳阶段更有必要增强电网投资建设并有效实现成本疏导。建议加大电网投资和输配电价政策支持，保障新型电力系统建设的可持续性。

（二）为电力系统碳达峰适当保留窗口期，保障电力系统安全稳定转型

贡献量测算表明，负荷侧通过大量的电能替代推动碳排放转移至电力系统，一定程度上给电力系统碳达峰进程增加了难度和不确定性，同时给电力安全保障带来不确定性和压力。建议围绕碳达峰、碳中和规划目标，分析新能源发展和电能替代规模，测算达峰所必要的煤电支撑，保留一定的煤电等备用和调节电源，同时保留必要的达峰时间，避免因大量碳转移和碳达峰压力而出现电力供应困难。

（三）聚焦源荷两侧清洁低碳发展，持续增强新型电力系统减碳作用

新型电力系统减碳贡献集中在源荷两端，建议一方面聚焦新能源上网薄弱点，持续提升电网对海上风电、分布式光伏等新能源并网的承载力水平，重点加强沿海海上风电集中并网地区、南部农村分布式光伏集中并网地区的

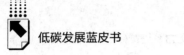
电网网架;另一方面针对新能源汽车、工业节能减碳等典型电能替代场景,强化配网调控和互动,推动全社会加快转变用能方式,实现节能降碳。

参考文献

胡壮丽、罗毅初、蔡航:《城市电力行业碳排放测算方法及减碳路径》,《上海交通大学学报》2024 年第 1 期。

郝伟韬等:《源网荷储互动减碳研究综述》,《广东电力》2023 年第 11 期。

徐菁:《新型电力系统低碳发展潜力评估方法》,硕士学位论文,华中科技大学,2022。

李长健:《抽水蓄能电站减碳效益研究》,《水电与抽水蓄能》2021 年第 6 期。

冷俊、薛禹胜:《"双碳"目标下,新型电力系统发展路径的优化思路》,《广西电业》2021 年第 12 期。

林丽平:《国网福建电力:"五个示范"加快新型电力系统建设》,《中国电业》2021 年第 9 期。

叶强等:《"碳中和"愿景下的四川电力减碳路径构想》,《四川电力技术》2021 年第 2 期。

国际借鉴篇 ⟩⟩

B.17

美德两国能源低碳转型路径比较及启示

陈晚晴　陈津莼　蔡期塬*

摘　要：　资源禀赋及能源战略是影响低碳转型路径的重要因素。充分考虑资源禀赋、产业结构和政治经济环境等条件，美国、德国分别通过推动页岩气的发展和使用、大规模发展可再生能源促进能源低碳转型，此外，两国均从建设能源基地、完善相关能源设施及壮大相关产业等方面入手，协同推动能源低碳转型。结合福建省情，建议福建省下一步应以清洁替代加速摆脱化石能源依赖，同步打造多元保障的能源基地、布局互联互通的现代能源设施、壮大海上风电等现代能源产业。

关键词：　美国　德国　能源低碳转型

---

* 陈晚晴，工学硕士，国网福建省电力有限公司经济技术研究院，研究方向为能源经济、能源战略与政策；陈津莼，工学硕士，国网福建省电力有限公司经济技术研究院，研究方向为综合能源、能源战略与政策；蔡期塬，工学硕士，国网福建省电力有限公司经济技术研究院，研究方向为战略与政策、改革发展。

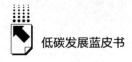

在全球低碳发展的进程中，能源作为碳排放的主要领域，其绿色低碳转型受到广泛重视。美国、德国作为发达国家和能源消费大国，由于在资源禀赋、能源战略等方面存在巨大差异，两国在推动能源低碳转型的方式上也各具特色。

一 美国：传统资源型大国的转型之路

（一）基本情况

作为资源型大国，美国的能源转型特征是侧重天然气的发展和使用，并通过发展可再生能源减少对进口能源的依赖。这是美国在能源安全动机的驱动下实施能源转型战略的必然选择。

1. 从资源禀赋看，美国具有丰富的煤炭和油气资源

美国煤炭储量位居全球第一，东部地区的阿巴拉契亚煤田是世界产量最大的煤田之一。美国石油、天然气产量均居世界首位，其中石油产量占全球石油产量的17%左右，天然气产量占全球天然气产量的23%左右。近年来，随着页岩气、页岩油的大规模开发和相关产业的迅速发展，美国进一步增强了能源供给能力，基本实现了能源独立，具有较强的能源安全保障能力和国际能源影响力。

2. 从能源战略看，美国着重追求能源独立以维护国家能源安全

1973年石油危机以来，美国高度重视能源独立，大力调整能源政策和能源结构，于《1978年国家能源法案》《1980年能源安全法案》等法律文件中突出了增加能源供应、发展新能源等要求。经历2004年持续的高油价后，美国在《2005年能源政策法案》中再度强调对于可再生能源的发展要求，并提出要降低能源国际依存度。美国政府于2017年初提出"美国优先能源计划"，明确要加快开发本土页岩油气、复兴煤炭工业、摆脱对进口石油的依赖；但同时关注能源开发利用过程中的环境保护，提出能源发展以保护环境为先、要发展清洁煤电技术等要求。

（二）主要做法

1. 能源结构上，美国依托丰富的页岩气打造以气为主的供给和消费体系

能源供给侧，2022 年美国一次能源生产总量为 37 亿吨标准煤，化石能源、非化石能源产量分别占比 81.8%、18.2%[①]，其中天然气占比达 35.4%，是美国主要的能源供给来源。发电结构上，2022 年美国气电、可再生能源、煤电、核电发电量占比分别为 40.0%、21.5%、19.5%、18.2%，天然气发电占主导地位，且仍呈现加快增长态势；同时，光伏、风电等可再生能源发电量也呈现快速攀升态势，并于 2022 年首次超过煤电发电量（见图 1）。能源消费侧，美国大力推动天然气消费，2022 年天然气消费占比 33.3%，较2000 年提升 7.3 个百分点，同期煤炭和石油的消费占比分别为 9.9% 和35.7%，分别下降 14.7 个和 0.7 个百分点，可再生能源占比 13.1%、核能占比 8.0%。天然气消费的大幅提升推动美国单位产值能耗降至 1.28 吨标准煤/万美元[②]，低于世界平均水平。

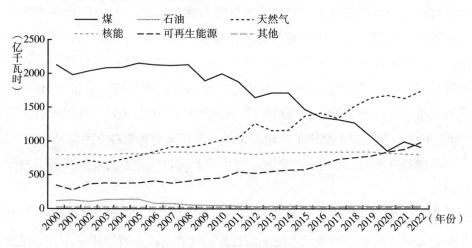

图 1　2000~2022 年美国发电结构

---

① 本报告涉及的能源数据来源于国际能源署（IEA）。
② 数据来源于世界银行统计数据库。

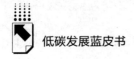

2. 能源基地上，美国通过技术革命打造世界级页岩气基地，以丰富低价的页岩气助推能源清洁转型

页岩气是指储藏在页岩层岩缝里的天然气，1981~1998 年，美国米歇尔能源公司开发了水力压裂和水平井技术，实现了页岩气规模化商业开发，称为"页岩革命"。"页岩革命"推动美国成为世界第一大天然气和原油生产国，美国也从能源进口国转变为出口大国，改变了全球油气供给格局。2023 年，美国页岩气产量增至约 8357 亿立方米，占全国天然气产量的 78%[①]。大规模的产量及相对较低的价格，使得天然气能够持续替代高污染燃料、支撑新能源规模化发展，成为支撑美国经济社会全面绿色转型的重要能源。

3. 能源设施上，美国建立大规模、广覆盖的天然气管道，保障了天然气大范围便捷运输

美国是全球天然气管道技术最为先进的国家，其天然气管网由约 480 万公里的主线和其他天然气生产区域管道支线组成，管道总长度位居全球第一。从发展历程看，20 世纪 50 年代中期至 70 年代是美国管道建设发展最快的时期，1966 年美国的全国性天然气管网逐步形成，本土 48 个州全部通气；70 年代开始，美国管网建设进入平稳发展期，80 年代之后，美国的主干管道发展则以产区至干线的联络线，州际、州内的联络线建设为主；90 年代后，为了满足新的商业设施和住宅开发需要，美国增加了超过 36 万公里的新管道，以满足人们对天然气供应的需求。因此，美国的天然气管道为"页岩革命"加速发展奠定了基础，也推动美国走向能源独立及清洁转型。

4. 能源产业上，美国完善产业政策体系为页岩气产业的发展提供了制度保障

为了扶持页岩气产业，美国出台了包括税收减免与补贴、金融扶持、科技研发监管等政策，形成了系统全面且针对性强的产业政策体系，有力促进

---

① 《美国页岩油气资产成为新一轮收并购的焦点》，"石化行业走出去联盟"微信公众号，2024 年 5 月 18 日，https://mp.weixin.qq.com/s?__biz=MzI4MTEzOTMwNQ==&mid=2247655103&idx=7&sn=1f54f59fd8bae3ac229ef25821ed5ed4&chksm=ea36b2ffee589022616b993ecc260bf5f2b8ce8b1655cff3e08eb5b6b89f3b5f273ee95062ed&scene=27。

了页岩气产业的发展，也给美国带来了就业、经济增长、能源转型等实实在在的利益。价格激励方面，美国将页岩气、煤层气、致密气等非常规天然气划归"高成本"天然气，给予较高的管制价格上限，并多次对页岩气等非常规能源税收减免适用条件和减免额度进行调整，促进勘探和生产。科研方面，美国政府成立了非营利性研究机构，开展非常规能源技术研究，资助研发水平井钻井、水平井多段压裂、清水压裂等技术，这些先进技术的规模化应用提高了页岩气产量，降低了开采成本。环境保护方面，随着页岩气开采规模的扩大，美国对页岩气生产的环境监管开始趋严，措施涵盖了从钻井勘探到生产、废水处理再到气井的遗弃与封存等页岩气开发全过程。

二 德国：非资源型国家的转型之路

（一）基本情况

德国自身能源储备较为匮乏，大力发展可再生能源是其能源转型的主要策略。

从资源禀赋看，德国能源储备以煤炭为主，油气对外依存度较高。德国石油和天然气资源匮乏，对外依存度保持在 90% 左右。煤炭资源虽较为丰富，但以低燃值、高污染的褐煤为主，质量较高的硬煤已开发殆尽，环境压力较大。太阳能资源禀赋一般（约 1528 小时/年），但风能资源较好，北部北海及波罗的海海域的海上风电发展空间巨大。

从能源战略看，德国聚焦大力发展可再生能源和不断提高能源效率。早在 20 世纪 80 年代，德国就提出了发展可再生能源的相关战略，1991 年颁布的《电力入网法》成为其第一部鼓励发展可再生能源的法规，规定电网经营者须优先购买风电。到了 2000 年，《可再生能源法》出台，成功启动德国光伏市场，拉开了可再生能源产业高速发展的序幕，随后共进行六次修订和补充。2010 年，德国《能源方案》发布，阐述了德国中长期能源发展规划，明确了能源转型的发展路径，提出到 2050 年德国可再生能源消耗量占全部一次能源消耗量的比重达60%。2014年12月，德国政府批准了《气候行动计划2020》，其中包括100多项措施，诸如《能源效率国家行动计划》（NAPE）、《环境友好建设和房屋战略》等，并于2016年、2019年先后发布了《气候行动计划2050》《气候行动计划2030》，明确了能源转型的路线及具体政策措施。

（二）主要做法

1. 能源结构上，德国大力推进能源绿色转型，可再生能源比重加速攀升

德国能源转型经历了从煤炭到油气、从油气到核电、从核电到可再生能源三个阶段。2022年，德国可再生能源消费占比18.7%、化石能源消费占比78.0%。第一次能源转型（煤炭—油气，1962~1974年）：1962年以前，德国能源以煤为主，煤电占比最高达85%，随后通过"新东方政策"与苏联建立了包括石油、天然气等在内的能源合作，石油和天然气发电比重分别从4.7%和0.1%提高至14.3%和12.0%。第二次能源转型（油气—核电，1975~2004年）：在1973年石油危机后，德国采取了"竞争性加速转型"的能源政策应对石油供应不安全的问题，大力发展核电，核电比重从1975年的7.1%提高至2004年的27.3%。第三次能源转型（核电—可再生能源，2005年至今）：德国出于对能源安全的考虑，"弃核"的同时大力发展新能源，2023年4月，德国关停境内最后一座核电设施，核电彻底退出德国电力舞台。2023年，德国在总发电量下降9.1%的背景下，可再生能源发电逆势上涨，可再生能源发电总装机容量增加了17吉瓦，较2022年增长12%，发电量较2022年增长7.5%，发电量占比达56%[①]。

2. 能源基地上，德国推动海上风电集中连片开发利用，形成区域化海上风电基地

德国持续推动海上风电基地建设与对外交流合作。一是统筹规划，推进海上风电集中布局。2009年，德国政府开始对海上风电进行统筹管理，规

---

① 李雨旻：《德国加快推进能源转型》，《中国能源报》2024年1月29日。

定所有海上风电场均应建在专属经济区内，包括北海和波罗的海两处海域。
2013 年，德国联邦海事和水文局（BSH）发布《2030 年北海海上风电规
划》，明确可开发容量 21.3 吉瓦，2030 年目标装机容量 15 吉瓦。此外，
BSH 还与售电运营商合作，规划了所有海上换流站的位置、并网直流送出
海缆走向、风电场至换流站交流送出海缆走向等。二是加强合作，联合打造
欧洲最大绿色能源基地。2023 年，德国与比利时、丹麦、法国等九国共同
宣布大力推进北海风电发展，目标是到 2030 年，将北海附近国家的海上风
电装机容量提高到 120 吉瓦，2050 年提高至 300 吉瓦以上，并将北海打造
成"欧洲最大的绿色能源基地"。

3. 能源设施上，德国打造广泛互联和智能感知的电网，提升电力供应可
靠性

德国作为新能源发电占比较高的国家，注重打造坚强智能电网，积极应
对新能源出力随机波动带来的电网安全稳定问题。一是跨境互联互通，平抑
新能源出力波动。德国通过 32 回线路与周边瑞士、奥地利、捷克、荷兰、
波兰等九国实现电网互联，进行常态电力交换，扩大了国内电力平衡区域，
分摊了国内新能源发电随机性造成的不利影响，有力支撑了德国电力系统安
全经济运行。二是电网智能化发展，提升感知控制力。德国智能电网建设已
从早期的输配电自动化，拓展到电力行业全流程的智能化、信息化、分级化
互动管理，以保障新能源高效充分利用和电力系统安全稳定运行。据西门子
公司统计，到 2020 年德国电网已完成超过 4000 万套终端安装，不仅能够实
现电网核心设备的状态监测，而且具备能效诊断、网荷智能互动等功能。

4. 能源产业上，德国打造全球领先的海上风电产业，掌握能源转型核心
技术

德国致力于推动海上风电产业的发展，为海上风电发展夯实基础，进一
步助力能源转型。德国拥有全球知名的风机制造商和风电技术，拥有舍弗
勒、西门子等多家全球性风机设备制造龙头企业，风机轴承及整机制造市场
占有率居全球前三，其中西门子在欧洲风电市场占有率高达 68%，是欧洲
风电最主要的制造企业。海上风电送出技术方面，德国北海海域的海上风电

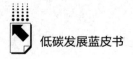

场集群中，DolWin1 是世界上第一个电压等级达 320 千伏的海风柔直输电工程项目，DolWin2 是已投运海风柔直送出工程中输送功率最大的工程，DolWin5 是世界上第一个无需海上升压站的海风柔直送出工程。

三　对福建省能源转型的启示及建议

美德在能源转型进程中均立足自身资源禀赋、产业结构和政治经济环境等条件，在推动传统能源清洁化使用的同时适度发展清洁能源，从而推动能源体系由化石能源转向非化石能源、由高碳向低碳过渡，最终实现绿色清洁发展。福建省"贫煤无油无气"，但拥有丰富的清洁能源资源，总体应以清洁替代加速摆脱化石能源依赖，用好风电、光伏、水电、核电等清洁能源资源，推动清洁低碳转型。

（一）产储结合，打造多元保障的能源基地新格局

要多措并举打造各类能源基地，增强清洁能源供应能力，为能源转型提供保障。能源生产方面，结合福建省能源资源优势，着力打造海上风电基地、核电基地；能源储备方面，立足当前仍然以化石能源消费为主的基本省情，稳住能源保供基本盘，着力打造煤炭、天然气等化石能源储备基地，提升福建省能源资源保障能力。

（二）广域配置，打造互联互通的能源设施新格局

要通过建强基础设施，有力提升能源资源保障能力，推动清洁能源资源在更大范围内消纳，形成大范围互联、广域时空互补、多品种能源互济的智慧能源网。输配电设施方面，要切实落实新型电力系统建设的总体要求，积极打造东南能源大枢纽，完善省际电网联络，增强省际电力互济能力，支持清洁能源基地电力外送；优化省内网架结构，提升关键断面潮流输送能力。油气管网设施方面，加快形成"省内环网""三纵两横"，并衔接长三角、粤港澳、中西部的主干气网结构，全面织密能源输送网络。

（三）科技赋能，打造既优又强的能源产业新格局

要聚焦高水平科技自立自强，以科技创新塑造发展新优势。发挥先进石化、海上风电、核能等产业优势，通过项目开发和龙头企业带动、技术创新引领，全力建链强链补链延链，推进能源产业集聚化、高端化发展。同时加快培育氢能、储能等新兴产业，建设省内差异化布局、国内领先的能源产业集聚区，蓄力打造布局优、韧性强，能够辐射全国乃至全球的完备能源产业体系。

参考文献

林绿等：《德国和美国能源转型政策创新及对我国的启示》，《环境保护》2017年第19期。

朱彤、王蕾：《国家能源转型：德、美实践与中国选择》，浙江大学出版社，2015。

侯梅芳、潘松圻、刘翰林：《世界能源转型大势与中国油气可持续发展战略》，《天然气工业》2021年第12期。

王瑞彬：《当前美国应对气候变化的战略分析》，《人民论坛》2021年第31期。

谢湘宁：《美国能源政策的党派色彩》，《中国石油和化工产业观察》2022年第12期。

吴雪：《拜登政府能源新政：动因、特点与困境》，《中国石油大学学报》（社会科学版）2022年第6期。

B.18
欧美"低碳壁垒"对福建省的影响及建议

施鹏佳 林晗星 蔡期塬*

摘 要： "双碳"目标下，世界进入了以低碳经济与低碳技术为核心的"综合碳实力"竞争与合作博弈新时期，应对气候变化已经成为影响国际关系和贸易竞争的新热点。欧美等发达国家正试图围绕"气候"和"碳排放"建立新的国际贸易规则。在经历了新冠疫情、地缘政治冲突和能源危机后，"低碳壁垒"正逐步成为国际贸易中的新型技术性贸易壁垒。2024 年，欧盟新电池法正式实施，碳边境调节机制（CBAM）已进入过渡期，美国《清洁竞争法案》（CCA）逐渐成形，"低碳壁垒"的加速构建将对福建省产业发展、对外贸易及产业链供应链安全产生长期冲击。欧盟、美国是福建省主要贸易对象，福建省应把握过渡期时机，加强前瞻布局，超前谋划"低碳壁垒"应对措施。

关键词： 低碳壁垒 低碳转型 对外贸易

一 欧美"低碳壁垒"政策设计

（一）政策目的

全球各国碳中和承诺的"软约束"正转化为"硬约束"。欧美"低碳壁

---

* 施鹏佳，工学硕士，国网福建省电力有限公司经济技术研究院，研究方向为配网规划、企业管理；林晗星，工学硕士，国网福建省电力有限公司经济技术研究院，研究方向为能源经济、战略与政策；蔡期塬，工学硕士，国网福建省电力有限公司经济技术研究院，研究方向为战略与政策、改革发展。

全"表面上是为应对气候变化和温室气体减排采取的措施，通过监管碳足迹（产品全生命周期碳排放）等，防止碳密集型产业由高碳税国家转移到低碳税国家，助力实现全球总控碳目标。但实质是一种以环保名义设置的新型贸易限制手段，为达成本国减排目标、维持自身产业优势，强制进口产品采用欧美等发达国家碳排放标准，迫使贸易国尤其是新兴发展中国家承担碳排放的经济成本。

（二）表现形式

1. 以征收碳关税为代表的关税壁垒

根据商品的碳排放量征收高额关税限制商品进口。欧盟 CBAM 碳关税计算与碳排放强度和碳价直接相关，根据碳足迹向进口商品征收碳关税，并将电力碳排放强度作为间接排放计算的重要依据，当前处于过渡期，企业出口产品到欧盟需要报告碳足迹信息，正式实施后，企业按照进口国碳价购买和抵消 CBAM 证书。英国 CBAM 根据出口国碳价和英国行业碳价差额直接计算碳关税，不涉及排放证书的购买或交易，将从 2027 年起正式实施。美国 CCA 拟向碳排放水平高于美国基准的进口产品征收碳关税，从 2024 年开始对超过基准线的部分征收 55 美元/吨的碳关税。

2. 以设置绿色贸易准入门槛为代表的非关税壁垒

未考虑碳市场定价，直接决定产品是否允许进口。碳足迹标签要求在商品上附加标签，显示其在原材料采购、生产、包装、运输、使用等生命周期中的碳排放量，以便消费者做出环保选择，百事、IBM、宜家等公司要求供应商产品必须带有碳足迹标签。欧盟新电池法要求动力电池企业按照欧盟产品环境足迹（PEF）标准，完成电池全生命周期的碳足迹报告、认证、披露，法规已正式生效并分阶段实施。欧盟《循环经济行动计划》（CEAP）要求产品减少资源消耗和碳足迹，建立产品数据库和数字产品护照，披露可持续性信息。

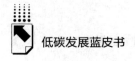

（三）覆盖范围

1. 高碳行业

如欧美碳关税政策覆盖行业均包括钢铁、铝、水泥等，这类行业整体上对发达国家进口大于出口，碳排放水平较高且排放量相对容易测算，CBAM今后将逐步纳入欧盟碳市场下的所有行业。

2. 清洁行业

如欧盟新电池法针对动力电池等电池产品，法国、意大利、瑞典等国家都对光伏产品的碳足迹提出要求，这类行业与绿色转型直接相关，"低碳壁垒"政策手段则更为丰富。

二 "低碳壁垒"对福建省影响分析

（一）对外贸易影响

1. 降低出口产品竞争力

福建省高载能行业碳足迹水平普遍高于欧美发达国家，出口产品中短期或面临高额碳关税，国际竞争力减弱，影响在欧美市场的份额。直接排放上，福建省碳排放强度较高，分别约为欧盟、美国的 2.5 倍、2.1 倍[①]。间接排放上，欧美国家尚未更新使用中国及福建省级较低的电力排放因子，对中国绿证认可使用水平较低，绿电交易认可尚未明确。此外，福建省电力清洁化水平虽然较高，但装机占比达两成的水电绿色属性暂未在欧盟"低碳壁垒"政策中明确。

2. 压缩企业利润空间

一方面，为满足欧美碳关税及绿色贸易准入门槛要求，实现符合要求的

---

① 福建省碳排放相关数据为笔者测算，其中能源碳排放系数来源于中国碳核算数据库（CEADs），能源消费数据来源于《福建能源平衡表（实物量）》。

碳标签、碳减排认证等,纺织、"新三样"等行业企业需额外增加技术改造、绿电消费等生产和管理成本。另一方面,钢铁等上游产品碳关税成本将传导至福建省下游制造业企业,福建省企业可能进口价格较高的低碳原料替代品,间接抬高产品出口成本。

3. 影响出口贸易结构和贸易方式

2023 年,福建省对欧盟和美国出口合计占全省总出口的 34.6%[①],其中,福建省对欧盟和美国出口中劳动密集型产品占比达 28.2%,主要为机电和纺织等劳动密集型产品,均为发达国家碳泄漏重点关注行业,可能成为征税对象。一是为规避碳关税,部分企业可能减少欧美出口订单,或以牺牲效率来调整供应链布局,转向建设海外生产基地等海外投资方式,外资企业可能被迫转移福建省内产能。二是欧盟新电池法、法国光伏认证等都只认可欧盟的电力排放因子数据库,其中中国电力排放因子数据约为实际值的 2 倍,出口欧盟产品未来可能因无法满足碳足迹限值被迫退出市场。三是劳动密集型产品技术门槛较低、易被替代,且主要由中小企业生产,对外部环境变化较为敏感,"低碳壁垒"将助推劳动密集型和资源密集型产业向技术密集型产业转变,带动技术密集型产业占比增加。

(二)全省用能影响

1. 对绿电供应需求加大

当前绿电消费比重已成为外贸谈判重要筹码,福建省已开放集中式光伏、陆上风电、海上风电平价项目参与绿电交易,2023 年以上三类绿电总发电量为 220 亿千瓦时,但可交易的平价项目绿电量仅 22 亿千瓦时左右[②],不及宁德时代 2023 年全年用电量(27 亿千瓦时),难以满足未来绿电需求。预计未来更多企业将转向绿电消费,企业用能方式加速绿色低碳转型。

2. 高载能行业清洁转型压力增大

2023 年,福建省钢铁行业电炉炼钢产量占比不足 20%,远低于美国

---

① 对欧盟和美国出口数据来自海关总署。
② 数据来源于国网福建省电力有限公司。

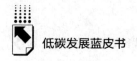
（约69%）和欧盟（约43%），冶金、化工行业能源利用效率有待进一步提升，"低碳壁垒"将加速碳密集型行业工艺升级，使用节能先进适用技术。

（三）电碳市场影响

碳市场建设压力加大。欧盟等地区已经建立较为成熟的碳排放权交易体系，福建省碳市场建设起步较晚，发展相对滞后。一方面，碳价与欧盟存在较大差距，2023年，福建省碳价为23.30元/吨，居全国八个试点碳市场末位，约为欧盟的3.6%[1]，当前交易价格还没有达到足够水平，短期内难以缓解碳关税影响。另一方面，覆盖范围相对较窄，参与交易的企业中以发电行业企业为主，钢铁、铝、石化等部分高碳排放行业企业还难以参与碳市场交易，无法有效利用CBAM碳价抵扣机制。

三 福建省应对欧美"低碳壁垒"的对策建议

（一）推动贸易布局调整，降低高排放产业对欧美外贸依存度

一是优化外贸结构。依托"一带一路"、RCEP等合作机制建设"绿色丝绸之路"，推动绿色投资、零碳低碳技术贸易等多边合作平台建设，做大海上风电以及"新三样"等产品出口。发挥重大经贸展销、中欧班列等对外渠道和平台作用，瞄准东盟、中亚、非洲等新市场新机遇，给予企业拓展市场的出海避险工具支持，努力开辟新的国际市场，适当降低对欧美市场出口依赖。二是优化产业结构。引导资源要素向低排放、高附加值的产业汇集，做优新材料、新能源、生物医药等战略性新兴产业，引导纺织服装、鞋类等传统企业加强绿色低碳供应链管理，带动仓储等上游企业开展碳减排工作，形成供应链上下游协同减碳态势，鼓励规模以上企业进行全方位、全链条的数字化改造，提高出口商品的贸易附加值。

---

① 数据来源于Wind数据库。

（二）推动能源清洁转型，降低电力碳排放强度

一是深化能源供给侧清洁替代。积极建设新型电力系统省级示范区，支持漳州打造全国重要清洁能源基地，加快推进海上风电规模化开发，因地制宜开发居民、工厂屋顶分布式光伏，加强分布式光伏运行管理，支持新型储能规模化应用，深入研究关键场景储能配置模式，加强煤电灵活性改造，全力打造东南清洁能源大枢纽。二是深化能源消费侧电能替代。持续深入开展工业领域电能替代，提高电气化终端用能设备使用比例，开展高温热泵、大功率电热储能锅炉等电能替代，鼓励发展短流程电炉炼钢技术，合理引导化工原料用气发展，推动石化化工原料轻质化，降低产业碳排放强度。

（三）加快电碳市场建设，发挥市场对碳减排促进作用

一是完善碳排放权交易市场机制。积极参与全国碳市场机制设计，对标欧盟碳交易机制，逐步扩大碳市场主体覆盖范围，优先纳入电解铝、水泥等CBAM覆盖行业，逐步推行免费和有偿相结合的碳配额分配方式，提升有偿分配比例，研究探索碳金融活动的可行路径，探索开展碳质押贷款、碳回购等碳金融创新，形成激励充足且相对稳定的碳价格。二是完善电力市场绿电交易机制。探索制定绿电消费核算地方标准，优先推动平价新能源参与绿电交易，试点分布式光伏以聚合方式参与绿电交易，适时建立钢铁、水泥等高耗能行业绿电强制消费机制和电网企业代理购电用户参与绿电交易的具体机制，扩大省内绿电交易规模。完善绿电消费精细化匹配溯源机制，针对外向型企业诉求，提供满足企业需求的绿电物理消纳证明，促进绿电交易国际互认。三是加快推动电碳市场协同发展。明确绿电绿证市场及碳市场的功能定位、管理界限，进一步完善绿电项目核发绿证和申请CCER等各类环境权益证明的衔接机制，防范绿电环境权益重复计算风险。推动完善绿电消费核算认证体系，出台绿电消费抵扣政策，适时在碳市场中引入绿电核减机制，在企业碳排放核算中精准反映净购入使用电力的碳排放情况。

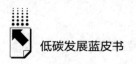
（四）加强技术攻关和标准国际化，推动绿电绿证等机制国际互认

一是加快低碳技术突破。强化绿色低碳技术攻关，推动钢铁、石化等重点领域节能降碳，围绕原料替代，深入开展废钢直接炼铁、粉煤灰替代水泥原料等技术，推动存量企业持续实施清洁生产技术改造，优化出口产品生命周期绿色低碳设计，鼓励节能低碳领域龙头企业开展碳捕集等前沿技术探索。二是加快碳足迹管理和绿电标准突破，推动国际互认。支持动力电池、钢铁、纺织、机电等行业龙头企业探索基于碳足迹制修订含碳产品碳排放核算以及低碳产品评价等标准，加快建立本土化碳基础数据库，完善重点行业企业碳排放核复查机制，加强对欧盟等国际碳核算体系研究，规范生命周期精细化数据获取和质量控制，提升碳排放核算科学性和国际认可度。同时，加强国家间对话磋商，推动中国最新的电力排放因子和福建省级电力排放因子在国际上应用推广，同时大力推动中国绿证绿电机制获得国际认可使用，全力降低贸易壁垒影响。

参考文献

符大海、王妍、张莹：《国际贸易中的碳壁垒：发展趋势、影响及中国对策》，《国际贸易》2024 年第 4 期。

任艳红等：《西方发达国家碳壁垒政策对中国的影响及应对策略》，《科技导报》2024 年第 7 期。

边少卿等：《国际绿色贸易壁垒形势下完善我国碳核算体系的对策研究》，《中国工程科学》2024 年第 4 期。

陈济等：《挑战亦机遇：国际碳壁垒应对与碳排放双控》，《金融市场研究》2024 年第 6 期。

专家观点篇 ⑤

B.19
中段崛起、产业备份与福建省
"十五五"能源规划

朱四海*

摘　要:　"苏浙沪闽粤+港澳台"东南沿海地区国家战略密集,集中表现在北段的长三角区域一体化发展、中段的海峡两岸融合发展、南段的粤港澳大湾区建设;福建地处两岸、两洲"战略枢纽",亟须协同推进两岸融合与两洲一体化,实现"中段崛起"。新时代,国家在东南沿海部署建设沿海核电和海上风电清洁能源基地,福建成为东南沿海战略腹地和能源关键产业备份,为福建实施"中段崛起"能源战略提供了重大发展机遇。一方面,要完善能源发展的福建叙事,创造性衔接中国式现代化与高质量发展,创造性衔接海峡两岸融合发展与全方位高质量发展,打造绿色发展高地;另一方面,要创新能源发展的福建模式,创造性衔接能源现代化、能源强国与能源安全,打造能源现代化示范区、能源强国先行区、能源安全

---

* 朱四海,管理学博士、经济学博士后,福建江夏学院党委常委、副校长,研究方向为能源发展、产业发展、区域发展、国家治理、省域经济治理。

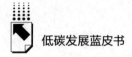
高地，培育能源新质生产力。福建"十五五"能源规划，以"两区一地"为引领，以电力现代化为主题，以能源安全战略腹地和产业备份为主线，科学谋划工程、项目、政策、措施，协同推进清洁能源基地、新型电力系统、电力统一市场建设，以历史主动创造历史，夯实福建能源"一肩挑两洲"的物质基础。

关键词： 中段崛起　清洁能源基地　产业备份　福建省

　　长期以来，福建发展的空间组织是以台湾海峡为主轴的，形成了总量赶超时代的"海峡西岸经济区"向全方位超越时代的"海峡两岸融合发展示范区"的战略迭代，空间生成方向以东向为主。国家"十四五"规划进行了策略性调整，突出表现在福建的城市群建设由"海峡西岸城市群"向"粤闽浙沿海城市群"迭代，推进福建国土空间的东向融合与南北融合协同发展。福建要实现由"两岸"向"两洲"的战略突破、协同推进海峡两岸融合发展与东南沿海一体化发展，开发台湾海峡成为最大公约数，台湾海峡的航路、海岸带、海湾、海岛成为战略性资源，台湾海峡成为推进东南沿海一体化发展的战略性资源。

　　当前，以长三角为核心的东南沿海北段和以珠三角为核心的东南沿海南段发展状态要远好于以台湾海峡为核心的东南沿海中段，亟须推进"中段崛起"；福建是化石能源小省、非化石能源大省，拥有台湾海峡海上风电资源优势和沿海核电厂址资源优势，具备条件建设国家级清洁能源基地，为国家能源安全提供战略支撑，构建东南沿海能源安全新格局，从战略上支撑福建在东南沿海实现"中段崛起"。

　　本报告从国家和区域视角，研究碳达峰时期福建能源规划问题，探索面向碳中和时期福建建设非传统能源基地的战略问题，推进福建能源现代化。

一 战略使命

能源是"国之重器、国之大者",谋划能源战略要从国家战略入手。由于能源系统从属于经济系统,经济系统又受制于政治系统并服务文化、社会、生态系统,谋划能源战略要坚持系统观念,在国家大系统中进行整体性把握,在"经济、政治、文化、社会、生态"五位一体总体布局中进行整体性把握。从国家层面看,能源战略必须服务中国式现代化和高质量发展;从福建层面看,能源战略必须服务海峡两岸融合发展和全方位高质量发展;从区域层面看,福建能源具有特殊优势,能源战略必须服务东南沿海区域一体化发展。服务国家、服务福建、服务区域发展,成为谋划新时代福建能源发展的基本战略取向。

(一)服务新时代"双主题"

习近平总书记指出,"从现在起,中国共产党的中心任务就是团结带领全国各族人民全面建成社会主义现代化强国、实现第二个百年奋斗目标,以中国式现代化全面推进中华民族伟大复兴"[1];"必须把坚持高质量发展作为新时代的硬道理,完整、准确、全面贯彻新发展理念,推动经济实现质的有效提升和量的合理增长","必须把推进中国式现代化作为最大的政治,在党的统一领导下,团结最广大人民,聚焦经济建设这一中心工作和高质量发展这一首要任务,把中国式现代化宏伟蓝图一步步变成美好现实"[2]。中国式现代化与高质量发展,成为新时代全面建设社会主义现代化国家的"双主题",成为能源工作的服务对象。

服务中国式现代化。中国式现代化是人口规模巨大的现代化、是全体人

---

[1] 《高举中国特色社会主义伟大旗帜 为全面建设社会主义现代化国家而团结奋斗》,《人民日报》2022年10月26日,第1版。

[2] 《中央经济工作会议在北京举行 习近平发表重要讲话 李强作总结讲话 赵乐际王沪宁蔡奇丁薛祥李希出席会议》,《人民日报》2023年12月13日,第1版。

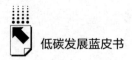
民共同富裕的现代化，能源工作必须服务人民日益增长的美好生活需要；中国式现代化是物质文明和精神文明相协调的现代化、是人与自然和谐共生的现代化，能源工作必须服务美丽中国建设需要；中国式现代化是走和平发展道路的现代化，落实全球发展倡议、全球安全倡议、全球文明倡议，能源工作必须服务平安中国建设需要。服务美好生活、美丽中国、平安中国，成为新时代能源工作的核心目标，成为新时代能源发展的战略使命。

服务高质量发展。高质量发展是全面建设社会主义现代化国家的首要任务，必须以新发展理念为引领，立足新发展阶段，深化供给侧结构性改革，健全因地制宜发展新质生产力体制机制，加快建设现代化经济体系，能源工作必须服务现代化经济体系；必须统筹国内国际两个大局，构建优势互补、高质量发展的区域经济布局，维护多元稳定的国际经济格局，加快构建以国内大循环为主体、国内国际双循环相互促进的新发展格局，能源工作必须服务新发展格局。服务现代化经济体系、服务新发展格局，成为新时代能源工作的主战场，成为新时代能源发展的战略方向。

（二）服务新福建"两发展"

2014年11月，习近平总书记视察福建，亲自擘画建设"机制活、产业优、百姓富、生态美"的新福建；2019年3月全国两会期间，习近平总书记在福建代表团发表重要讲话，要求福建探索海峡两岸融合发展新路；2020年5月，针对2019年福建经济总量超越，习近平总书记指示福建要着力补齐科技创新、产业结构、居民收入三个短板，全方位推进高质量发展超越；2021年3月，习近平总书记视察福建，要求福建在建设现代化经济体系、创造高品质生活、服务和融入新发展格局、探索海峡两岸融合发展新路四方面展现更大作为，奋力谱写全面建设社会主义现代化国家福建篇章。海峡两岸融合发展与全方位高质量发展，成为新时代"双主题"在新福建的战略部署，成为福建能源工作的服务对象。

服务海峡两岸融合发展。福建地位特殊，要充分发挥福建在对台工作全局中的独特地位和作用，充分发挥福建对台的先行示范作用，探索将经济社会发展综合优势转化为"深化两岸融合发展以推进祖国统一"推动力的有效路径。

服务全方位高质量发展。发展是第一要务,高质量发展是首要任务,全方位高质量发展是首要任务在福建的特殊安排。福建是数字中国的发源地,拥有数字中国建设峰会国家平台和国家数字经济创新发展试验区,具备条件为数字中国建设探索新路,福建能源工作必须服务数字中国的福建篇章;福建是美丽中国的发源地,拥有全国首个生态文明试验区,具备条件为美丽中国建设探索新路,福建能源工作必须服务美丽中国的福建篇章;福建是中华海洋文化的发源地,是建设海洋强国的战略支撑力量,具备条件为海洋强国建设探索新路,福建能源工作必须服务海洋强国的福建篇章。服务数字福建、美丽福建、海上福建,服务数字经济、美丽经济、海洋经济,成为新时代福建能源工作的核心目标,成为新时代福建能源发展的战略使命。

(三)服务东南沿海区域一体化

党的十八大以来,以习近平同志为核心的党中央对区域协调发展战略进行了一系列迭代升级,推进区域协调、协同、融合、一体化梯度进阶,形成了以传统的东、中、西、东北四大板块为基础,长三角、珠三角(粤港澳)、京津冀三大引擎为重点,长江、黄河两大流域为纽带的国内空间组织,以及以"一带一路"为重点的国际空间组织新发展格局,东部地区在空间上成为国家空间结构的"脊梁"。福建处于两岸、两洲、东西、南北战略枢纽位置,在两岸融合基础上,需要进一步推进两洲一体化,梯度推进海峡两岸融合发展、苏浙沪闽粤一体化发展、东南沿海区域一体化发展。苏浙沪闽粤一体化发展与东南沿海区域一体化发展,成为新时代福建能源工作的新服务对象。

服务绿色转型。东南沿海区域发展不平衡,化石能源的生产、流通、分配、消费形成的碳足迹迥异,自然环境植被光合作用固碳和海洋固碳形成的碳承载力差异明显,碳足迹、碳承载力的空间差异决定了控碳能力的行动差

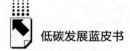

异，福建能源工作必须加强区域绿色转型协作，统筹推进绿色协同转型，依托清洁能源基地形成的优势产能建立与两洲之间的控碳压力传导机制，以煤核置换、核电海上风电定向输出为重点，为两洲提供能源供给侧的控碳压力"调节阀"，构建具有福建特色的"碳汇输出机制"；以电子信息、装备制造产业转移为重点，在福建布局建设上海、深圳等中心城市高载能产业转移园区，为两洲提供能源需求侧的控碳压力"调节阀"，构建具有福建特色的"碳源承接机制"，打造绿色低碳高质量发展的增长极和动力源，打造绿色发展高地。

服务能源安全。东南沿海是中国式现代化的中坚力量，是打造自主可控产业链供应链、健全提升产业链供应链韧性和安全水平的重点区域，也是国家能源负荷中心、国家能源安全重点保障区域；苏浙沪闽粤五省市贡献了地方净上缴中央税收的八成以上，是保障国家财力的主力军，五省市在国家发展中的经济地位决定了其产业安全成为国家能源安全的"优先选项"；依托长三角区域一体化发展、粤港澳大湾区建设和海峡两岸融合发展国家战略，五省市与港澳台将形成"5+3"一体化发展新格局，能源安全地位更加特殊；福建能源工作必须发挥海峡风能资源和核电厂址资源优势，建设服务东南沿海的多能互补清洁能源基地，打造长三角、粤港澳国家战略腹地和关键产业备份，打造能源安全高地。

二 战略重点

服务新时代"双主题"、服务新福建"两发展"、服务东南沿海区域一体化发展，成为新时代福建能源工作的三大战略使命。履行新时代新使命，需要准确把握支撑能源发展的战略重点。一方面，围绕中国式现代化和海峡两岸融合发展，创新新时代福建能源发展的叙事体系；另一方面，围绕高质量发展和全方位高质量发展，打造支撑福建全方位高质量发展的现代化能源体系。同时，按照东南沿海区域一体化发展要求，以战略腹地和产业备份为纽带，推进东南沿海"中段崛起"。

（一）能源现代化示范区

能源现代化是中国式现代化的重要保障和重要组成部分。能源现代化的核心任务是能源转型。一方面，能源结构从化石能源为主转向非化石能源为主；另一方面，能源竞争从资源竞争为主转向技术竞争为主。新福建能源现代化围绕中国式现代化和海峡两岸融合发展双向建构，围绕美好生活、美丽中国、平安中国和海峡示范区、海丝核心区、金砖创新基地建构具有福建特色的能源叙事体系，打造能源现代化示范区。

非传统能源基地。化石能源时代，我国能源基地建设以西部地区为主体，历史地形成了西部能源基地与东部负荷中心的发展格局。进入新发展阶段以来，沿着"减煤、稳油、增气"和"强核、降碳、扩绿"的能源结构优化调整方向，福建具备条件在东部负荷中心建设能源基地，构建能源新发展格局。重点依托台湾海峡资源优势，以国外能源资源为开发对象，布局建设"稳油增气"项目；以海上风能和海洋碳汇为开发对象，布局建设"降碳扩绿"项目；以"华龙一号"和"国和一号"为开发对象，布局建设"减煤强核"项目，建设以福建为主体的东南沿海多能互补清洁能源基地，推进能源基地由化石能源主导向非化石能源主导转化，打造非传统能源基地。

能源新质生产力。化石能源"这饭好吃"，但副作用大；非化石能源"这饭副作用小"，但会间歇性断供。降低能源系统中的化石能源"存量"、扩大非化石能源"增量"的前提是稳定能源系统的"流量"，关键在培育能源新质生产力。重点依托新型举国体制，以海峡、海丝、金砖能源科技合作为抓手，推进国家能源战略科技力量布局福建，推进能源央企原始创新与技术创新能力布局福建；重点依托数字中国建设，以 IT、DT、AI 技术为引领，推进国家算力枢纽节点布局福建、打造东南沿海能源大数据中心；重点依托气象强国建设，以台湾海峡气象精密监测、精准预报、精细服务为抓手，推进水风光能源转化实现可计算出力；构建能源科技、能源数据、能源气象三位一体保障能源系统"稳流"新格局。

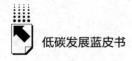
能源治理现代化。能源治理现代化是能源现代化的重要保障，重点围绕"完善和发展中国特色社会主义制度，推进国家治理体系和治理能力现代化"全面深化改革总目标确立的"制度、体系、能力"三件事，围绕处理好政府和市场关系核心问题，注重发挥经济体制改革牵引作用，坚持和落实"两个毫不动摇"，积极参与构建全国能源统一大市场，推进完善能源市场经济基础制度；注重能源治理体系建设，统筹推进公司治理、行业治理、政府治理，更好发挥市场机制的作用，更好维护市场秩序、弥补市场失灵；注重能源治理能力建设，统筹机构能力和个人能力建设，着力提升政府能源治理能力，推进能源领域落实全球发展倡议、全球安全倡议、全球和平倡议，参与全球能源治理体系建设和改革，参与全球清洁能源合作伙伴关系，参与海峡、海丝、金砖能源合作伙伴关系。

（二）能源强国先行区

非传统能源基地、能源新质生产力、能源治理现代化，粗线条地描绘了能源生产力与能源生产关系双向建设的能源现代化示范区发展愿景。从中国式现代化的发展意象看，建设能源现代化示范区还必须在社会主义现代化强国和人类文明新形态发展意象架构下创新设计示范区的发展路径，围绕高质量发展和全方位高质量发展双向设计发展路径，围绕现代化经济体系、新发展格局和数字经济、美丽经济、海洋经济的能源服务需求具象化设计发展路径，打造能源强国先行区。

能源强国、福建先行，首先必须自强。以建设清洁低碳高效安全的新型能源体系为目标，以新型电力体系为主体，以新型储能体系为基础，构建能源产业、能源科技、能源金融、能源人才协同发展的现代化能源体系。重点创新能源发展与安全的金融资本服务机制，探索由中央主导在福建组建"能源发展银行"，为能源基地建设、能源科技创新、能源产业发展提供稳定、可持续的现代金融服务，提升能源系统配置金融资源的能力，构建与创新链人才链产业链深度融合的能源发展资金链；按照教育、科技、人才三位一体推进高水平科技自立自强的发展要求，超常布局发展能源高等教育，创造条件布局能源领域国家科研机构、高水平研究型大学、科技领军企业，建设反映国家意志、支撑非传统能源基地建设、引领能源强国发展的人才链、创新链。

能源与生产、生活、生态、安全密切相关，是支撑制造强国、美好生活、美丽中国、平安中国的关键力量；能源强国福建先行的根本目的，就在于强他，为制造强国赋能、为美好生活充电、为美丽中国助力、为平安中国护航。重点依托后发优势建构的"综合用能成本较低"能源价格新优势，培育制造业竞争新优势，形成以能源价格优势培育产业竞争优势、以制造业的市场出清和产能出清带动能源的产能出清和市场出清，构建现代能源与先进制造业良性循环新发展格局，赋能数字经济、美丽经济、海洋经济高质量发展；同步推进能源产业向上游的装备制造、工程服务和下游的储能产业、能源数据/能源金融/能源气象服务业延伸，链条化布局、集群化发展，构建具有福建特色的现代能源产业链和产业集群，构建能源新发展格局。

能源消费与气候变化密切相关，是全球气候变暖的主因。能源强国福建先行的另一个根本目的，就在于控碳，发展气候友好型能源，实现人与自然和谐共生。重点依托国家"3060"目标，在 40 年周期中把握"达峰、稳态、降坡、退坡"的控碳节奏，特别是 2030 年前实施"强度控制为主、总量控制为辅"、2030 年以后实施"总量控制为主、强度控制为辅"碳排放双控制度的控碳节奏，面向企业、项目、产品三位一体完善碳排放标准计量体系和统计核算体系，推行产品碳标识认证制度，发展控碳服务业，建立健全企业碳管理、项目碳评价、产品碳足迹与地方碳考核、行业碳管控协同推进的控碳工作新格局。

（三）能源安全高地

基于服务东南沿海区域一体化发展的战略使命，依托非传统能源基地形成的绿色生产力，建设东南沿海能源安全高地，保障东南沿海能源安全，成为新时代福建能源工作的第三个战略重点。

东南沿海是国家战略布局的核心区域，国家先后在东南沿海部署长三角区域一体化发展、粤港澳大湾区建设、海峡两岸融合发展三大战略；福建地处两岸、两洲"十字路口"，在推进两岸融合、两洲一体化过程中，福建成为东南沿海区域一体化的战略腹地。就能源方面而言，要重点实施能源安全战略腹地工程，谋划福州至上海海底方向、漳州至高雄海底方向的电力联网通道，推进东南沿海能源电力互联互通；开辟福建核能、风能项目建设绿色通道，推进福建核电与两洲煤电的产能置换，推进煤核替代；支持以福建为主体建设中亚、中东油气资源中转储备基地和加工转化基地，推进冰上与海上丝绸之路能源合作。

东南沿海是我国制造业的核心区域，保障制造业产业链供应链安全与韧性，能源的饭碗必须端在自己手里。与化石能源时代能源作为初级产品主要来自"地下"、"端牢能源的饭碗"关键在物资资源储备不同，非化石能源时代能源主要来自"地上"、"端牢能源的饭碗"关键在产能技术储备，产业备份成为能源安全的新方向。重点实施能源关键产业备份工程，以油气资源为重点，实施"稳油增气"备份；以区域海洋能源、矿产资源和海洋碳汇为重点，实施"降碳扩绿"备份；以煤核互补、渐进替代为重点，实施"减煤强核"备份。以福建沿海核电、海上风电为备份主体，为上海、浙江、广东提供能源产业备份服务；助力上海、深圳等超大城市构建在役煤电退出机制，构建福建核电风电上海、深圳定向备份服务新机制。

东南沿海是我国减缓和适应气候变化的核心区域，保障能源安全必须同步保障气候安全。福建拥有富集的森林碳汇和海洋碳汇，是全国碳盈余最多的省份；一批大容量核电和海上风电机组的投产，将进一步提高碳盈余水平；福建作为全国碳排放总量、强度双低省份，有条件化约束为机会，为两个三角洲提供绿色溢出服务。重点建立健全福建与两洲之间的控碳压力传导机制，推动碳汇输出和碳源承接；依托福建富集的低碳无碳能源优势，引导上海、深圳等城市经济体转移高载碳产业到福建，有效传导受服务地区高碳产业结构引发的控碳工作压力；落实应对气候变化国家自主贡献，引流上海、深圳的石化、电子、冶金、汽车、高端装备等行业的制造环节，布局建设高载碳产业转移园区，为东南沿海中心城市提供更为宽松的碳排放空间。

三　"十五五"能源规划

习近平总书记指出，"战略上赢得主动，党和人民事业就大有希望"；"战略和策略是辩证统一的关系，要把战略的坚定性和策略的灵活性结合起来"①。

新时代福建实施东南沿海"中段崛起"能源战略，能源是重点，能源现代化示范区、能源强国先行区、能源安全高地三大战略重点，构成了新福建实施"中段崛起"能源战略的发展愿景，构成了能源安全、能源强国"一体两翼"推进能源现代化的福建模式；福建实施"中段崛起"能源战略，需要在更高水平融入"全国一盘棋"，推进宏观谋划、中观策划、微观计划的有机统一，推进长期愿景、中期目标、短期任务的有机衔接，核心手段是规划。从建党百年踏上新征程到2035年基本实现社会主义现代化，涵盖"十四五"、"十五五"和"十六五"三个五年规划，"十五五"是承上启下的关键五年，能源发展有三个确定性目标：一是基本建成四大清洁能源基地和新型电力体系，二是2029年完成党的二十届三中全会提出的能源改革任务，三是2030年实现碳达峰。福建"十五五"能源规划，要紧扣能源发展三大目标，在三大战略使命和三大战略重点牵引下，以电力现代化为主题，以能源安全战略腹地和产业备份为主线，能源供给与能源需求双向奔赴，打响"清洁能源基地、新型电力系统、电力统一市场"新福建能源发展三大战役。

（一）清洁能源基地

整体布局西北风电光伏、西南水电、海上风电、沿海核电四大清洁能源

---

① 《习近平谈治国理政》（第四卷），外文出版社，2022。

基地，是"十五五"国家能源发展在电源领域的重点工作。"十五五"是碳达峰的关键期、窗口期。把握碳达峰的关键期关键在发展控碳生产力，把握碳达峰的窗口期关键在改革控碳生产关系。"十五五"时期，福建清洁能源基地重点围绕绿色电源、调节性资源、煤电资源三个层面展开，率先建成有效支撑东南沿海碳达峰、有效释放两个三角洲控碳压力的清洁能源基地。

绿色电源。科学编制"强核扩风"行动方案，开发海上风电、沿海核电绿色电源。一是开发海上风电，统筹闽南、闽北与粤东、长三角海上风电基地建设，优化完善闽南闽北海上风电基地布局方案，规模化、集群化开发海上风电；有序推进近海风电建设，加快推动深远海风电商业化开发，开展漂浮式海上风电工程示范，探索海上风电与海上光伏、波浪能、潮流能等综合利用，全面提升海上风电产业发展水平。二是开发沿海核电，按照"运行一批、建设一批、储备一批、保护一批、示范一批"发展路径，做好核电厂址资源保护，科学确定单一厂址建设规模和单机合理规模，统筹三代压水堆建设以及四代核能系统、高温气冷堆、模块化小型堆等先进堆型试点示范和推广应用，推进沿海核电标准化自主化建设。重点培育全社会核文化，构建"识核、拥核、爱核、护核"新发展环境，推进核电建设邻避效应向邻喜效应转化，推进核电可持续发展；发挥中核、中广核、国电投、华能四张"核电牌照"齐聚福建，"华龙一号"与"国和一号"联袂登场的集合优势，培育"华龙一号"与"国和一号"核能开发"并蒂莲"，推进核电向核能延伸、核能向核工业拓展，建设东南沿海绿色核能基地。

调节性资源。科学编制"系统稳流"行动方案，科学布局抽水蓄能和新型储能，科学设计调节性资源的规模能力、布局衔接、建设节奏。一是抽水蓄能电站，因地制宜布局、规模化开发，有效支撑海上风电、沿海核电调峰需要，打造调节性资源基本盘；二是新型储能，落实电源企业、电网企业责任，推动"可再生能源+储能"深度融合，推动在输电通道汇集站、系统枢纽站建设独立储能，在新能源送出地区建设系统友好型新能源电站，在电力负荷中心建设支撑微电网可靠运行的新型储能，推进新型储能实现市场化、规模化发展，培育调节性资源新质生产力；三是调峰气电，在调峰需求大、气源有保障、气价承受力强的电力负荷中心，稳妥布局应急和调峰气电项目，建设调节性资源产业备份。重点推进储能产业化，规模化建设电化学、压缩空气、储能型太阳能热发电新型储能项目，推动锂离子电池、铅碳电池、压缩空气、液流电池等储能技术商业化应用，开展飞轮、钠离子电池、重力等储能技术规模化试验示范，推动热、氢（氨）等储能技术试点示范。

煤电资源。科学编制"清洁兜底"行动方案，充分发挥煤电基础保障和系统调节作用，准确把握并科学发挥煤电的兜底保障作用和灵活调节能力。一是改造存量煤电，加快实施现有煤电机组节能降碳改造、灵活性改造、供热改造"三改联动"；二是建设增量煤电，在大型风电基地周边配套建设调节性煤电，实现风电友好送出，增强极端天气下电力安全供应保障能力，在电力负荷中心和主要受入地区布局建设支撑性煤电，确保电网安全稳定运行和受入清洁电力可靠消纳；三是建设应急煤电，统筹以城市为单元的应急备用和调峰电源建设，全面推动按需配置应急备用电源，合理安排关停机组纳入应急备用，充分利用煤电既有厂址作为建设备选，形成厂址和建设能力战略储备。

（二）新型电力系统

新型电力系统是能源系统的要素子系统，在能源结构由化石能源为主向非化石能源为主转换的历史性"翻转"过程中居于结构性中枢地位。从供给侧看，非化石能源渗透率将稳步攀升，并发展成为一次能源主体；从需求侧看，电能消费渗透率将不断提升，并发展成为二次能源主体；最终形成高非化石能源渗透率、高电能消费渗透率的"双高"能源系统。"双高"能源系统成为新型电力系统的结构性基础与系统性底座，新型电力系统在此基础底座上构建。一方面，推进硬件系统转型升级，适应主体电源由大机组、集中式布局的煤炭发电向小机组、分布式布局的风能太阳能发电转变新要求，适应电力用户电能消费数字化转型新趋势，把握渗透率提升节奏，推进电网拓扑结构系统性变革，以满足高渗透率背景下电源汇集

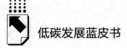

服务、负荷聚合服务为重点，构建未来电网；另一方面，推进软件系统转型升级，适应用能设备数字化转型与产能设备数字化转型新要求，适应电力互联网与电力物联网融合发展新趋势，把握电力数字化节奏，推进电力市场体系系统性变革，以满足源网荷储一体化背景下电力服务市场化、数据服务市场化为重点，构建新型电力市场。"十五五"时期，福建新型电力系统重点围绕清洁能源基地建设形成的强大能源供应能力展开，从输电通道、智能电网、智慧调度三个层面协同推进能源供给向能源消费安全、稳定、有序延伸。

输电通道。科学编制"外送扩容"行动方案，坚持送端分组、受端分层分区原则，在确保电网安全稳定运行基础上，有序扩大特高压送电规模，支撑海上风电、沿海核电大型清洁能源基地电力外送。一是电网主网架，进一步织密与华东、华中、南方以及台湾的网络联系，补齐结构短板，夯实福建在东南沿海北段、中段、南段的电力枢纽地位；二是输电能力，优化福建电力受端电网网架结构，开展新增输电通道先进技术应用，提升关键断面潮流输送能力，形成合理分层分区的电网结构，有效提高输电通道新能源电量占比；三是跨网互济，推动既有输电通道改造、增强电网互济能力，规划研究能够充分发挥互济能力的区域间联网工程，完善区域间电网联络，推动电网线路加快向前沿地带辐射延伸，增强不同电网经营区互济能力，推动跨区资源配置协同。重点建设海电登陆输电通道，规划建设闽北、闽南海上风电基地电力登陆通道，依托国土空间规划，充分衔接相关规划，结合海上风电基地建设时序、重点消纳区域，统筹布局输电通道路由，满足海上风电消纳需要；研究推动海上与陆域电网主网架统一规划，实现海陆电网一体化建设。

智能电网。科学编制"数智转型"行动方案，全面提升电网对清洁能源的接纳、配置、调控能力。重点推动柔性直流输电、交直流混合电网技术研发，建设大范围柔性互联、新能源广域时空互补、多品种电源能量互济的智能电网；健全配电网全过程管理，建立配电网可开放容量定期发布与预警机制，提升配电网供电能力、抗灾能力和承载能力，提升配电网的新能源、电动汽车充电设施接网能力，推进配电网高质量发展；因地制宜布局智能微电网,在电网末端、新能源资源条件较好地区,建设一批风光储互补的智能微电网项目,建设一批源网荷储协同的智能微电网,缓解大电网的调节和消纳压力。

智慧调度。科学编制"绿色调度"行动方案,加强数字化智能化升级,推动智能调度技术研发,提高电力系统运行调控智慧化水平,推进电网智慧化调度。重点加强智慧调度体系设计,适应大规模高比例新能源和新型主体对电力调度的新要求,推进调度方式、调度机制的优化调整,在分布式新能源、用户侧储能、电动汽车充电设施等新型主体发展较快地区创新新型有源配电网调度模式,提升配电网层面就地平衡能力和对主网的主动支撑能力;加快新型调度控制技术应用,做好电力调度与电力市场的衔接。

(三)电力统一市场

打通清洁能源基地、新型电力系统"电力供给侧"与东南沿海电力统一市场"电力需求侧"堵点,创新电力交易、用能权交易和碳排放权交易的统筹衔接机制,培育东南沿海能源统一市场和生态环境统一市场;科学把握市场规模、结构、组织、空间、环境和机制建设的步骤与进度,让需求更好地引领优化供给,让供给更好地服务扩大需求,以统一大市场集聚资源、推动增长、激励创新、优化分工、促进竞争,促进能源基地、能源产业形成的优势产能在东南沿海畅通流动,以能源价格优势培育产业竞争优势、以制造业的市场出清和产能出清带动能源的产能出清和市场出清,构建现代能源与先进制造业良性循环新发展格局。"十五五"时期,电力统一市场建设着力围绕市场化改革、电能交易、碳交易三个层面展开,全面实现能源强国先行区的强他与控碳目标。

市场化改革。科学编制"系统集成"行动方案,深化电力体制改革,推动电力市场基础制度规则统一、市场监管公平统一、市场设施高标准联通。一是市场准入,完善市场准入负面清单管理模式,科学确定市场准入规则,推进自然垄断环节独立运营和竞争性环节市场化改革,对经营自然垄断环节业务企业开展垄断性业务和竞争性业务的范围进行监管,防止有关企业利用

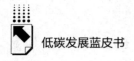

垄断优势向上下游竞争性环节延伸或排除、限制上下游竞争性环节的市场竞争；二是市场交易，打造与能源现代化示范区相匹配、分层有序的电力组织体系，建成主体多元、充满活力的电力市场体系，完善形式多样、功能完备的电力产品体系，推进电力现货、远期现货和期货交易，推进电力辅助服务交易，推进电力交易沿着标准化现货市场、活跃的远期市场、成熟的期货市场分三阶段演进；三是价格机制，推进电力调度中立和电力交易市场化，为电能产品生产者与消费者的直接见面、构建"多卖多买"的市场格局创造条件。

电能市场。科学编制"企业双清"行动方案，更加突出清洁能源基地的经济性，以"全社会综合用能成本较低"作为能源基地发展的重要目标和衡量标准，通过价格机制、以市场出清促进产能出清，推进清洁能源基地产能释放、出清。重点服务新型工业化，为制造强国赋能，围绕最终需求、中间需求、基础需求科学设计电能价格政策；以满足住宅、汽车等最终需求行业快速发展为核心，带动冶金、石化、电子信息、装备制造等中间需求行业快速发展，进一步带动以能源、交通基础设施为主的基础需求行业快速发展；政策设计重点发挥电力工具性作用，通过有管理的电力服务引导、激励中间需求行业有序、健康发展，以电力保障、电力激励、电力约束为核心手段促进中间需求产业跨越发展，促进工业结构由劳动密集型、资本密集型向技术密集型、数据密集型演进，沿着"轻工业→重化工业→高新技术产业"的轨迹向前发展，以电能价格优势塑造食品、纺织、建材、冶金四大传统行业和电子信息、装备制造、石油化工三大支柱产业竞争新优势，以制造业的产能出清和市场出清带动清洁能源基地的产能出清和市场出清。

碳市场。科学编制"碳排放双控"行动方案，充分考虑经济发展、能源安全、群众正常生产生活以及国家自主贡献目标等因素，推进福建与两个三角洲绿色协同转型。重点构建碳排放统计核算体系、产品碳足迹管理体系、产品碳标识认证制度，建立健全地方碳考核、行业碳管控、项目碳评价、企业碳管理、产品碳足迹管理体制机制，以电力、钢铁、有色、建材、石化、化工等工业行业为重点，完善重点行业领域碳排放核算机制，开展温室气体排放环境影响评价；聚焦电力、钢铁、水泥、玻璃、氢、合成氨、甲醇、乙烯、动力电池、新能源汽车、电子电器等重点产品，制定产品碳足迹核算规则标准；健全碳市场交易制度、温室气体自愿减排交易制度，并与全国碳排放权交易市场有效衔接，完善绿证交易市场，促进绿色电力消费。

在以国有企业为主体推进能源项目建设的制度背景下，要加快国有经济布局优化、结构调整和战略性重组，围绕清洁能源基地、新型电力系统、电力统一市场建设形成一批反映国家意志的重大项目、重大工程、重大政策、重大改革开放措施。一是重大项目，完善项目策划、生成、瞄准机制，建立"两区一地"项目清单；按照2030年前实现碳达峰要求把握项目建设节奏，突出先进核电、海上风电在项目建设中的优先地位。二是重大工程，实施能源安全战略腹地工程，实施能源关键产业备份工程，实施东南沿海能源电力互联互通工程，实施煤核替代工程，推进福建核电与上海、深圳城市煤电的产能置换。三是重大政策，研究出台"关于支持以福建为主体构建东南沿海能源安全高地的指导意见"，顶层设计能源现代化示范区、能源强国先行区和能源安全高地建设方案。四是重大改革开放措施，开辟福建核能、风能项目建设绿色通道，支持福建建设海峡油气中转储备基地和加工转化基地。从福建发展实际看，"四个重大"关键在项目，遵循先立后破的发展思路，要加速推进先进核能开发和海上风能开发，将低碳能源开发作为建设能源安全高地的先手棋予以优先推进。

参考文献

《中共中央关于进一步全面深化改革　推进中国式现代化的决定》，2024年7月。
《中共中央　国务院关于加快经济社会发展全面绿色转型的意见》，2024年7月。
《加快构建碳排放双控制度体系工作方案》，2024年7月。
朱四海等：《东南沿海多能互补清洁能源基地战略构想》，《发展研究》2023年第6期。
朱四海、雷勇：《碳中和福建方案的探索研究》，《发展研究》2022年第4期。
朱四海：《"十四五"能源规划：怎么看、怎么办?》，《发展研究》2020年第4期。

B.20
绿色金融与投资推动我国能源转型的若干思考

张 杰*

摘 要： 近年来，随着能源转型发展的不断深入，能源的生产、消费格局发生巨大变化，对金融、投资的需求也呈现多元化、复杂化的特征，从实现碳达峰碳中和的发展目标来看，当前的金融与投资体系仍存在能源转型立法相对滞后、重生产而轻消费、重增量而轻存量、重财政而轻金融、支持科技创新的直接融资不足、参与国际标准化工作能力需加强等较多不完善不匹配的问题。下一步，围绕金融推动能源绿色低碳发展，仍需深化落实绿色金融、加快推进转型金融发展、成立投资基金支持技术产业化、推动电碳政策协同与国际互认、鼓励民营外资资本参与能源转型，为我国能源转型提供更多的技术创新、机制创新、商业模式创新等创新发展解决方案。

关键词： 绿色金融 投资 能源转型

碳达峰碳中和是党中央、国务院统筹国内国际两个大局作出的重大战略决策部署，是一场广泛而深刻的经济社会系统性变革。能源作为实现"双碳"目标最关键的领域，迎来了前所未有的转型挑战和发展机遇。"双碳"目标为我国能源发展明确了方向和时间表，也标志着我国能源发展进入新阶段，要求我们加快能源结构调整和低碳转型步伐。

---

* 张杰，中国投资协会能源投资专业委员会副会长兼秘书长、车联（TIAA）智慧停车及充换电分联盟理事长、《零碳中国倡议》首倡者，微能网创始人，长期从事能源产业投资、能源转型战略研究等方面工作。

近年来，我国在能源低碳转型方面取得了显著成就。非化石能源消费比重持续提升，可再生能源装机容量快速增长，风电、光伏等清洁能源已形成规模优势。单位 GDP 能耗显著下降，能源消费结构不断优化。煤电行业加快清洁、高效、灵活转型，超低排放改造深入推进。新能源汽车产业快速发展，为降低交通领域碳排放提供支撑。这些成就的取得，得益于政策引导、科技创新和市场驱动的共同作用。

一 "双碳"目标下的能源发展趋势

一是能源消费总量增幅将逐渐放缓。从发达国家走过的道路看，经济发展和能源需求存在刚性关系。未来 40 年，我国将先后完成工业化和城镇化，高耗能产品积累和基础设施完善，都需要大量的能源消费做支撑，人民生活水平提高也将拉动能源服务需求持续增长。到 2035 年，我国将全面实现工业化，届时工业节能和能效水平处于领先地位，工业高耗能产品产能以及产量都将呈现稳定或下降趋势，工业领域的能耗增长空间将会部分被建筑和交通等消费领域的能耗增长所填补，因此城镇化还将带动能源消费总量在一段时期内保持增长，但增速将有所回落，直至城镇化率趋于饱和。

二是能源生产消费结构将不断优化。当前，我国能源结构正由煤炭为主向多元化转变，能源发展动力正由传统能源增长向新能源增长转变。截至 2024 年 6 月底，全国可再生能源发电装机容量达到 16.53 亿千瓦，约占我国发电总装机容量的 53.8%，风电、光伏的装机总量已超过煤电。同时，新能源在一次能源消费中的比重不断增加，加速替代化石能源，非化石能源利用总量将持续增长，能够超额实现 2025 年 15% 和 2030 年 20% 的非化石能源发展目标。

三是单位 GDP 能耗将稳步下降。随着经济发展逐渐步入后工业化阶段，单位 GDP 能源消费强度持续下降是普遍规律。一方面，由于在后工业化阶段，经济增长的主要驱动产业将逐渐从高能耗强度的工业向低能耗强度的服务业转移，而且工业内部结构也将进一步向高附加值、高科技含量、低能耗

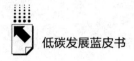

的行业和产品优化升级；另一方面，由于能源资源相对短缺，在市场化配置机制逐步完善的同时，价格作用将激励更多节能技术的研发和推广，从而推动既有产品生产和能源服务的能源消费量下降。此外，经济全球化推动技术这一生产要素在世界范围内推广普及，而节能技术的扩散和产业资源全球配置带动各国能源产出效率趋同变化。

四是构建新型电力系统将成为构建新型能源体系的关键。提升电力在终端能源消费中的比重已成为能源绿色低碳转型、助力实现"双碳"目标的重要途径。"双碳"目标下电气化加快推进，将加速我国用电需求增长，电能将逐步成为最主要的能源消费品种。电力在新型能源体系中的作用将更加突出，正逐步成为终端用能的中心。在新能源高比例并网、电力系统稳定运行持续承压、电力需求呈现高度多元化复杂化弹性化特征的挑战下，构建绿色低碳、安全高效的新型电力系统成为未来构建新型能源体系和实现"双碳"目标的关键。

二　绿色金融与投资是推动能源低碳转型的主要抓手

绿色金融与投资在推动能源低碳转型中扮演至关重要的角色。实现"双碳"目标需要巨额资金投入，而目前资金供给存在较大缺口。金融政策通过提供信贷、投资、保险等产品和服务，可以降低新能源项目的风险和成本，吸引更多社会资本投入。绿色金融、绿色信贷、绿色债券等金融工具，为新能源发展提供资金支持。同时，金融创新有助于解决新能源项目融资难题，推动能源产业结构优化升级，为实现能源低碳发展提供动力。

金融与投资作为现代经济的核心，在实现"双碳"目标中起着核心推动与助力作用。根据国家发展改革委价格监测中心的研究，至 2030 年中国实现碳达峰每年需要资金 3.1 万~3.6 万亿元，2060 年前实现碳中和需要在新能源发电、先进储能和绿色零碳建筑等领域新增投资 139 万亿元；但当前碳达峰碳中和所需的资金供给严重不足，每年只有 5265 亿元，存在资金缺口超过 2.5 万亿元。而相比欧美从碳达峰到实现碳中和平均用 60 年时间，中国从 2030 年前实现碳达峰到 2060 年前实现碳中和，只有 30 年的时间，任重而道远，更需要财政、税收、金融、价格等一系列的投资政策引导和助力更多社会资本、市场资金投入支持低碳转型、绿色发展的经济活动。

与此同时，巨大的挑战也带来了千载难逢的机遇。清华大学能源环境经济研究所预测，未来我国电气化水平将进一步提升，用电需求仍有很大上升潜力，到 2060 年，我国发电装机容量与发电量将至少分别达到 70 亿千瓦与 15 万亿千瓦时。相关产能建设将带来大规模的新增固定资产投资需求，假设单位风电产能建设投资为 7000 元/千瓦，单位光伏发电产能建设投资为 3000 元/千瓦，至 2060 年，风电投资需求将达到约 16 万亿元，光伏投资需求将达到约 10 万亿元，这意味着新能源行业的巨大发展机遇。

在过去，我国以上网电价补贴、税收优惠、绿色金融等为代表的一系列财税金融政策极大地促进了清洁能源领域的投资，风电、光伏等可再生能源发电的装机容量实现了快速增长，2006~2018 年，我国风电装机容量增长 89 倍，光伏装机容量增长 50 倍，并分别于 2015 年、2011 年实现全球领先。目前我国风电、光伏行业在各个方面保持世界领先，装机规模连续多年稳居全球第一位，核心技术基本实现国产化。

2020 年中国的能源技术研发公共支出占全球的 1/4，低碳能源研发支出占全球的 15%，围绕先进可再生能源、新型电力系统、工业、建筑、交通等领域的低碳能源资金投入持续扩大。据国际能源署（IEA）研究报告，2022 年中国清洁能源投资总额达 1840 亿美元，位居全球第一，约是第二名美国的 2 倍，是欧盟所有国家总和的 1.2 倍。金融与投资政策对能源低碳发展的关键引领性作用在中国得到了实证体现，甚至该经验直接或间接地被欧美多个国家所学习借鉴。

三 能源金融与政策体系仍有较多问题亟待解决

近年来，随着能源转型发展的不断深入，能源的生产、消费格局发生巨

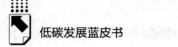

大变化，对金融、投资的需求也呈现多元化、复杂化的特征，从实现碳达峰碳中和的发展目标来看，当前的金融与投资体系仍存在较多不完善不匹配的问题。

能源转型立法相对滞后。我国能源立法起步较晚、进程较慢，基本法长期缺位。国家发展改革委等相关部委于 2020 年形成《中华人民共和国能源法（征求意见稿）》对外公开征求意见，但至今仍未出台；现有法律修订不及时，缺乏对"双碳"目标实现的统筹考虑；《中华人民共和国可再生能源法》于 2006 年颁布，2009 年进行修订，已无法满足当前可再生能源发展需求，且面向新型电力系统、新型能源体系等新型业态的法律体系尚未完全建立，绿色金融与能源投资在支持能源产业发展领域缺少基础的法律支撑，这在一定程度上阻碍了能源行业的健康发展和低碳转型。

重生产而轻消费。过去 20 年我国的能源政策尤其是新能源政策主要聚焦支持鼓励可再生能源发电，在绿色金融和投资支持下可再生能源发电装机容量快速增长，但对于可再生能源电力的消费支持政策存在一定滞后，主要体现在新能源电力交易市场发展不及预期、绿色电力消费缺乏实质性支撑。国家层面尚未建立完善的绿色电力消费认证标准、标识体系和公示制度，绿电交易市场规模有限，市场化程度不高，缺乏对市场主体消费可再生能源电力的硬性约束，绿色电力消费缺乏实质性的政策支撑和市场激励。

重增量而轻存量。目前的能源投资政策尤其是金融相关政策对于新能源（增量部分）的发展已有较为全面的覆盖，然而对于当前在"双碳"战略版图中占据更高权重的传统能源（存量部分）的低碳转型缺乏足够的机制、产品和政策支持，使得累积了大量沉没成本的传统高碳资产向低碳转型的经济活动得不到充分的金融支持。尽管我国已认识到转型金融的重要性，但目前转型金融尚在起步阶段，金融工具较为单一，政策激励没有到位，金融机构和社会资本的参与积极性不足，难以对我国庞大的转型融资需求提供支撑。

重财政而轻金融。财政政策如补贴和税收优惠在新能源发展初期起到了积极作用，但在新能源逐渐实现平价上网的背景下，金融政策的作用日益凸显。民营企业在能源领域面临融资难、融资贵的问题，而直接融资渠道如绿色债券等还不够畅通，限制了新能源项目的融资能力和发展速度。金融政策的需求增加，需要更多地利用金融市场和工具支持能源转型。

支持科技创新的直接融资不足。通过加快技术创新进一步提升新能源经济性仍是业界必须推进的重点工作，尤其是强化基础理论研究、超前布局前沿技术和颠覆性技术，将是新能源产业能否持续提高竞争力、不断拓宽发展空间的关键所在。但我国新能源领域的基础理论研究和前沿技术研究相对滞后，缺少国家级新能源实验室和创新平台。能源领域的直接融资规模较小，且偏重新能源而较少涉及传统能源低碳转型，偏重产业化，主要集中于新能源产业化领域，对前沿、颠覆性技术研发的支持不足，限制了技术创新和产业升级的步伐。

参与国际标准化工作能力需加强。我国以光伏、风电为代表的可再生能源产业国际影响力不断提升，国内企业"出海"步伐明显加快，对国际知识产权合作、产品的标准规范制定、合格评定结果采信等方面的需求也越来越高。但我国相关标准化工作与处于国际领先优势的产业发展水平仍不相适应，在相关国际标准制定中参与程度不高、观点输出较少。在西方主导市场和西方金融机构主导投资的项目中，我国企业仍然习惯依赖国外机构的采信能力，这让我国企业在面对复杂的国际贸易保护现状时略显弱势，我国主导的国际金融与投资项目在推动标准化工作与国际接轨能力方面有待提高。

四 金融推动能源绿色低碳发展的若干建议

深化落实绿色金融。建议能源主管部门会同金融主管部门积极出台各项政策、标准、指南和实施规程，通过增信、贴息、风险补偿等机制加大绿色金融对新能源发展的支持力度；丰富绿色金融产品和服务，通过合理界定新能源绿色金融项目的信用评级标准和准入条件，为新能源企业提供更便利、更廉价、覆盖更广的融资服务。比如，通过绿色债券、绿色基金提升新能源企业直接融资比重，通过绿色信贷降低新能源项目长期贷款利率等。同时进

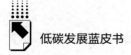

一步降低绿色债券、绿色信贷的实施风险和落地成本，支持金融机构提供绿色资产支持（商业）票据、保理等创新方案，解决新能源企业资金需求。此外，应加快推动以基础设施不动产投资信托基金（REITs）支持新能源项目的规模扩大，目前已有国电投光伏类 REITs 项目成功发行的经验，后续应进一步完善 REITs 发行程序，积极推进新能源项目挂牌并扩大支持规模。

加快推进转型金融发展。转型金融对于支持传统能源行业向低碳转型至关重要。建议金融监管部门明确转型金融的界定标准、披露要求和激励政策，规范转型活动和投资的信息披露。在全国统一的监管要求出台之前，有条件的地方政府和金融机构也可以出台自己的转型金融目录，遵循公正、透明、可信等原则制定有助于市场主体降低识别转型活动成本的界定标准，将转型金融项目纳入绿色项目库，建立示范项目，并给予优惠融资、政府担保、政府基金投资、优惠税率等激励政策支持。金融机构应进一步丰富和发展转型金融工具，包括债务型融资工具、股权类融资工具等，重点关注公正转型，促进转型金融的良性可持续发展。

成立投资基金支持技术产业化。技术创新是推动能源转型的关键因素。建议效仿国家集成电路产业投资基金（也称国家大基金）设立中国能源转型产业投资基金，提高支持科技创新的直接投资能力，支持高校、研究机构、企业联合设立产学研一体化平台，支持建设国家级新能源实验室，推动关键新技术如氢能、新型储能和 CCUS 的研发与应用。这将加速技术创新成果的产业化进程，为能源转型提供强有力的技术支撑。

专栏　国家集成电路产业投资基金介绍

国家集成电路产业投资基金（以下简称"国家大基金"）于 2014年 9 月 26 日成立，首期募资 1387.2 亿元（相比于原先计划的 1200 亿元超募 15.6%），是国内单期规模最大的产业投资基金，主要股东是财政部、国开金融、中国烟草、中国移动、紫光通信、亦庄国投、上海国盛、中国电科等，为期 15 年的投资计划分为投资期、回收期、延展期各

5 年。国家大基金二期于 2019 年 10 月 22 日注册成立，注册资本为 2041.5 亿元，相比于一期的规模扩大了 45%，在股东方面，国家大基金二期同样由财政部、国开金融作为最大股东，投资均超过 200 亿元，不过总体来看资金来源更加多样化和市场化，共有 27 位股东，囊括央企、地方国资和民企，都颇具实力。国家大基金体现了国家扶持集成电路产业的决心，自成立以来在"强长板、补短板、上规模、上水平"方面下功夫，完善集成电路产业供应链配套体系建设，在芯片设计、晶圆制造、封装测试、专用装备和核心零部件、关键材料、生态系统等全产业链的投资项目中，发挥了相当明显的撬动作用，带动了社会和地方的投资积极性，初步缓解了集成电路产业发展投融资难题，极大提升了行业发展信心。

推动电碳政策协同与国际互认。与碳市场的结合将激发产业企业消费绿电的积极性，也将在绿证市场、碳市场等交易市场推动绿色电力消费并体现绿色电力的环境价值。这就需要推动电碳政策协同，明确绿电环境权益在碳市场中的体现方式，动态完善电网及企业的碳排放核算方法，建立电碳协同规划、协同监管、多部门协商、一体化计量等机制。同时，在不影响国家自主贡献目标实现的前提下，积极加强电碳标准的国际互认，推动国际组织的绿色消费、碳减排体系与国内绿证衔接，特别是与欧盟碳边境调节机制的衔接与互认，加强绿证核发、计量、交易等国际标准研究制定，提高绿证的国际影响力。

鼓励民营外资资本参与能源转型。"双碳"目标的实现需要投入大量的资金与资源，这需要全社会的共同努力。应充分尊重产业发展的客观规律，重视不同主体在能源转型发展中的作用，发挥国有企业、民营企业以及外资企业的不同优势，制定公平的市场竞争规则，鼓励民营和外资资本参与能源转型的相关投资活动，如清洁能源大基地等项目。发挥国有企业资金优势，激发民营企业的科技创新活力，结合外资资本的技术和管理优势，为民营企业和外资企业提供参与清洁能源大基地建设的机会，推动项目高效、高标准开发建设，提升运营效率，促进能源产业高质量发展，也为我国能源转型提供更多的技术创新、机制创新、商业模式创新等创新发展解决方案。

B.21
数字经济对能源行业低碳发展的
影响与建议

龙厚印*

摘　要：　数字经济的快速发展正在深刻改变能源行业的低碳发展模式，其中人工智能作为核心技术催化剂发挥了重要作用。本报告旨在探讨人工智能在推动能源行业低碳转型中的关键角色。首先，系统梳理数字经济和人工智能的核心概念及特征，以便更好地理解二者在能源领域的应用潜力。其次，详细探讨了人工智能在电力物理系统（包括发电、配电、输电、变电及用电等环节）和交易系统中的具体应用与成效，得出人工智能的应用，一方面显著提升了电力系统的运行和资源配置效率，推动可再生能源的高效接入；另一方面提高了电力市场的灵活性，促进了智能决策和动态调整，从而更有效地应对不断变化的用户需求。最后，为实现电力系统的持续优化与低碳转型，提出人工智能的长期发展规划应围绕建立以智慧电网大脑为核心的综合管理平台，整合电力物理系统和交易系统的数据资源、促进智能分析和决策，推动电力行业向数字化、智能化与低碳化的目标迈进。

关键词：　数字经济　人工智能　电力物理系统

一　数字经济及人工智能产业发展情况

随着近年来数字化技术的发展，全球数字经济规模持续扩大。数字经济

---

* 龙厚印，经济学博士，福州大学经贸系系主任、副教授，研究方向为能源经济、环境经济、电力经济等。

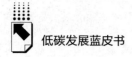

的出现是人类社会自工业革命以来最大的变化，它改变了个人、企业和社会之间的传统关系。

（一）数字经济的概念

数字经济是在全球数字化进程中兴起的新经济模式，它伴随科技革命和产业变革的推进而发展。习近平总书记指出，要推动数字经济和实体经济融合发展，把握数字化、网络化、智能化方向，推动制造业、服务业、农业等产业数字化，利用互联网新技术对传统产业进行全方位、全链条的改造，提高全要素生产率，发挥数字技术对经济发展的放大、叠加、倍增作用。[①]《"十四五"数字经济发展规划》首次在国家层面正式提出了数字经济的定义，认为数字经济是继农业经济和工业经济之后的重要经济形态，关键要素是数据资源，主要依托现代信息网络，以信息通信技术的融合和全方位数字化转型作为主要驱动力，旨在实现公平与效率的有机统一。根据中国信通院的研究数据，2022 年中国数字经济的总规模已达到 50.2 万亿元，位居全球第二，并且连续 11 年增速超过 GDP 增长速度，展现出强劲的增长势头和稳健的韧性。

数字经济与人工智能之间的关系日益紧密，成为推动产业创新和升级的重要动力。在过去十年中，人工智能、云计算和 5G 等新一代信息技术的应用为各行各业注入了新活力，成为实现高质量经济增长的重要引擎。在数字经济的推动下，人工智能产业进入"成熟期"，应用领域逐渐扩展，显著提高了企业的数字化转型和运营效率。此外，政府的政策支持和行业需求的增加为人工智能的快速发展创造了良好的环境。通过优化数据使用和提升决策智能化水平，人工智能正在为制造业、电力行业等多个领域赋能，帮助它们在数字化进程中寻求新的发展路径。

---

① 《习近平主持中央政治局第三十四次集体学习：把握数字经济发展趋势和规律　推动我国数字经济健康发展》，中国政府网，2021 年 10 月 19 日，https://www.gov.cn/xinwen/2021-10/19/content_ 5643653. htm。

（二）人工智能产业发展现状

人工智能作为核心技术催化剂，正在成为数字经济的新引擎。人工智能三大基础要素包括数据、算力和算法，而目前我国在数据和算力方面拥有显著优势。

在数据方面，根据《数字中国发展报告（2023年）》，2023年我国的数据生产总量达到32.85ZB，同比增长22.44%，在全球范围内位居第二。数据的价值正在不断释放，预计到2025年，中国在数据量方面将具备相对优势，数据总量将达到48.6ZB。在数据质量方面，2023年中国人均GDP为1.27万美元，与全球平均水平持平，但互联网的渗透率达到77.5%，明显高于全球平均水平67%。

在算力方面，我国算力正迅速向政务、工业、交通和医疗等多个领域扩展，根据工信部的数据，2023年我国算力核心产业的规模达到1.8万亿元，总算力规模达到230EFLOPS（百亿亿次/秒），稳居全球第二位，仅次于美国。

在算法方面，AI人才是未来产业创新的关键。《中国人工智能人才发展报告（2022）》显示，中国在该领域的专业人才存量约为94.88万人，其中68.2%具有学士学位，9.3%拥有硕士学位，而拥有博士学位的比例仅为0.1%。顶级研究人才的数量仅为232人，约为美国的1/5，显示出顶尖人才的缺乏。《产业数字人才研究与发展报告（2023）》则指出，人工智能行业在人才的数量和质量上都存在明显不足。另外，大模型的数量和质量也是评估算法能力的重要指标。根据斯坦福大学发布的《2024年人工智能指数报告》，美国在顶级人工智能模型的开发上领先于中国、欧盟和英国。2023年，61款知名的人工智能模型出自美国，远高于欧盟的21款和中国的15款。在模型参数方面，中美两国的代表性大模型既有数百亿参数的通用模型，也有数十亿参数的行业特定模型。然而，在影响力层面，中国尚未出现类似于GPT-4、Gemini和Sora这样的全球知名模型。

从应用领域来看，人工智能的应用前景广阔，广泛应用于推动零售、医

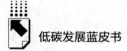

疗、金融、制造和文娱等行业从数字化向智能化转型。尤其是在电力行业，人工智能的应用日益增多。一方面，它加速了在源网荷储管理、功率预测及信息开发等电力系统各领域各环节中的渗透，助力新型电力系统建设；另一方面，它将电力交易市场的市场趋势、价格波动等通过数字化方式表达，形成电力交易系统在虚拟环境中的"数字镜像"。人工智能的应用完成了电力物理系统、交易系统和数字空间之间的深度交互与映射，进而实现了整个电力系统的数字孪生化。

二 人工智能在电力系统中的应用

电力行业是国家重要的基础能源领域，涵盖发电、变电、输电、配电和用电五个关键环节，构成电力产业链的闭环，即电力物理系统（见图1）。随着可再生能源技术的发展和智能电网的兴起，该行业面临机遇与挑战。智能电网通过高速双向通信网络和先进技术实现全环节智能化，达到可靠性、安全性、经济性与环境友好性的目标，其核心特征包括自愈能力和多种发电方式的接入，不仅能够显著提高电力系统的运行效率和可靠性，还能更好地满足新能源接入和分布式发电的需求。

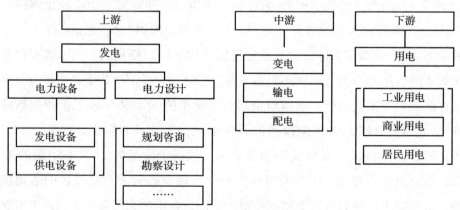

图1 电力物理系统

根据中商产业研究院数据，中国智能电网市场规模从 2017 年的 476.1 亿元增长至 2022 年的 979.4 亿元，预计到 2023 年将达到 1077.2 亿元（见图 2）。国家电网和南方电网的投资均呈波动上升趋势，2024 年预计分别超过 6000 亿元和 1730 亿元，推动新型电力系统建设。

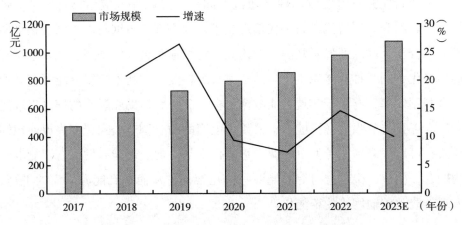

图 2　2017～2023 年中国智能电网市场规模及增速

资料来源：中商产业研究院。

与此同时，电力物理系统的快速发展也带动电力交易系统的迅速扩大。数据显示，电力市场交易规模从 2016 年的 1.1 万亿千瓦时增长至 2023 年的 5.67 万亿千瓦时，占社会用电量的 61.4%。为推动绿色能源生产与消费，绿电交易累计电量达到 954 亿千瓦时，2023 年的交易电量为 697 亿千瓦时，体现了绿色价值，积极推动社会可持续发展。

下面具体分析人工智能技术在发电、输电、变电、配电、用电、电力交易市场、碳交易市场等方面的应用。

（一）发电端：平抑新能源波动性

随着"双碳"目标的提出，中国的电力能源结构正逐步向绿色和低碳方向转型。新能源作为推动我国能源转型的重要力量，在"十四五"期间将保持快速发展，并逐步成为主要电源。从发展趋势来看，东部地区的城市

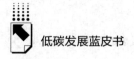

将优先开发和应用分布式新能源，加之西电东送的支持，预计将形成集中式与分布式并重的新能源发展格局。然而，由于风能和太阳能发电具有间歇性和波动性，电网中新能源发电渗透率的提高将给电力系统带来电能质量和供需平衡等多方面的挑战。

针对新能源发电的波动性和随机性问题，可以深入应用云计算、大数据、物联网和人工智能等新一代信息技术，促进智能电网与能源网在物理层面的耦合与互联。通过互联网技术建立信息互通平台，实现新能源发电系统的扁平化，同时推动能源生产与消费方式的转变。这将不断提升能源资源的综合利用效率，有助于实现节能减排目标。此外，借助互联网的信息提取能力和人工智能的强大计算能力，将传统电网的动态调节模式转变为提前预知模式，可以提升新能源发电的调度智能化水平，促进新能源发电与智能电网的融合，构建一个信息对等的能源一体化架构，从而达到能源供需的平衡，实现新能源传输网络的智能化。

（二）输电端：基于人工智能技术的异常识别与灾害预警系统

输电设备主要包括杆塔、架空线、电缆、绝缘子和金具等。由于输电线路通常较长，且有些穿越城市或位于山区和无人区，运行环境非常复杂。这些线路易受覆冰、舞动、雷击和污秽等的影响，因此，利用智能技术代替人工巡检，实现异常监测并提前预警灾害，是输电智能运维的关键任务。

在巡检方面，可以依靠图像、视频、红外和遥感等多种采集设备，通过人工智能自动识别外力破坏、异物入侵、鸟窝、覆冰、舞动现象、山火，以及安全距离不足等风险。此外，进一步丰富模型库和完善算法，有助于自动识别螺栓松动、金具磨损、导线断裂、污垢和锈蚀等细微缺陷。引入无人机和智能监测终端后，实现了输电线路的自动化巡检，这显著提高了巡检的效率，同时减轻了人员的工作强度。

在灾害预警方面，智慧电网通过"天地空"一体化的监测和预警系统，能够有效识别和预防各种风险。结合卫星监测、无人机巡检和专业人工巡检等手段，智慧电网能够实时监控山火、冰雪等自然灾害。这种多层次的监测系统确保了输电线路在极端气候条件下的安全性，提高了应急响应能力。

（三）变电端：提升电力系统安全性与效率的智能化解决方案

随着科技的不断进步，电力系统也逐渐实现了智能化。在现代电力系统中，智能变电站承担着集中控制的重要功能。这些变电站能够对调度中心、运维中心及电力监控中心进行远程指挥和调度。同时，智能变电站内的智能系统能够实时监控站内工作信息，并自动校对全站的运行控制，从而确保电力系统的安全稳定传输。

智能变电站的一大优势是对工作信息和运行数据的实时快速分析与处理。这种能力提升了在线监测系统的质量，确保了电力资源的精确评估与管理。此外，智能变电站系统的高效性在于能够更好地支持互联网配置运行监督及电力维护工作。得益于预先设定的设备运行参数与临界状态数据，在实际运行中，系统能够自动检测设备，及时监控潜在隐患，降低生产事故的发生率。同时，这项技术提升了变电站的自动控制能力，减少了人为误操作引发的事故风险。

智能变电站还可通过智能摄像技术记录和监控变压器、开关及保护装置等设备的工作状态和故障信息，实现设备工作的可视化。这一功能为上级调度部门提供了更加直观的设备运行状况图像，使其能够随时监控变电站设备的负荷状态及设备寿命，保障安全生产。通过分析变电站的运行故障，系统能够分类和处理故障与报警信息，这对于实现全面的在线管理至关重要。同时，通过深入分析设备故障信息，并将相关数据反馈给人工分析部门，能够有效解读造成系统错误的数据源，并用可视化的方式简明呈现给监控人员。

（四）配电端：实现多能互补与可持续发展的电力系统转型

在实现"双碳"目标的背景下，各类分布式电源和充电桩等用户侧设备正逐渐接入配电网。特别是在新型电力系统加速构建的过程中，我国的配电网将呈现多样化的特点，包括高比例接入分布式电源、脉冲型负荷和电力电子设备。电源、负荷以及时空状态的变化将带来不确定性。同时，随着大量分布式资源的加入，配电网将不再仅仅是单一的电力输送系统，而会演变为一个多能互补的配置平台，呈现复杂的网络结构和运行环境。

在这一背景下，配电网的数字化转型显得尤为重要，成为关键的电力供应、能源转型和资源配置平台。智慧配电系统通过结合新一代技术及智能设备，能够实现电网的智能管理与控制，从而增强电力系统的安全性、稳定性并提高效率。智慧配电系统的组成部分包括智能终端、传感器、数据通信网络、数据中心以及人工智能算法等，能够实现对电力负荷、电能质量和电力设备运行状态的实时监测、分析和预测。同时，这些系统还可以进行智能化控制和调度，从而在满足电力供应的前提下，最大程度地节约能源、减少浪费和降低环境污染。智慧配电技术对于推动能源结构转型、促进可持续发展，以及实现智慧城市建设具有重要的推动作用。

（五）用电端：优化资源配置与提升用户体验的能源互联网基础

以往的电力系统主要集中在发电侧及输配电网的建设，主要依靠大规模增机扩容应对快速增长的电力需求。然而，随着能源供给转折点的不断逼近，传统的发展模式面临限制。因此，从智能用电的视角来看，加强用电侧资源的全国性普查、合理规划、优化配置及精细化管理显得尤为紧迫，这对于调整国民经济中不合理的产业结构和缓解能源供给紧张问题具有重要的战略意义。

智慧用电利用数字技术、智能感知、数据分析及人工智能，结合智能电网终端与自动抄表系统，提升了电力数据的精确采集与管理能力，并支持实时监测与远程控制。它还特别关注可再生能源的整合与管理，以实现高效利用和稳定接入。此外，智慧用电还推动了终端用户的智能化，例如智能家居和电动车充电桩的普及，从而提升用户体验并优化负荷管理。作为构建能源互联网的核心，智慧用电通过建立相应的平台，促进多种能源的协同与互动，提高了电力系统的可靠性、经济性及可持续性。

（六）电力交易市场端：精准预测、优化资源与保障交易安全

电力交易市场作为经济与社会的重要基础，正面临提升能源效率、推动清洁能源发展和实现智能化运营的多重挑战。人工智能技术在这一市场的应用能够显著提高市场效率、优化资源配置、降低运营成本，并提升服务质量。同时，这些技术能够协助市场监管机构更有效地监测市场活动，从而保障交易市场的稳定与可持续发展。

电力交易市场的智能化主要依赖人工智能技术与数据分析实现多种功能。首先，通过分析历史用电情况、天气变化以及经济数据，建立精准的电力需求和价格预测模型，为市场决策提供依据。其次，利用智能算法优化负荷管理，基于实时的需求与供应情况，实现高效的电力分配，减少资源浪费。此外，人工智能还能够通过深入分析交易数据，为市场参与者提供决策支持，并识别潜在的欺诈行为，确保交易的安全性。在客户服务方面，智能推荐算法可以提供个性化的电力产品，从而提升用户体验。此外，实时市场监测和风险管理系统能够迅速发现市场风险并预警。最后，利用区块链技术进行数据认证与溯源，确保交易数据的可靠性和透明度。这些智能化措施共同推动了电力交易市场的高效、安全与可持续发展。

（七）碳交易市场端：实时监测、优化配额与提升管理效率

人工智能在电力行业碳交易市场的应用越来越重要，主要体现在多个关键领域。首先，人工智能通过大数据分析技术实现对电力行业碳排放的实时监测，显著提升了数据的准确性和及时性。这种监测不仅有助于企业更有效地报告碳排放，还能降低虚报和瞒报的风险，从而提高碳市场的透明度与公正性。通过机器学习算法分析历史碳排放数据、天气状况及经济活动，可以预测未来的碳排放趋势，帮助企业制定减排策略并参与碳交易。

其次，人工智能在优化配额分配机制方面也发挥了重要作用。通过计算电力碳排放因子，人工智能能够支持动态更新和发布相关数据，为准确核算

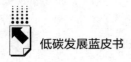

电力碳排放量和建立行业基准值提供必要的支持。这种优化不仅完善了配额设计和分配方案，还提高了企业参与碳市场的积极性。

再次，人工智能在提升碳排放管理能力方面表现出色。利用电力大数据，人工智能可以帮助企业强化对重点用户的频繁碳排放监测，实现全面覆盖。这种高频监测有效提升了企业的碳排放管理水平，使其在履行合规要求时更加高效。同时，人工智能还可以协助电网公司建立与国际标准接轨的碳认证体系，促进绿电交易与碳市场的有效衔接，以应对新型贸易壁垒。这一认证体系不仅增强了产品的市场竞争力，也为企业的可持续发展提供了支持。

最后，人工智能在降低核查成本和提升核查精度方面也展现出显著优势。通过发展电力大数据辅助核查技术，人工智能能够有效降低碳排放核查的成本，并提高核查的精度，确保数据的真实性和可靠性。这一系列应用使得电力行业碳市场的数字化发展变得不可或缺，推动了碳市场的健康发展，并促进了电力行业的清洁低碳转型。

三 人工智能在电力系统中应用的长期规划

为了有效应对日益复杂的电力需求、可再生能源占比提升及电力市场变革，构建以智慧电网大脑为核心的综合管理平台，是实现高效、安全、灵活的电力系统新模式的关键。这一平台将全面统筹电力物理系统（包括发电、配电、输电、变电及用电等环节）与电力交易系统（涵盖电力交易市场和碳交易市场），并建立与之相适应的智能管理与调控机制。

智慧电网大脑的功能框架如图3所示，旨在以信息物理系统为基础，结合先进的人工智能技术，以电力网络为核心，整合能源流与信息流，实现全面的智能调度与市场交易管理。其核心目标是通过大数据分析与实时监测，优化资源配置，提升电力供需平衡的效率。智慧电网大脑的核心功能及作用如下。

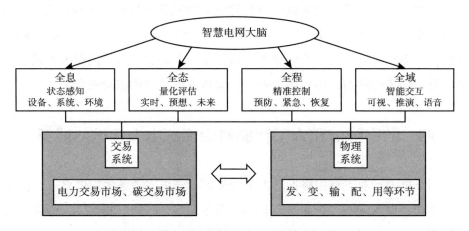

图 3　智慧电网大脑功能框架

（一）实时数据分析与交易决策支持

智慧电网大脑不仅关注电力物理系统的运行状态，还将深度融合电力市场的信息流动，实现在动态环境下的数据分析与交易决策支持。系统基于实时采集的电力生产与消费数据，运用机器学习与预测算法，及时识别预测市场趋势，从而优化交易策略并降低风险。

（二）碳排放监测与管理

智慧电网大脑在运营过程中，将考虑碳排放的监测与管理。这种监测机制促进了绿色电力与碳交易之间的有效互动，确保电力市场遵循环境保护的要求，为实现可持续发展做出贡献。

（三）提升市场透明度与公平性

智能电力交易系统的设计主要围绕提升市场透明度与公平性。通过多源数据融合与态势感知技术，系统能够实时评估市场供需状况，支持精准的交易建议与决策。此外，基于对电力物理系统的全面分析，智慧电网大脑能够自适应调整电力采购、售电及碳交易等策略，实现电力交易的高效管理。

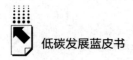

总而言之，智慧电网大脑通过统筹电力物理系统与电力交易系统，实现对电力系统"全息、全态、全程和全域"管理，发挥智能化的决策与协调作用，致力于提升电力行业的整体运行效率与市场竞争力，实现电力系统的智能化、绿色化转型，构建更加安全、灵活和可持续的能源未来。

四　数字经济和人工智能赋能能源电力领域的展望

当下电力行业正在积极推动人工智能技术与电网业务的深度融合，涵盖电网生产、设备运维、企业经营和客户服务等多个领域。同时，人工智能的应用模式也在不断演变，从单一专业领域向"通用+专业应用融合"的方向发展，推动了更广泛的业务应用。在电力系统长期规划中，电力行业将聚焦人工智能技术的应用，构建以智慧电网大脑为核心的综合管理平台，加快传统专业人工智能应用的布局，同时探索通用人工智能技术，构建通用与专业应用相结合的新模式，以提升产业链上下游企业的数字化赋能服务水平。

（一）应用深化

电力行业将重点关注核心场景，挖掘潜在应用需求，以提高人工智能技术的实际应用价值，解决行业瓶颈问题，推动数字技术的深度嵌入。

（二）模型统一

行业将建立统一的人工智能模型和算法库，以提高开发效率和准确性，适应多样化需求，探索大模型的研发与应用，构建大模型与专用模型的协同应用模式。

（三）样本汇聚

电力行业将推动样本的刚性定向归集，强化知识沉淀与共享，建立数据监管机制，确保人工智能技术的稳定可靠应用。

（四）算力规划

行业将根据人工智能应用需求，合理布局算力资源，提供高性能、高承载、高可靠的算力服务，支持大模型训练和专用模型调优。

（五）机制优化

电力行业将建立完善的人工智能技术应用评估和安全管理机制，确保应用合规与安全，强化专业团队支持，提高应用质量与可持续性。

B.22
我国碳排放统计核算体系建设情况及建议

金艳鸣*

摘　要： 我国碳排放统计核算体系建设正处于发展起步阶段，目前已建立由国家发展改革委、国家统计局、生态环境部以及国家市场监管总局组成的碳排放统计核算工作机制，在国家/区域层面已经与国际接轨，但是在企业和产品层面亟待改进和完善，主要表现为尚未包含价值链上下游间接排放的核算内容，排放因子相关数据库较国外水平存在差异。长远来看，碳排放统计核算应用场景丰富，与碳排放双控制度、碳排放权交易制度、国际绿色贸易规制等密切相关，需要在国家制度总体设计中通盘考虑，加强顶层设计，保证不同主体电力碳排放核算结果的一致性、准确性和可比性，体现国家碳治理的公平性、有效性和经济性。

关键词： 碳排放统计核算　排放因子　国家碳治理

一　碳排放统计核算体系的概念与意义

（一）碳排放统计核算体系的概念

碳排放统计核算体系为应对气候变化政策（自上而下）和社会低碳减

---

* 金艳鸣，博士，教授级高级工程师，国网能源研究院有限公司，研究方向为能源环境经济政策分析、可计算一般均衡模型、电碳核算、碳管理等。

排需求（自下而上）双驱动而建立，为国家、组织、产品、项目提供温室气体排放量化方法与信息报告方式，包括核算主体、核算标准、核算方法、核算内容、核算制度等要素。从国内外现有的核算标准、指南、规范等来看，碳排放统计核算体系包括两类：一类是自上而下进行排放源分解的碳排放统计核算体系，主要对国家、省及地市级、园区等的温室气体排放进行核算；另一类是自下而上开展企业/组织、项目或者产品层面碳排放统计核算的体系（见图1）。

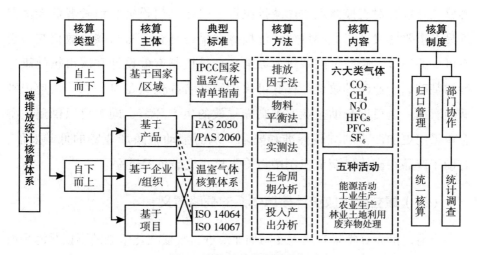

图1 碳排放统计核算体系

碳排放统计核算体系建设是一项复杂而庞大的系统工程，对不同层面的核算对象开展碳排放统计核算，工作目标不同，具体工作要求也不同。不同层面、不同维度的碳排放统计核算工作，涉及的核算对象不同、核算边界不同、工作目标不同、数据来源不同、管理部门不同、工作基础不同，并且核算数据精度要求越高，需要核算的内容和数据工作量越大，数据的可获得性越低、成本越高，因此要统筹平衡好科学性和可操作性的关系。

从核算内容来看，主要针对能源活动、工业生产、农业生产、林业土地利用以及废弃物处理五种活动开展二氧化碳、甲烷、六氟化硫等六大类温室气体核算。从核算方法来看，主要有排放因子法、生命周期分析、投入产出分析、实测法和物料平衡法。目前二氧化碳排放的在线监测无论从技术、成本还是覆盖范围都难以作为碳排放统计的主要手段，仍需要通过核算进行碳排放的统计。

从应用场景来看，国家和区域层面的碳排放统计核算有助于"摸清家底"，全方位了解重点部门、重点行业不用种类温室气体排放源和吸收汇的现状及年际变化趋势，预测未来年份的温室气体排放和吸收，支撑政府制定温室气体管控目标和政策行动。企业/组织、项目以及产品等层面碳排放统计核算对支撑微观主体减排决策、引导部门投资和消费者低碳消费等具有重要意义。企业碳排放统计核算和报告是企业参与碳排放权交易必不可少的环节，高质量的碳排放数据是交易机制有效设计和碳市场健康运行的基础。产业碳排放统计核算可以为消费者提供碳足迹信息，快速识别低碳产品，也可以帮助企业发现高碳排放的生产环节，同时可以倒逼上游企业采用更加严格的减碳标准和要求，从而带动整条产业链的低碳发展，有助于产品在碳边境调节机制中占得先机，突破贸易壁垒。

（二）建立碳排放统计核算体系的战略意义

当前，世界百年未有之大变局加速演进，气候变化带来的不仅是海平面上升和更多极端天气等环境问题，也带来了大国博弈的政治和经济问题。建设碳排放统计核算体系不仅关乎环境治理，也关乎大国博弈下的经济社会发展以及能源转型。目前，我国碳排放统计核算体系建设面临复杂局面，要从国家战略层面统筹协调国内与国外、发展与减排问题。

1. 建立碳排放统计核算体系不仅关乎应对气候变化问题的国际谈判权、碳排放统计核算科学技术领域的话语权，而且关乎国家产业竞争力的塑造和国际产业链的重构

在新一轮全球产业链重构的过程中，相比于资源与制度比较优势，绿色价值观等非市场要素也成为决定产业转移流向和速度的复杂因素之一。目前，国际绿色低碳发展要求对我国产业竞争力存在硬冲击和软约束。硬冲击包括欧盟碳边境调节机制、美国《清洁竞争法案》，以及碳足迹认证被列为

招标采购资格条件；软约束包括绿色标签、企业责任、绿色供应链、碳排放信息披露和公众的绿色意识。相比碳关税，碳足迹标准和标签更具隐蔽性，未来可能成为技术性贸易壁垒。碳关税、碳认证和碳标签的实施需要建立在碳排放统计核算标准制定和认定的基础上。标准是国际贸易的技术纽带，发达国家未来可能以高标准的碳足迹作为绿色产品的采购门槛。实施碳足迹标准和认证对我国制成品出口具有重大影响。根据调研，为了应对欧盟新电池法，宁德时代已在欧洲布局设厂。

2. 建立自上而下与自下而上相结合的碳排放统计核算体系是支撑我国能耗双控向碳排放双控转变的重要基础，直接关乎"全国一盘棋"的"双碳"治理格局构建

政府、企业、社会组织和公众都是"双碳"目标落地的重要责任主体，自上而下与自下而上相结合的碳排放统计核算体系有利于激发行政力量、市场力量和社会力量共同减碳降碳。只有在多元主体的政策协同下，才能形成真正全社会参与的"双碳"治理格局。而这些政策措施的基础是碳排放统计核算，即对产业、企业/组织、产品、消费活动的碳排放进行核算，引导并促进经济社会从高碳发展转向低碳发展。自上而下的温室气体清单是评估分担区域以及行业减排责任的重要工具；自下而上的碳排放统计核算体系有利于促进企业和民间社会的自愿性减排活动和大量创新的低碳经济实践。

3. 建立统一规范的碳排放统计核算体系是协同碳减排政策与能源转型政策的关键，直接关乎能源高质量发展的推进

电碳核算规则直接影响能源电力供需格局。碳排放统计核算是能耗双控向碳排放双控政策转变的关键基础内容。企业/组织、产品、项目等不同主体电力排放因子关键参数的核算选择规则直接影响区域产业布局，进而影响能源电力供需格局。基于碳排放统计核算的减排政策设计直接影响能源转型的节奏与路径，关乎能源电力系统的安全性与经济性。可再生能源不纳入能源消费总量控制等配套政策以及绿电、绿证抵扣碳配额机制的设计，都将通过消费侧对绿电的使用直接影响能源转型的力度与节奏。能源转型的节奏、力度和行业间、地区间梯次达峰的协同情况均会对能源电

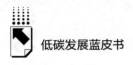

力系统转型的安全裕度、转型成本，以及局部地区能源、电力系统的稳定结构带来影响。要建立以碳排放统计核算为基础的碳预算管理机制，促进地区产业和能源结构优化升级，结合实际及时调整优化碳预算，确保能源供需动态平衡。

综上所述，碳排放统计核算体系是我国统筹区域、行业等不同减排主体设计"双碳"路径、选择碳减排机制与政策工具的重要基础与抓手。我国碳排放统计核算体系正处于发展初期阶段，碳排放统计核算应用场景丰富，与碳排放双控制度、碳排放权交易制度、绿色贸易制度等密切相关，需要在国家制度总体设计中通盘考虑，加强顶层设计。

二 碳排放统计核算体系建设现状与问题

（一）国际通行的核算方法与标准体系

碳排放统计核算标准按照不同层次分级可分为国家、地区层面，企业/组织层面，产品/服务层面，国家、地区碳排放是指整个国家或地区的总体物质与能源消耗所产生的碳排放量，企业/组织碳排放是指整个企业或组织消耗物质与能源所产生的碳排放量，产品/服务碳排放是指产品制造、使用及废弃处置以及服务提供等过程中产生的碳排放量。当前较为有影响力的主要是表1中的相关标准。

表1 现行典型的国际碳排放统计核算标准

适用范围	文件名称	单位组织
国家、地区层面	《1996年国家温室气体清单指南》(1996年IPCC指南)	政府间气候变化专门委员会(IPCC)
	《2006年国家温室气体清单指南》(2006年IPCC指南)	IPCC
	2006年指南修订报告(2019年修订报告)	IPCC
	《温室气体议定书—城市核算报告标准》	世界资源研究所(WRI)

适用范围	文件名称	单位组织
企业/组织层面	《温室气体议定书—企业组织核算报告标准》	世界持续发展商业理事会(WBCSD)、WRI
	组织、项目层次上对温室气体排放和清除的量化、监测和报告的规范及指南(ISO 14064)	国际标准化组织(ISO)
产品/服务层面	PAS 2050《商品和服务在生命周期内的温室气体排放评价规范》	英国标准协会(BSI)
	《产品生命周期核算和报告标准》	WRI
	ISO 14067《温室气体 产品碳足迹 量化和信息交流的要求和指南》	ISO

1. IPCC 国家温室气体清单指南

IPCC 国家温室气体清单指南（Guidelines for National Greenhouse Gas Inventories，以下简称 IPCC 指南）目前是世界各国开展温室气体排放统计核算的重要依据，其主要从能源活动、工业生产、农业生产、土地利用变化和林业以及废弃物处理五类排放来核算一个国家/地区的温室气体排放情况（包括碳汇）。IPCC 指南由政府间气候变化专门委员会制定，它是当前适用性最广泛的标准，世界各国制定本国的温室气体排放统计核算体系大多以 IPCC 指南为准。IPCC 按照排放因子的精准程度，将碳排放统计核算方法分为三个层次，即采用 IPCC 缺省排放因子、采用特定国家或地区的排放因子、采用具有当地特征的排放因子。IPCC 指南的目标是帮助《联合国气候变化框架公约》的缔约方履行汇报温室气体源的排放和汇的清除清单、提交温室气体排放清单等义务。

2. 温室气体核算体系

温室气体核算体系（GHG Protocal）由一系列为企业、组织、项目等量化和报告温室气体排放情况服务的标准、指南和计算工具构成，是被世界上不同主体广泛使用的温室气体排放统计核算标准。现有的体系主要由 7 个标准组成，分别是适用于企业和组织的《温室气体核算体系：企业核算与报告标准》、适用于城市和社区的《温室气体核算体系：城市核算与报告标准》、适用于国家和城市的《温室气体核算体系：减缓目标标准》、适用于企业和组织的《温室气体核算体系：企业价值链（范围三）核算与报告标准》、适用于国家和城市的《温室气体核算体系：政策和行动标准》、适用于企业和组织的《温室气体核算体系：产品生命周期核算和报告标准》、适用于企业、组织、国家和城市的《温室气体核算体系：项目核算和报告标准》。

温室气体核算体系涵盖了《京都议定书》规定的 6 种温室气体，由 170 多家国际公司和世界资源研究所联合建立，是世界上最具影响力和应用最广泛的企业碳排放统计核算工具之一。此外，它也是几乎所有碳排放统计核算标准的基础，包括 IOS 14064 系列、IPCC 国家温室气体清单指南，以及我国发布的 24 个行业企业温室气体排放核算方法与报告指南。为更清晰地定义和量化企业的温室气体排放，温室气体排放统计核算体系引入了范围 1、2、3 的分类方法。范围 1 排放包括企业内部控制或拥有的设施和设备直接产生的温室气体排放。范围 2 排放是企业因使用购买的电力、热力、冷力和蒸汽等引起的间接温室气体排放。范围 3 排放涵盖企业价值链上游和下游各环节发生的其他间接温室气体排放。

3. ISO 碳排放统计核算系列标准

国际标准化组织也制定了多项碳排放统计核算标准，其中最重要的标准是适用于企业及组织层面的 ISO 14064 和适用于产品层面的 ISO 14067。

ISO 14064 是一个由三部分组成的温室气体管理国际标准，包括 ISO 14064-1《温室气体　第一部分　组织层次上对温室气体排放和清除的量化和报告的规范及指南》、ISO 14064-2《温室气体　第二部分　项目层次上对温室气体减排和清除增加的量化、监测和报告的规范及指南》、ISO 14064-3《温室气体　第三部分　温室气体声明审定与核查的规范及指南》。ISO 14064 目的在于降低温室气体的排放，促进温室气体的计量、监控、报告和验证的标准化，提高温室气体报告结果的可信度与一致性。组织可通过使用该标准化的方法明确组织本身的减排责任和风险，以及帮助组织开展关于减排计划与行动的设计、研究和实施。

ISO 14067《温室气体　产品碳足迹　量化和信息交流的要求和指南》

是关于产品层面的标准，它由两部分组成，分别是产品碳足迹的量化和产品碳足迹的信息交流。编制该标准的目的是通过生命周期评价的方法量化一个产品在整个生命周期的温室气体排放量，并对结果进行标准化的信息交流。

4. PAS 系列规范

PAS 系列规范是由英国标准协会制定的一系列碳排放统计核算规则。PAS 2050 全称为 PAS 2050《商品和服务在生命周期内的温室气体排放评价规范》，是第一个产品碳足迹核算标准，于 2008 年 10 月公布，旨在对评估产品和服务生命周期内温室气体排放的要求做出明确规定。PAS 2050 在 2011 年进行了更新，更新后的版本对产品碳足迹核算提供了更加详细的要求和指导。PAS 2050 是目前唯一确定的、具有公开具体的计算方法、咨询最多的评价产品碳足迹标准。它是建立在生命周期评价方法之上的评价物品和服务（统称为产品）生命周期内温室气体排放的规范。其规定了两种评价方法：企业到企业（B2B）和企业到消费者（B2C）。

PAS 2060 标准是英国标准协会协同英国能源及气候变化部、马克斯思班塞（Marks & Spencer）、欧洲之星（Eurostar）、合作集团（Co-operative Group）等知名机构共同开发制定的。它是国际公认的碳中和规范，也是唯一一项国际公认的碳中和标准，以现有的 PAS 2050 环境标准为基础。PAS 2060 规定了组织、产品和活动量化、减少和抵销温室气体排放的要求。国内很多碳中和证书，认证标准就是 PAS 2060。

（二）我国碳排放统计核算体系

1. 国家/区域层面

在国家层面，我国已基本建立国家温室气体清单编制工作体系和技术方法体系，生态环境部总体负责定期编制更新温室气体清单和发布工作，目前已提交 5 份国家履约报告，包括 1994 年、2005 年、2010 年、2012 年和 2014 年国家温室气体清单，涵盖能源活动，工业生产过程，农业活动，土地利用、土地利用变化和林业（LULUCF）以及废弃物处理 5 个领域的温室气体排放和吸收汇情况，涉及二氧化碳、甲烷、氧化亚氮、氢氟碳化物、全氟碳化物、六氟化硫 6 类气体。与发达国家相比，由于我国的国家温室气体排放清单编制缺乏历史连续性，难以就我国碳排放趋势拐点做出准确判断，也无法准确测算我国历史累计碳排放量等指标。

在省级层面，我国已发布《省级温室气体清单编制指南》，形成了全国及省级碳排放强度指标核算发布机制，但省级层面的碳排放统计核算体系目前没有规范化的定期运行与完善机制。2011 年，国家发展改革委发布《省级温室气体清单编制指南》，先后组织 31 个省（区、市）开展 2005 年、2010 年、2012 年和 2014 年清单编制和清单质量联审工作，目前部分地区已实现连续年度的清单编制。省级清单编制范围包括能源活动，工业和生产过程，农业、土地利用变化，林业及废弃物处理 5 个方面，制定了电力调入调出的二氧化碳核算方法。从"十二五"时期起，我国逐步建立和完善应对气候变化统计指标体系和温室气体排放基础统计制度。根据全国及各省（区、市）分品种能源消费量及相应排放因子开展碳排放强度核算工作，核算结果为编制国家履约报告，开展国家和地方碳排放强度控制目标评估、考核、形势分析等工作提供了保障。

2. 行业与企业层面

2013~2015 年，国家发展改革委陆续发布了 24 个行业的企业温室气体排放统计核算方法与报告指南[①]，其中 11 个转化为国家标准，在企业层面初步建立了碳排放统计核算方法。这一系列指南是以法人企业或独立核算组织为单位，以产品类别为行业划分标准，对符合核算指南划定边界的所有生产场所和设施产生的温室气体排放量进行核算。从核算方法来看，绝大多数企业的核算方法仍是排放因子法；在部分工艺流程多元化，原材料投入情况复杂的核算中，使用了质量平衡法，例如在石油化工行业制氢的核算中，由

---

① 2013 年 10 月，出台首批 10 个行业核算方法学，包括发电、电网、钢铁生产、化工生产、电解铝生产、镁冶炼、平板玻璃生产、水泥生产、陶瓷生产和民航等行业。2014 年底，发布 4 个行业核算方法学，包括石油天然气生产、石油化工、煤炭生产、独立焦化。2015 年 7 月，发布 10 个行业核算方法学，包括机械设备制造、电子设备制造、其他有色金属、食品生产、造纸及纸制品生产、矿山、氟化工、陆上交通运输、公共建筑运营、工业及其他行业。

于工艺路线较多，难以统一用排放因子法核定，因此采用质量平衡的方法。随着地方碳市场的发展，地方碳交易试点制定发布了本地区企业温室气体排放核算与报告指南①。

随着全国碳市场工作的深入推进，服务于碳市场的核算方法逐渐从以企业边界为主，转向了以设施（发电企业的发电机、水泥企业的水泥生产线等）为主。2021 年 3 月，生态环境部发布了《企业温室气体排放核算方法与报告指南　发电设施》，对纳入全国碳市场配额管理的发电企业重点排放单位发电设施的温室气体排放核算和报告工作进行规范。2022 年 12 月，生态环境部更新发布了《企业温室气体排放核算与报告指南　发电设施》、《企业温室气体排放核查技术指南　发电设施》。

2023 年 10 月，生态环境部更新了钢铁、水泥、电解铝三个行业的核算指南，主要变化表现为三个方面。一是核算边界的变化。新增了钢铁、电解铝生产工序层级的核算要求，将原来钢铁、电解铝行业"补充数据表边界"整合为"生产工序核算边界"；企业层级核算不再包括附属生产系统产生的排放，如职工食堂、车间浴室、保健站等产生的排放不纳入企业层级范围。二是核算要求变化。明确了部分活动水平与排放因子的获取要求以及开展碳元素检测的要求；给出了企业层级与生产工序层级电力使用排放的核算要求，明确企业使用的非并网直供电和企业自发自用的非化石能源电量对应的排放按 0 计算，其他的直购绿电、绿证等非化石能源电力消费方式均按照正常网电计算，同时需单独报告非化石能源电力消费量，并提供相关证明材料；电力排放因子也从一直沿用的区域电力排放因子修订为生态环境部最新发布的全国电力平均碳排放因子；对于净购入热力造成的排放，给出了详细的热量换算公式，并对蒸汽及热水温度、压力数据来源做了明确要求。三是排放报告形式变化。形式上不再采用大量的文字描述，而是全部通过表格的方式呈现。

---

① 例如，北京市发布《北京市企业（单位）二氧化碳排放核算和报告指南》，湖北省发布《湖北省工业企业温室气体排放监测、量化和报告指南（试行）》，广东省发布《广东省企业（单位）二氧化碳排放信息报告指南》和《广东省企业碳排放核查规范》等。

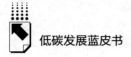
3.产品层面

产品碳足迹来源于生命周期评价方法，核算口径包括"从摇篮到大门"和"从摇篮到坟墓"两种。前者是指产品的碳排放统计核算截止到该产品走出工厂，这种方式一般适用于非终端消费的产品；后者除要考虑原材料生产和运输过程中的碳排放外，还要考虑产品使用及废弃阶段的碳排放，一般适用于消费端的产品。目前，国内外关于产品碳足迹核算的标准并不完全一致，主要体现为数据（初级数据与背景数据）选取原则及核算口径存在差异，各行业、各地区出台的核算方法亟待统一。我国产品碳排放统计核算体系尚不完善，主要表现如下。

一是国内产品级生命周期碳排放统计核算标准起步较晚。2024年8月，生态环境部发布国家标准《温室气体 产品碳足迹 量化要求和指南》。该标准是产品碳足迹核算通则，规定了产品碳足迹的研究范围、应用、原则和量化方法等，主要借鉴国际标准化组织发布的ISO 14067，相较于国际上增加了编制具体产品碳足迹标准的参考框架、数据地理边界信息建议等，填补了国内产品碳足迹核算通用标准的空白，为指导编制具体产品碳足迹核算标准提供依据。该标准核算范围包括二氧化碳、甲烷、氧化亚氮、氢氟碳化物、全氟碳化物、六氟化硫、三氟化氮7种；评价全生命周期阶段，包括原材料获取、制造、运输、销售和使用、废弃处置阶段（摇篮到坟墓），实际核算时应至少涵盖从原材料获取到产品离开生产组织（摇篮到大门）的部分生命周期阶段；数据分配原则首先按照物理关系，然后再根据经济价值分配，即在系统边界内收集数据时，当同一个过程的输入和输出包含多个产品时，需对其总排放量进行分配，分配的原则应首先根据物理关系（包括但不限于生产量、工时、热值等），其次根据经济价值（多年平均值）。

二是缺少健全的产品碳足迹核算数据体系。在我国企业现有统计体系和计量体系基础上，核算产品全生命周期的碳足迹，在所有环节的数据收集、数据计算等方面仍存在较大的挑战。在活动水平数据获取过程中，需要生产商具有完备的技术条件，可精准测算产品在整个生产过程中的碳排放量，目前许多企业自身计量体系不足以支撑"初级数据"获取。此外，我国现有的排放因子数据库不足以支撑"背景数据"获取。目前国内企业开展碳足迹核算所使用的排放因子数据库,一方面来源于国内相关机构自主研究确定的零散数据,系统性、科学性和可比性不足;另一方面来源于发达国家的数据库,在用能结构、生产工艺等产品全生命周期各环节与国内差异较大,适用性较差。

三是缺少统一的制度体系。我国碳标签制度体系建设缓慢,相关指导文件不清晰,碳标签管理机构不明。碳标签制度在立法层级上以及具体制度的设计与安排上一直处于空白,碳标签的激励政策和约束政策缺乏,目前仅对重点排污单位提出了强制碳信息披露要求。2024 年,《关于建立碳足迹管理体系的实施方案》,明确要求到 2027 年编制 100 个左右重点产品碳足迹核算标准,主要包括电力、煤炭、天然气、燃油、钢铁、电解铝、水泥、化肥、氢、石灰、玻璃、乙烯、合成氨、电石、甲醇、锂电池、新能源汽车、光伏和电子电器等,明确产品碳足迹核算边界、核算方法、数据质量要求和溯源性要求等内容;建立完善产品碳足迹因子数据库、产品碳标识认证制度以及产品碳足迹分级管理制度,加大碳足迹标识推广应用力度,以电子产品、家用电器、装饰装修材料和汽车等消费品为重点,有序推进产品碳标识在消费品领域的应用。2021~2024 年国家推进产品碳排放统计核算的相关政策见表 2。

表 2　2021~2024 年国家推进产品碳排放统计核算的相关政策梳理

年份	相关文件	主要内容
2021	《2030 年前碳达峰行动方案》	探索建立健全重点产品全生命周期碳足迹标准,积极参与国际能效、低碳等标准的制定和修订,加强和国际标准接轨
2022	《关于加快建立统一规范的碳排放统计核算体系实施方案》	推动建立健全重点产品碳排放统计核算方法,优先聚焦电力、钢铁、电解铝、水泥、石灰、平板玻璃、炼油、乙烯、合成氨、电石、甲醇及煤化工等行业和产品,指导企业和第三方机构开展产品碳排放统计核算
2022	《工业领域碳达峰实施方案》	建立健全产品全生命周期碳排放数据库;实施废钢铁、废有色金属、废纸、废塑料等再生资源回收利用行业规范管理,鼓励符合规范条件的企业公布碳足迹

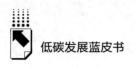
年份	相关文件	主要内容
2023	《关于加快建立产品碳足迹管理体系的意见》	到2025年,国家层面出台50个左右重点产品碳足迹核算规则和标准,一批重点行业碳足迹背景数据库初步建成,国家产品碳标识认证制度基本建立;到2030年,国家层面出台200个左右重点产品碳足迹核算规则和标准,一批覆盖范围广、数据质量高、国际影响力强的重点行业碳足迹背景数据库基本建成,国家产品碳标识认证制度全面建立
2024	《关于建立碳足迹管理体系的实施方案》	明确要求2027年碳足迹管理体系初步建立,制定100个左右重点产品碳足迹核算标准,产品碳足迹因子数据库初步构建,产品碳足迹标识认证和分级管理制度初步建立,重点产品碳足迹规则和国际接轨
2024	《加快构建碳排放双控制度体系工作方案》	加快建立产品碳足迹管理体系,聚焦电力、燃油、钢铁、电解铝、水泥、化肥、氢、石灰、玻璃、乙烯、合成氨、电石、甲醇、煤化工、动力电池、光伏、新能源汽车、电子电器等重点产品,制定并发布一系列产品碳足迹量化要求通则;加快碳足迹背景数据库建设
2024	《关于进一步强化碳达峰碳中和标准计量体系建设行动方案（2024—2025年)》	发布产品碳足迹量化要求通则国家标准,加快研制新能源汽车、光伏、锂电池等产品碳足迹国家标准。开展电子电器、塑料、建材等重点产品碳足迹标准研制。研究制定产品碳标识认证管理办法,研制碳标识相关国家标准

（三）我国碳排放统计核算工作机制

2022年8月,国家发展改革委、国家统计局、生态环境部等印发《关于加快建立统一规范的碳排放统计核算体系实施方案》,系统部署我国碳排放统计核算体系建设的重点任务,明确部门职责分工。

国家发展改革委负责顶层设计,推动编制碳排放统计核算体系实施方案,组织构建国家级碳排放监测服务平台,审核四类重要核算方法以及全国及省级地区碳排放数据、重点行业碳排放数据和国家温室气体清单,备案碳排放权交易、绿色金融、绿色采购、固定资产投资等领域的统计核算方法、指南、标准。

国家统计局负责碳排放统计工作，不断加强能源、资源、环境和应对气候变化统计，负责统一制定全国及省级地区碳排放统计核算方法，组织开展全国及各省级地区年度碳排放总量核算。

生态环境部围绕全国碳市场建设，根据碳排放权交易工作需要，负责控排企业碳排放统计核算体系建设。生态环境部、国家市场监管总局会同行业主管部门组织制修订重点行业碳排放统计核算方法及相关国家标准，加快建立覆盖全面、算法科学的行业碳排放统计核算体系；生态环境部会同行业主管部门组织制修订重点行业产品的原材料、半成品和成品碳排放统计核算方法；生态环境部会同有关部门组织开展数据收集、报告撰写和国际审评等工作，按照履约要求编制国家温室气体清单。同时，牵头建立国家温室气体排放因子数据库。

国家市场监管总局负责碳排放统计核算标准、计量体系建设，成立国家碳达峰碳中和标准化总体组，组织修订重点行业碳排放统计核算方法及相关国家标准，建立三级碳排放计量服务支撑体系。与生态环境部共同牵头，会同行业主管部门组织制修订重点行业碳排放统计核算方法及相关国家标准，加快建立覆盖全面、算法科学的行业碳排放统计核算体系。

（四）现阶段碳排放统计核算存在的问题

1.省级地市层面碳排放统计核算方法的选用难以兼顾全面性与时效性

从现有的测算方法看，采用编制温室气体排放清单计算省级层面碳排放量的方法，涉及二氧化碳等 6 种温室气体，可以全面且精确地评估碳排放情况，但数据获取及编制过程较复杂，测算周期较长，没办法满足"双碳"目标的定期监测要求；采用能源平衡表取得相关活动水平数据核算碳排放量的方法，虽然操作简便和时效性强，但仅涉及煤炭、石油、天然气及调入调出电力等几个能源大类的碳排放量，且分部门测算划分原则不够清晰，无法全面评估碳排放数据。例如，化石能源及其加工转换产物除了燃料的用途外，在农业、工业、建筑业等领域也常常作为重要的原料、材料，这部分并不造成碳排放。能源平衡表中仅给出了工业领域用于原料、材料的部分，缺

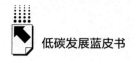

少其他领域的核算，可能造成碳排放数据核算的不准确。此外，市县层面温室气体排放清单编制工作还缺乏规范和指导。

2. 行业企业碳排放统计核算标准亟待修订，需要平衡好行业核算异质性与统一性的要求

除已修订的钢铁、电解铝、水泥行业统计核算标准外，现有其他行业企业碳排放统计核算标准一般由不同部门机构参与制定，存在排放因子选取不一致、基础数据来源多样等问题，导致不同行业企业间的碳排放统计核算结果缺乏横向可比性，难以满足后续碳市场扩容的需要。现有核算方法对属性特殊的行业的测算方法尚待完善。以航空运输业为例，按照属地核算还是单独核算，需要尽快确定，以有效推动该行业的减碳降碳。

3. 排放因子的测算难以满足实际需要，基础数据库较国际水平存在差距

现有核算方法采用温室气体清单排放因子数据，由国家统一提供，更新较慢。以电力为例，随着可再生能源的快速发展，电力供应结构变化较大，排放因子不能及时更新，难以反映电力供应结构优化带来的减排效果。目前国内国际广泛采用的产品碳足迹基础数据库是德国的 GABI 和瑞士的 Ecoinvent 数据库，这两个数据库主要依托欧美数据，与我国的实际情况存在偏差，且使用成本较高。我国的基础数据库无论是在数据量还是完整性上，与国际水平均存在差距，亟须形成具有广泛应用价值的数据库资源。

三 建立碳排放统计核算体系的相关建议

相比能源统计，碳排放统计核算的外延与内涵更为广泛也更为复杂，目前关于区域、行业企业、产品等层面的碳排放统计核算方法学仍存在核算边界、口径、方法和取值等方面的讨论，应通过试点推进和深入研究，建立不同场景下科学的碳排放统计核算方法，既保证方法的科学性和统计的准确性，又要保证方法的简便化和可操作性。

（一）建立碳排放统计核算体系涉及我国区域、行业、企业等不同利益主体的核算诉求，应保证不同主体电力碳排放统计核算结果的一致性、准确性和可比性，体现国家碳治理的公平性、有效性和经济性

坚持大局观，研究分析区域、行业、企业等不同主体碳排放统计核算规则对区域降碳合作、产业布局、送受端能源资源优化配置格局以及能源供应安全的影响，推动政府、企业、社会组织和公众协同治碳，形成全社会参与的碳治理格局。坚持系统观，以核算体系顶层设计为基础支撑能源转型与减排机制的衔接，发挥碳市场推动企业节能减排和绿色转型的双重功能，发挥电力市场和碳市场对区域、行业、企业等市场主体的低碳转型引导作用，降低政策实施成本，引导利益相关方共建最优低碳转型路径。

（二）完善重点产品碳排放统计核算方法，建设产品碳排放数据库，加强碳排放统计核算相关标准和平台建设，多措并举提升国家开展碳服务能力

相比碳关税，碳足迹标准和标签更具隐蔽性，未来可能成为技术性贸易壁垒。发达国家未来可能以高标准的碳足迹作为绿色产品采购门槛。当前，我国尚未制定针对新能源产业，特别是出口量不断增长的"新三样"产业及其产品的碳排放统计核算标准和指南。建议充分借鉴国际先进经验，按照"急用先行"的原则制定发布产品碳足迹核算国家标准及相关制度，形成科学自主、国际认可的产品碳足迹工作规范。战略转变上，由被动响应国际绿色贸易规则，转向主动预见、主动引领建立国际绿色标准和规则体系，从国际参与和国际融入转向贡献中国智慧和中国方案。充分调动行业主管部门、行业协会、企业、研究机构等积极性，形成多方参与的工作格局，构建碳排放统计核算数据、知识服务公共平台，开发核算实用化落地工具，及时研究发布基础能源、大宗原材料等重点领域的产品碳足迹因子数据。

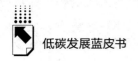
（三）加快碳排放统计核算人才培养，提高碳排放统计核算从业人员专业水平

目前，我国在碳排放管理人才队伍建设方面相对落后，高校设立"双碳"相关专业处于起步阶段，碳排放管理职业发展面临培训教材缺乏、职业资质认证机制缺失等问题，建议加快我国碳排放统计核算人才培养和队伍建设，提高相关人员碳排放统计核算能力和水平，培养碳市场专业人才。加强碳足迹相关人才能力建设，搭建"政校企协"共建的人才培育机制，加强服务机构自身能力建设。加强国际交流与合作，关注国内碳排放统计核算与国际碳排放统计核算在方法学等方面的差异，以规避国际碳市场发展和应对气候变化进程不同给我国带来的影响。

参考文献

何艳秋、倪方平、钟秋波：《中国碳排放统计核算体系基本框架的构建》，《统计与信息论坛》2015 年第 10 期。

杨博文：《我国实施碳排放"双控"的渐进逻辑、转型部署及制度取向》，《当代经济研究》2024 年第 7 期。

鲍健强等：《构建碳排放统计核算体系应处理好六大关系》，《浙江经济》2023 年第 4 期。

边少卿等：《国际绿色贸易壁垒形势下完善我国碳核算体系的对策研究》，《中国工程科学》2024 年第 4 期。

黄炜等：《工业生产过程碳排放核算方法研究》，《统计科学与实践》2024 年第 1 期。

Hong-Shuo YAN, et al., "China's Carbon Accounting System in the Context of Carbon Neutrality: Current Situation, Challenges and Suggestions," *Advances in Climate Change Research*, 2023, 14（1）: 23-31.

B.23
电力设备产品碳足迹评估技术研究与实践

温 杰　苗 博*

摘　要： "碳中和"已成为国际共识，随着欧盟碳边境调节机制（CBAM）和新电池法等"碳关税"政策的出台，产品碳足迹的影响已经延伸至贸易领域，电力设备产品碳足迹评估技术成为研究热点。本报告分析该项技术国际、国内发展现状，立足电力行业实际，建立了电力设备产品碳足迹评估模型，并对两类典型电力设备（电力变压器、智能电能表）的全生命周期碳足迹进行测算，结果表明电力变压器使用阶段碳排放占设备碳足迹的99%以上，智能电能表原材料获取及使用阶段碳排放占比超过设备碳足迹的95%。此外，本报告分析了该研究领域在标准化生态建设、数据库构建和电力碳排放因子测算等关键技术上面临的挑战。最后，为了进一步推进能源电力行业产品碳足迹管理体系的建立，提出建立电力设备产品碳足迹评估标准体系、常态化开展电力设备产品碳足迹评估等建议，以期为我国电力系统全产业链低碳发展及能源电力行业绿色低碳转型提供技术支撑。

关键词： 产品碳足迹　电力设备　低碳技术　碳排放

一　电力设备产品碳足迹评估技术发展现状

碳足迹是指由于人类活动，或者在产品及服务的生产、提供和消耗过

---

* 温杰，理学硕士，中国电力科学研究院，研究方向为电力系统碳评估；苗博，工学硕士，中国电力科学研究院，研究方向为电力系统碳评估。

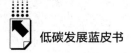

程中释放的二氧化碳和其他温室气体的总量，其概念引申自环境足迹，首次引用出现在《碳计量：森林与全球变暖战争》，之后陆续用于各类产品评价。产品碳足迹指产品系统中的温室气体排放量和清除量之和，以二氧化碳当量表示，并基于气候变化这一单一环境影响类型进行生命周期评价。电力设备产品碳足迹评估即基于全生命周期评价方法量化评估电力系统中用于发输配用等环节的各类设备生命周期中温室气体排放量和温室气体清除量的总和。

国际上，欧盟、美国等发达国家和地区陆续发布碳边境调节机制、《清洁竞争法案》等强制性法律要求，要求对超出基准线碳排放的进口产品征收"碳税"，产品碳足迹未来将为国际碳关税、碳抵消或低碳消费引导等服务。国家发展改革委等部门于 2023 年 11 月发布《关于加快建立产品碳足迹管理体系的意见》，该文件提出推动建立符合国情实际的产品碳足迹管理体系的总体目标，提出建成重点行业碳足迹背景数据库。生态环境部等部门于 2024 年 5 月印发《关于建立碳足迹管理体系的实施方案》，提出建立健全碳足迹管理体系等 4 项主要任务、22 项具体工作，提出优先聚焦电力等重点产品，制定发布核算规则标准。面向国家"双碳"目标和能源电力行业绿色低碳转型的需求，电力系统的全链条业务均需围绕碳排放指标和碳减排约束进行重塑和优化，为满足新型电力系统建设和能源电力行业绿色低碳的根本要求，要实现精准科学的电力设备产品碳足迹评估。

目前国际上常用的碳足迹评估标准包括 PAS 2050、ISO 14067、温室气体核算体系（GHG Protocol）下的《产品生命周期核算及报告标准》等。我国国家标准 GB/T 24067—2024《温室气体　产品碳足迹　量化要求和指南》于 2024 年 8 月发布。电力设备产品碳足迹评估主要包括三种方法：一是以生命周期评估方法为代表的"自下而上"计算方法，即过程生命周期评价方法，基于清单分析，通过实地监测调研或者数据库资料收集获取产品在生命周期内所有的输入及输出数据，进行碳排放核算；二是以投入产出分析为代表的"自上而下"的计算方法，即基于投入产出表构建核算模型，更适用于中观、宏观系统的分析；三是混合生命周期评价，是以上两种方法的结合，需要明确产品或服务生产、提供过程中的资源投入，也应将生产过程与投入产出表中的部门进行匹配。

二　电力设备产品碳足迹评估

基于全生命周期评价方法构建电力设备生命周期碳足迹评估模型，以典型电力设备为研究对象，开展全生命周期碳足迹测算。

（一）电力设备生命周期碳足迹评估模型

1. 全生命周期评价方法

电力设备生命周期碳排放评估主要采用全生命周期评价方法，即通过累加特定功能单位电力设备全生命周期或部分生命周期内的全部碳排放和碳汇，得到产品碳足迹。全生命周期评价是对一个产品系统在整个生命周期内的输入、输出和潜在环境影响的评估，包括以下四个步骤。

（1）目的和范围的确定。目的包括评估意图、开展评估工作的理由、评估结果的接收者、是否开展结果比较；范围包括产品系统及其功能、功能单位或声明单元、生命周期阶段、地理和时间边界、碳排放量与清除量、数据取舍准则以及系统边界排除等。其中，电力设备产品全生命周期包括原材料获取（自然资源的开采、运输，原材料加工和运输）、生产制造、产品运输、产品使用及生命末期的最终回收处置所有连续阶段（见图1）。可计算全生命周期产品碳足迹，也可计算部分生命周期产品碳足迹（PCFP），系统边界应与产品碳足迹研究目标一致。

（2）生命周期清单分析。包括数据收集、数据确认、将数据关联到单元过程和功能单位或声明单元、系统边界调整及数据分配。

（3）生命周期影响评价。指根据清单分析结果了解和评估产品系统在产品的整个生命周期中潜在环境影响的大小和重要性。

（4）生命周期解释。根据确定的目标和范围，针对生命周期清单分析和生命周期影响评价的产品碳足迹和部分产品碳足迹的量化结果，识别重大

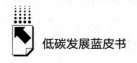
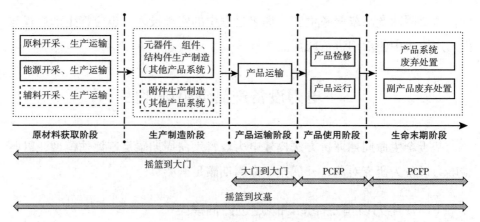

图1 电力设备产品全生命周期

问题，开展完整性、一致性和敏感性分析，并得出结论与建议。

2. 电力设备产品碳足迹评估模型

电力设备产品全生命周期的碳足迹为各阶段碳排放量之和，如式（1）。

$$C = C_{原材料获取} + C_{生产制造} + C_{产品运输} + C_{产品使用} + C_{生命末期} \tag{1}$$

其中，C 是电力设备产品全生命周期碳足迹，$C_{原材料获取}$、$C_{生产制造}$ 等分别为对应生命周期阶段的产品碳排放。

原材料获取阶段的核算边界包括生产材料、辅料及能源所需的资源开采、生产制造及运输等过程，具体计算公式如式（2）。

$$C_{原材料获取} = \sum_{i=1}^{N} (AD_i \times EF_i) \tag{2}$$

其中，AD_i 为特定功能单位电力设备（如 1 台 220kV 变压器）中原材料 i（生产材料、辅料及能源）使用质量，EF_i 为原材料 i 的碳排放因子。

生产制造阶段的碳排放核算边界包括通过原辅料进行零部件生产制造、零部件运输至装配厂、电力设备产品生产装配等过程。如对于变压器，所涉及的零部件包括但不限于铁心、绕组、油箱等。具体计算公式如式（3）。

$$C_{生产制造} = C_{能源消耗} + C_{零部件} + C_{其他} \tag{3}$$

其中，$C_{能源消耗}$是产品生产装配过程中能源消耗产生的碳排放，$C_{零部件}$核算范围包括零部件生产制造及运输等，$C_{其他}$一般包括焊接等过程产生的温室气体逸散量、润滑油等液体辅料生产的温室气体排放量等。

产品生产装配的能源消耗碳排放具体计算公式如式（4）。

$$C_{能源消耗} = \sum (M_k \times LHV_k \times EF_k + M_k \times EF_k^{'}) \tag{4}$$

其中，M_k为特定功能单位电力设备第 k 种能源的消耗量，LHV_k是第 k 种能源的低位发热值，EF_k为能源使用阶段的碳排放因子，$EF_k^{'}$是第 k 种能源生产的碳排放因子。能源类型包括燃料、电力和热力等。

零部件生产制造及运输阶段产生的碳排放具体计算公式如式（5）。

$$C_{零部件} = \sum_{i=1}^{n} m\, C_{零部件,i} \tag{5}$$

其中，$C_{零部件,i}$为构成电力设备的零部件 i 的全生命周期温室气体排放；i 为构成电力设备的零部件种类；m 为构成特定功能单位电力设备的零部件 i 的个数。$C_{零部件,i}$计算公式如式（6）。

$$C_{零部件,i} = C_{零部件能源消耗,i} + C_{零部件运输,i} + C_{其他,i} \tag{6}$$

其中，$C_{零部件能源消耗,i}$为零部件生产制造过程中能源消耗产生的温室气体排放，计算公式同式（4）；$C_{零部件运输,i}$为零部件运输至装配厂产生的温室气体排放；$C_{其他,i}$一般包括焊接等过程产生的温室气体逸散量、润滑油等液体辅料生产的温室气体排放量等。$C_{零部件运输,i}$的计算优先选择通过获得能源消耗活动水平实测数据，同式（4），亦可利用运输里程计算，如式（7）。

$$C_{零部件运输,i} = M_i \times D_i \times EF_{运输方式} \tag{7}$$

其中，M_i为第 i 种零部件的消耗质量，D_i为第 i 种零部件平均运输距离，$EF_{运输方式}$为对应运输方式下的碳排放因子。

电力设备产品运输阶段核算边界为产品由装配厂运输至采购方产生温室气体排放，计算方式与零部件运输碳排放相同。

产品使用阶段的核算边界包括电力设备产品使用和产品维护，具体计算

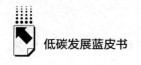

公式如式（8）。

$$C_{产品使用} = C_{使用能源消耗} + C_{维护} \tag{8}$$

其中，$C_{使用能源消耗}$ 计算公式如式（4），$C_{维护}$ 因电力设备品类不同有差异。

电力设备产品生命末期阶段核算边界包括报废产品的收集、包装和运输，材料再利用和最终废弃处置等，具体核算各环节能源消耗产生的温室气体可参照式（4）。

（二）典型电力设备产品碳足迹分析

1. 220kV 变压器全生命周期碳足迹分析

基于以上模型，通过设备原材料清单、电力设备厂家调研和设备运维人员调研等渠道获取数据，测算得到 1 台某品牌 220kV 油浸式电力变压器的全生命周期碳足迹约为 7.2 万吨。

该 220kV 变压器全生命周期碳足迹如图 2 所示，在 5 个阶段中，产品使用阶段的碳排放量占比超过 95%，主要原因是变压器的平均寿命约为 30 年，使用阶段的时间跨度远大于其他阶段。产品的部分生命周期（"摇篮到大门"，原材料获取到产品运输阶段）碳足迹约为 737 吨，其中原材料获取阶段碳排放在部分生命周期碳足迹中的占比为 89.4%。原材料获取阶段将变

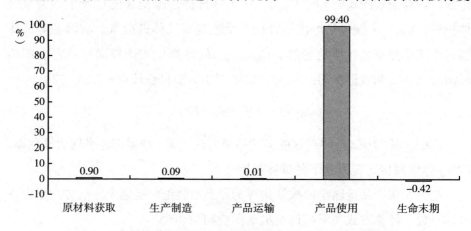

图 2　1 台某品牌 220kV 油浸式电力变压器全生命周期碳足迹

压器结构拆解为器身、油箱、保护装置等，具体元器件包括铁心、绕组等。生产制造阶段核算边界包括线圈绕制、铁心制造、油箱制作等具体工艺中能耗产生的间接碳排放及直接排放。研究结论可为电力变压器厂商在产品设计、生产工艺、生产管理等环节开展节能降碳提供参考。

2. 智能电能表全生命周期碳足迹分析

通过设备原材料清单、智能电能表厂家调研以及设备运维人员调研等渠道获取数据，测算得到 1 台某品牌 A 级单相费控智能电能表的全生命周期碳足迹约为 55 千克。

该智能电能表全生命周期碳足迹如图 3 所示，在 5 个阶段中，产品使用阶段的碳排放量占比超过 50%，其使用寿命按照 16 年计算。原材料获取阶段的碳排放量占比为 47.71%，其他三个阶段碳排放量占比均低于 1%。原材料获取阶段数据来源主要为企业提供的 BOM 清单、生产过程统计表及原辅材料实际运输信息，共统计 PCB 板、贴片电容等 74 类原辅材料。生产制造阶段核算边界包括 SMT、DIP、组装、质量检验和包装车间生产消耗电能，焊接工艺需配置的空气净化过程及为各工序提供气压消耗电能。研究结果表明，企业可以通过产品设计、工艺技术改造或优化生产工艺，降低智能电能表的非通信状态和通信状态下的功耗，以实现产品的碳减排。

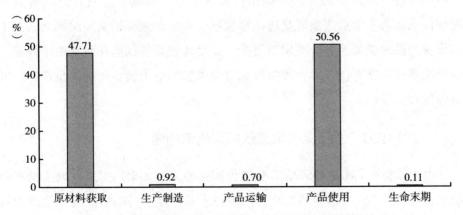

图3　1台某品牌 A 级单相费控智能电能表全生命周期碳足迹

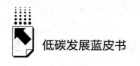

三 电力设备产品碳足迹评估技术关键难题

我国产品碳足迹管理体系建设仍处于起步阶段，面向行业绿色低碳发展和高水平对外开放的重大需求，电力设备产品碳足迹评估技术发展面临如下关键难题。

（一）电力设备产品碳足迹核算规则与标准有待开发

国际碳排放标准发展较为成熟，碳排放统计核算方面，主要包括联合国政府间气候变化专门委员会（IPCC）发布的《IPCC 国家温室气体清单指南》、世界资源研究所（WRI）制定的温室气体核算体系（GHG Protocol），以及 ISO 14064 系列标准。产品碳足迹方面，常用的标准依据包括 PAS 2050、ISO 14067 及 GHG Protocol 下的《产品生命周期核算及报告标准》。碳减排机制方面，主要包括清洁发展机制（CDM）和黄金标准（GS）等。《CBAM 过渡期实施细则》也对产品的隐含碳排放统计核算方法进行规定。目前，应用国际标准进行碳排放统计核算在实操层面存在多套统计核算规则并行导致的缺陷。国内在碳足迹评估规则方法和标准体系应用上，对国际标准依赖程度较高，权威标准研制和国际标准转化进度缓慢。《关于加快建立产品碳足迹管理体系的意见》提出，完善重点产品碳足迹核算方法规则和标准体系，若干重点产品碳足迹核算规则、标准和碳标识实现国际互认。电力设备产品种类繁多，分类层级复杂，碳足迹核算规则尚在研究中，权威产品种类系列标准有待开发，现阶段标准缺失影响电力设备产品碳足迹评估的科学性和准确性。

（二）电力行业权威碳足迹数据库尚未构建

电力设备产品碳足迹评估需要结合实景和背景数据。实景数据是指产品制造过程及供应链可追溯的物质、能源投入和产品、污染物及废弃物产出数据，一般由设备制造企业提供。对于无法追溯的数据，可以使用具有行业和区域代表性的背景数据。供应链追溯极其困难，因此产品碳足迹核算大量依赖背景数据库，而背景数据库的质量、可靠性、代表性对核算结果具有显著影响。对于电力行业来说，目前缺乏有公信力和国际认可的本土数据库，我国主要使用欧洲和美国开发的背景数据库，其中与我国相关的数据时效性、代表性、可靠性差，无法体现我国工艺技术水平领先的实际情况和比较优势。

（三）电力碳排放因子发布机制不健全

电力碳排放因子是精准核算电力设备产品碳足迹中电力消费段间接碳排放的重要参数。目前，美国、澳大利亚等国定期发布电力碳排放因子。其综合了所有发电能源的温室气体排放，核算边界考虑发电能源的全生命周期，且由政府机构按固定更新周期定期发布。我国在电力碳排放因子研究中，与其他国家采用的方法类似，且进一步考虑网间电量交换、线损等因素。2024年4月，生态环境部、国家统计局发布了2021年我国电力碳排放因子，分为全国、区域、省级电网三个范围，计算时段为一年的平均值，其中全国平均值为 $0.5568kgCO_2/kWh$。但对于绿电、直购电交易及储能充放问题带来的排放变化影响考虑不足，如何结合电力系统实体物理流和虚拟交易流，研究电力系统生命周期碳足迹溯源技术，提出高分辨率动态电力碳排放因子测算方法，是当前面临的一大挑战。

四 推进电力设备产品碳足迹评估相关建议

随着我国"双碳"目标的落地和国际低碳经济竞争的日益激烈，建立完善的碳足迹量化体系是绿色低碳发展的必然选择。构建电力行业精确化、标准化的电力设备产品碳足迹评估技术体系是推进电-碳协同技术发展和新型电力系统建设的关键。本报告对电力设备产品碳足迹评估工作提出以下建议。

（一）建立电力设备产品碳足迹评估标准体系

立足能源电力行业实际，按照急用先行原则，分阶段有序推进一次设

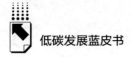

备、二次设备、装置性材料、仪器仪表等电力装备产品碳足迹核算规则的研制和标准本地化工作，明确电力设备产品碳足迹核算边界、核算方法、发布形式、数据质量要求和溯源性要求等，并推进核算规则标准制定与发布。

（二）打造电力行业产品碳足迹数据库

数据质量管控要求和溯源性要求是影响产品碳足迹质量的关键。建议加快电力设备产品碳足迹评估实景数据收集及自研碳排放因子测算，建立真实反映我国电力装备制造工艺技术水平现状及区域差异的电力行业产品碳足迹背景数据库。

（三）常态化开展电力设备产品碳足迹评估

电力设备产品碳足迹评估是推进电力行业持续降碳的关键手段，建议鼓励电网企业、电力设备制造企业、第三方机构等广泛开展电力设备产品碳足迹评估研究与实践。建议推进建立电力行业产品碳足迹合作平台，有序披露电力设备产品碳足迹环境信息，助力能源电力行业实现"碳中和"目标。

参考文献

刘含笑等：《碳足迹评估技术及其在重点工业行业的应用》，《化工进展》2023年第5期。

刘璐等：《国际碳排放相关主要标准及文件体系概述》，《绿色矿冶》2023年第1期。

杨敬言等：《陆上风电碳足迹动态变化的国际比较研究》，《中国工程机械》2024年第4期。

刘广一等：《电网碳排放因子研究方向与应用需求的演变进程》，《电网技术》2024年第1期。

B.24

欧盟多目标下的 REPowerEU 计划
及对我国能源转型的启示

郑 颖 陈钰什 刘笑天 郑可欣*

摘 要: 欧盟作为全球最积极推进气候变化治理及能源经济绿色转型的国际行为体,在遭遇接连的两轮能源危机后,推出能源应对计划 REPowerEU,旨在通过加速欧洲的清洁能源转型,加速替代化石燃料,并将投资与改革相结合,以实现能源系统现代化计划的核心目标。两年以来,REPowerEU 计划在节约能源、实现供应来源多元化以及加速可再生能源部署三个方面取得一定成果。我国可借鉴欧盟能源转型策略,多措并举保障能源安全与气候目标,现阶段探索出一条着眼于未来长期转型的路线,远景充分发挥能源消费的末端对于能源转型的加速撬动作用,使我国能够更加安全、平稳地实现"双碳"和能源安全目标。

关键词: 欧盟 绿色新政 REPowerEU 计划 能源转型

一 绿色新政与 REPowerEU 计划:气候目标下的能源安全与能源转型

减缓气候变化和实现碳中和目标下的绿色发展,是国际社会对于经济发

---

* 郑颖,北京电链科技有限公司总监,中国碳中和 50 人论坛特邀研究员,清华海峡研究院能源与环境中心特聘专家,研究方向为国际绿色发展政策、国际绿电绿证规则;陈钰什,博士,New Energy Nexus 首席研究员、ISO 可持续金融科技工作组专家,研究方向为人工智能、可持续转型、绿色金融;刘笑天,北京电链科技有限公司副总裁,研究方向为电力系统降碳转型;郑可欣,北京电链科技有限公司副总裁,研究方向为绿色金融、国内外金融创新。

展模式及发展目标的最主要共识之一。长期以来，欧盟是全球最积极推进气候变化治理及能源和经济绿色转型的国际行为体。2019年新一届欧盟委员会上任以来，推动绿色低碳发展的步伐明显加快，这是欧盟在大国竞争加剧、内外危机叠加背景下，谋求新发展动能、缓解自身危机的新探索，在全球层面也具有一定标志性和引领性意义。

2019年12月，冯德莱恩领导的欧盟委员会发布《欧州绿色新政》（以下简称"绿色新政"），提出2050年实现气候中和目标，旨在通过新的循环增长模式，将欧盟转变为一个公平、繁荣的社会和富有竞争力的资源节约型现代化经济体。

2021年6月，《欧洲气候法》由欧洲议会及欧盟理事会批准，同年7月29日正式生效。该法的通过被视为新政实施的重要里程碑，欧盟将"2050年实现气候中和，以及到2030年比1990年至少减少55%的温室气体净排放"目标纳入法律保障，对所有欧盟成员国具有法律约束力。

2021年7月14日，欧盟委员会向欧州议会、欧盟理事会、欧洲经济和社会委员会及地区委员会提交了"Fit for 55"（"适应55"）一揽子立法提案，对欧洲气候、能源、交通等法规进行修改，并引入有关循环经济、建筑改造、生物多样性、农业和创新的新立法方案。一揽子立法提案表明了欧盟将长期的气候中和承诺转变为内容翔实、实际的政策措施，通过平衡行政手段与市场机制之间的关系，采用定价、目标、标准以及支持措施相互补充的方式，推动欧盟经济朝着公平、具有竞争力和绿色方向转变。

欧盟的碳排放中约80%来自能源排放，因此加速化石能源的退出与发展可再生能源是欧盟实现绿色低碳发展的关键，而"Fit for 55"中有关道路交通减排、可再生能源发展等措施，均体现了欧盟从生产和使用方面促进能源绿色转型的决心。

与此同时，自2021年5月起，欧盟就开始遭遇两轮突如其来的能源危机，使整个欧洲的民生和工业受到较为沉重的影响和打击。

第一轮能源危机始于2021年5月，主要受全球能源危机的波及影响。由于疫情后经济复苏、全球油气投资下降、风电出力不佳、气候异常、碳价上涨等因素影响，全球能源供应短缺矛盾急剧恶化，全球能源价格大幅飙升。欧洲电力市场月均日前批发电价于 6 月开始不断上涨。

第二轮能源危机始于 2022 年 2 月，主要由俄乌冲突引发。俄罗斯是欧洲最主要的能源进口国，俄乌冲突发生后，俄罗斯能源出口因美、欧的全面制裁而受阻，加之俄罗斯向欧洲输气的主要管道"北溪一号"被炸毁，欧盟面临的能源紧缺危机较第一阶段进一步升级。

在遭遇接连的两轮能源危机后，欧盟意识到原有的化石能源退出进展已经不能满足当前面临的能源绿色发展和能源供应安全双重需求了，因此进一步强化了应对气候变化目标与能源转型和能源安全政策的协同，提出了一揽子政策加速欧盟的能源转型。在 2021 年第一轮能源危机时，为了解决面临的能源价格高涨问题，推动欧洲的能源需求与化石燃料尽快脱钩，2021 年 10 月欧盟发布了《应对不断上涨的能源价格：行动和支持的工具箱》，出台了一系列短期措施、中期措施以及长期措施。短期措施以针对性、临时性的补贴措施为主，以实现迅速减轻能源价格上涨对消费者和中小企业的影响；中期则是采取促进储能、市场整合和能源社区发展的额外措施，以确保能源市场更具弹性，更好地应对波动和转型挑战；而长期措施则是与欧盟的绿色新政及"Fit for 55"目标相适应，主要提出了提高能源效率、推动能源系统现代化及加快摆脱化石能源依赖等结构性举措。

而在 2022 年俄乌冲突爆发后，为了缓解动荡的地缘政治格局引发的能源危机，欧盟基于地缘政治、经济发展、社会福利以及碳中和等一系列目标，提出了目标更为清晰、范围更为广阔、实施更为迅速、方法更为具体、支持更为强大的应对能源危机的措施，包括居民电价补贴、设置天然气价格上限、扩大在国际市场购买天然气现货规模等，在长期则进一步强化绿色转型发展目标，以更高的转型目标、更大的减排力度及更快的实施速度实现工业和能源的低碳化转型，从根本上改变欧盟化石能源进口过度依赖俄罗斯的现状。

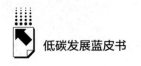

二 RepowerEU 计划两年回顾：加速能源安全与低碳转型

在第二轮能源危机发生后，欧盟推出的最主要能源应对计划就是 REPowerEU。REPowerEU 计划于 2022 年 5 月 18 日正式推出，该计划旨在通过加快清洁转型和建立能源联盟，搭建更具弹性的能源系统，并加快摆脱对俄罗斯的化石燃料依赖。

REPowerEU 计划的目标是通过加速欧洲的清洁能源转型，加速替代化石燃料，并将投资与改革相结合，以实现能源系统现代化计划的核心目标。

从目标内容来看，REPowerEU 计划包括了三个方面，分别是节约能源、实现供应来源多元化以及加速可再生能源的部署。从组合策略看，欧盟首先是强化节能措施，其次是保障供应链的安全以及推进能源转型，最后则是通过加强资金支持来促进前三个技术领域的发展。欧盟通过"技术+金融"多措施手段布局，不仅有助于立即缓解能源供需压力，也为长期的能源结构转型奠定了坚实的基础。

从 2022 年 5 月 18 日发布以来，REPowerEU 计划已经实施两年时间，从实施成效来看，针对三个目标内容有了一定的成果。

（一）节约能源

1. 节能措施

节能作为 REPowerEU 计划的核心目标，欧盟在 REPowerEU 框架下主要通过减少天然气需求和提高能源效率的措施，实现能源安全和能源转型目标。

在减少天然气需求方面，总体来看，得益于公民、企业和国家完成自愿削减 15% 天然气使用量的目标，2022 年 8 月至 2024 年 3 月，欧盟的天然气需求量减少了 18%，节省了约 1250 亿立方米的天然气。而天然气消耗的大幅减少也确保了欧盟的天然气存储量能够应对需求，避免了停电和电力短缺的情况发生。在具体措施的实施上，欧盟通过提高天然气储量提升能源利用效率。

在天然气存储上，欧盟于 2023 年 8 月中旬达到了《天然气储存条例》设定的 90% 的存储目标，比截止日期提前了大约 2.5 个月；截至 2024 年 4 月 1 日，欧盟天然气储存水平为 59%，创下了冬季结束时的历史纪录。

2. 提升能源利用效率

2022 年，欧盟整体的最终能源消费（FEC）降至 9.4 亿吨油当量，比 2021 年减少了 2.8%。同时，欧盟通过立法修订确保能源效率目标的实现，2023 年 9 月修订的《能源效率指令》确立了具有约束力的减排目标，设定了与 2020 年欧盟参考情景相比，到 2030 年各成员国实现额外减少 11.7% 能源消耗的强制性目标。另外，欧盟及其成员国也持续通过具体的技术措施提高能源利用效率。例如，法国支持了大规模的家庭和社会住房能源改造项目，以及公共设施和学校建筑的热力改造，包括支持 175 万户家庭、4 万套社会住房单位和 5000 家小型及微型企业的能源改造，以及支持超过 6750 个公共场所和超过 2800 万平方米的国有公共建筑及超过 680 所学校进行热力改造。值得注意的是，在转型过程中，大部分欧盟国家在措施方面考虑了公正转型的维度，特别关注能源贫困家庭的转型问题。例如，奥地利通过支持住宅的热力改造以及连接高效的区域供暖系统来缓解"能源贫困"的情况，为至少 1079 个住宅的热力改造提供支持；希腊的目标则是提高 11500 个住宅的能源利用效率，其中至少 2300 个住宅属于能源贫困家庭。

不论是节能还是技术支持，都离不开金融的保障。为了进一步支持欧盟国家的努力，欧洲能源效率融资联盟于 2023 年 12 月成立，旨在调动私人投资并提高市场对能效技术的接受度。这意味着通过欧盟可持续金融框架下的金融手段鼓励更多资金流向能源项目，从而加速能源效率的提升。此外，欧盟成员国在其恢复与韧性计划（RRP）中包含了对能效的投资，这不仅有助于减少能源消耗，也促进了经济的可持续发展。

总的来说，这些措施共同展示了欧盟成员国在减少能源消耗和提高能源效率方面所做的努力。通过实施这些计划，欧盟正朝着减少能源浪费和提高能源效率的目标迈进，同时促进了经济的可持续发展。

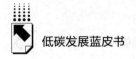
（二）实现供应来源多元化

实现供应来源多元化是 REPowerEU 计划的重要组成部分，旨在减少对单一能源的依赖，确保能源安全并促进可持续发展。为了保障天然气的供给，许多欧洲国家增加液化天然气的进口，并加快与其他天然气出口国达成协议。

在化石燃料进口方面，根据 2021 年与 2023 年的对比（见图 1）可以发现，2021 年俄罗斯天然气（包括液化天然气和管道天然气）占欧盟天然气总进口量的 45%，而到了 2023 年，这一比例下降到了 15%。同期，其他管道天然气进口占比从 39% 上升至 49%，其他液化天然气进口则从 16% 增加到 36%。

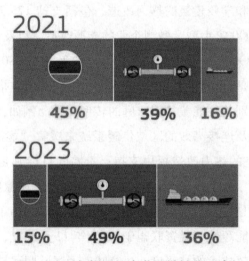

图 1　2021 年与 2023 年化石燃料进口对比

说明：从左到右，图示分别表示俄罗斯天然气进口（液化天然气和管道）、其他管道天然气进口、其他液化天然气进口）。
资料来源：欧盟委员会。

欧盟还在替代供应来源方面积极行动。为了弥补俄罗斯天然气供应减少带来的缺口，欧盟转向了其他国际供应商。挪威和美国成为欧盟最大的天然气供应国，分别在 2024 年 3 月提供了欧盟天然气进口总量的 34% 和 20%。

为了配合来自美国等国家的液化天然气供应量逐步增加，欧盟国家在过去两年内启动了创纪录的 7 个新的液化天然气终端项目，截至 2024 年 5 月，欧盟的液化天然气进口能力已达到每年 500 亿立方米，预计到 2024 年底将达到 700 亿立方米。

欧盟也在继续强化内部团结与国际伙伴关系，以确保更可靠的天然气进口，尤其是氢气的进口。欧盟委员会在 2022 年 12 月设立了欧盟能源平台，旨在促进天然气需求的聚合和联合采购、确保现有基础设施的最佳利用以及支持国际拓展活动。2023 年 4 月，欧盟委员会启动了需求聚合和联合采购机制"AggregateEU"。通过该机制组织的 5 个短期轮次已匹配超过 430 亿立方米的天然气以满足欧盟需求。目前，欧盟已与邻近国家（摩洛哥、埃及、挪威、乌克兰）及其他国家（阿塞拜疆、哈萨克斯坦、纳米比亚、日本、阿根廷和乌拉圭）签署了谅解备忘录。这些新的供应关系帮助欧盟实现能源供应的多元化目标，保障了欧盟的能源安全。

（三）加速可再生能源部署

与前两项措施相比，加速可再生能源部署不仅是 REPowerEU 计划的关键要素，也是欧盟实现气候目标的关键要素。欧盟在随后对《可再生能源指令》的修订中，明确提出到 2030 年，欧盟可再生能源占全部能源消费比重至少达 42.5%，目标值是 45%。因此，加速可再生能源的部署非常明确地指向了欧盟的能源安全与气候目标的衔接，将加快把清洁能源生产置于增强欧盟能源安全和确保经济脱碳的核心位置。

欧盟的可再生能源生产已经超出了预期。2022 年，欧盟的可再生能源发电量超过了天然气机组发电量；据统计，2021~2023 年，风能和太阳能装机容量累计增长了 36%，节省了约 240 亿立方米的天然气。预计 2024 年，装机容量将进一步增加 16%，再节省约 150 亿立方米的天然气。

在光伏方面，2023 年欧盟新增了 56 吉瓦的光伏发电装机容量，创下新纪录。但这对于实现 REPowerEU 计划目标和《欧盟太阳能战略》要求的 700 吉瓦装机容量目标还远远不够。

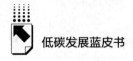

在风能方面，2023 年欧盟新增了 17 吉瓦的风力发电装机容量，总容量达到 221 吉瓦。为了进一步推动风能领域的发展，欧盟委员会在 2023 年 10 月采纳了一项风能一揽子计划，旨在应对欧洲风能部门面临的挑战。2023 年 12 月，26 个欧盟国家与行业代表签署《欧洲风能宪章》，自愿承诺支持欧洲风能领域的发展。21 个欧盟国家提交了 2024~2026 年的具体风能部署计划。

此外，欧盟还采取了一系列措施促进可再生能源的发展。包括在 2023 年 11 月提出的延长某些紧急措施的提案，以缩短和加速可再生能源项目的许可程序。欧盟委员会发布电网行动计划，旨在更好地应对电力传输和分配电网的主要挑战。2024 年欧盟正在研究推出一个欧盟范围内的可再生能源拍卖平台，以整合所有欧盟国家计划中的可再生能源拍卖信息。

（四）结合转型的投资工具

除了上述提出的具体实施措施外，REPowerEU 计划的实施还需要巨额投资的支持。迄今为止，欧盟已动员近 3000 亿欧元的资金。恢复与韧性基金（RRF）是将欧盟资金注入 REPowerEU 计划的主要渠道。修订后的 RRF 法规在 2023 年 2 月获得通过，使得欧盟国家可以从排放交易系统的配额拍卖中获得额外 200 亿欧元的 REPowerEU 补助金，补充了当时剩余可用的 2250 亿欧元贷款。RRF 法规还规定了从其他欧盟基金自愿转移总计约 520 亿欧元。总体而言，超过 42%（2750 亿欧元）的 RRF 资金将用于气候治理，超过 1840 亿欧元用于能源相关措施。

除了恢复与韧性基金外，REPowerEU 计划优先事项还可以通过多个欧盟项目获得资金，包括联通欧洲设施-能源基金、生命清洁能源转型基金、欧洲结构与投资基金、公正转型基金、地平线欧洲基金、InvestEU 和创新基金。

通过 REPowerEU 计划的实施，欧盟不仅大幅减少了对俄罗斯天然气的依赖，还将风能和太阳能发电量提升至超过天然气发电的历史性水平。而"AggregateEU"等机制帮助欧盟提高了天然气需求聚合和联合采购的能力，并通过建设新的液化天然气终端提高了能源灵活性。

诚然，欧盟在 REPowerEU 计划上取得了十分瞩目的成绩，但也面临了许多挑战。首先，欧盟要在 2030 年之前实现至少 42.5% 的可再生能源目标，需要进一步加快部署速度，并克服技术和监管障碍；其次，为确保能源系统的整体稳定性，欧盟需要建立相应的储能和智能电网解决方案；最后，欧盟必须维持足够的投资水平，支持创新技术的研发和应用，并促进国际合作以确保能源供应链的安全和稳定。

为了继续推动能源安全转型和实现气候目标，在未来发展方向上，欧盟在 REPowerEU 计划下将继续推动能源效率的提高，强化能源供应的多样性，并进一步扩大可再生能源的应用规模。为了实现这些目标，预计将持续加大对能源基础设施的投资力度，优化能源市场规则，并加强与国际伙伴的合作。此外，还将重点发展氢能经济和能源储存技术，以构建一个更加灵活、可靠且可持续的能源体系。综上所述，尽管前方仍有挑战，但凭借现有的进展和未来的规划，欧盟正努力稳步迈向一个更加绿色、自主的能源未来。

三 对我国的启示：多措并举，保障能源安全与气候目标

纵观欧盟针对两轮能源危机采取的应对措施，可以清晰地看出，节能和能源结构转型是应对未来价格冲击的最佳保障。

而在能源结构转型措施上，不论是在气候目标措施还是在应对能源危机的措施中，欧盟的主要做法都是促进清洁能源转型和可再生能源发展。一方面，加速替代化石能源，降低欧盟化石燃料的对外依存度，降低碳排放；另一方面，从长期来看，通过建设以可再生能源电力为主的多元化电力系统，对冲电价上涨的风险。基于这个最终的目标，欧盟提出了减少整体能源需求、加快基础设施建设、金融支持等具体的配合和支撑可再生能源发展的措施。

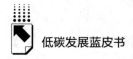

但是，欧盟内部对 REPowerEU 计划的措施褒贬不一。有批评声音提出，促进天然气供应来源多元化与欧盟的气候目标其实是背道而驰的，欧盟要做的是继续削减天然气消费，而不是为天然气消费提供保障。但这不只是欧盟遇到的矛盾点和难题，也是几乎所有处于转型阶段的国家面临的共同难题。虽然可再生能源的发展是根本之策，但是眼前的能源安全同样重要，如何分阶段、分目标地制定能源转型策略，确保最大化地实现能源安全和能源绿色发展的目标，对于包括我国在内的所有国家而言都是一个全新的议题。

除此之外，近年来欧盟面临的能源安全问题，给我国能源转型提供了一个深刻的警示：能源的饭碗必须端在自己的手里，对外依存度过高势必造成能源安全的高风险。欧盟在完成气候目标和实现能源转型的过程中，一直将天然气作为供给稳定、相比煤电清洁化程度更高的"过渡能源"，这本来是一个相对而言最优的解法，先从煤转向天然气，在确保安全和相对低碳的情况下，再逐步转向可再生能源。但这个路线图最大的瑕疵就是欧盟对天然气的对外依存度太高，主要体现在两个方面，一是进口量过高，二是从单一国家的进口占比太大。因此，自始至终欧盟以天然气作为"过渡能源"的能源转型策略都处在高风险中，极易受到外部地缘政治动荡等全球因素的影响。

而我国也面临与欧盟相似，甚至更严峻的情况。一方面，我国在"富煤、少油、贫气"的资源禀赋下，对天然气的对外依存度始终维持在 40%以上，基于能源独立、天然气价格高企和外部环境多变等因素，我国可能难以将天然气作为主要的能源转型过渡选择，而当前核电的发展也无法满足所有地区的用电需求，因此如何选择经济高效的过渡性能源技术，成为当前的一个研究和发展重点；另一方面，欧盟早在 20 世纪 90 年代就已经实现碳达峰目标，但是我国不仅还处在经济快速增长带动能源消费和碳排放量增长的时期，还面临比欧盟更紧迫的实现碳达峰、碳中和目标的任务。因此，要满足能源消费增长与碳排放控制的目标，必然需要提高可再生能源电力消费，但从煤直接转向可再生能源是一项挑战极大的工作，对我国的电力基础设施设备、市场化机制乃至用电方的意识提高都提出了较高的要求。

面对复杂的能源转型与实现气候目标议题，我国需要思考的是，在所有的能源转型选择都是优势与挑战同在的情况下，基于我国的"双碳"目标，应当如何确定不同阶段的实施重点，多措并举、取长补短，打好"组合拳"。

从当前所处的碳达峰阶段来看，最重要的是在现阶段探索出一条着眼于未来长期转型的路线。我国当前并不面临如欧盟一般严峻的能源供给矛盾，在继续实施提高可再生能源电力消纳比例以及对化石能源的替代两项工作时，还应考虑两件事。第一件事，面对极端天气现象频发，如何制定保障和应急措施，如何选择过渡性的能源技术，增强未来可再生能源发电量占比逐渐提高背景下电力系统适应气候变化的韧性。第二件事，如何基于现有的机制，如碳市场、电力市场等，发挥对能源安全和能源转型的促进作用。参考欧盟经验，虽然欧盟碳市场并不直接促进可再生能源电力的消纳，但是由欧盟碳市场配额拍卖形成的资金池为 REPowerEU 计划的实施提供了强大的支撑，确保全社会的绿色转型。随着我国碳市场的发展，未来的配额终将进入有偿拍卖阶段，而如何发挥有偿拍卖机制支持全社会转型的作用，合理有效地分配拍卖所得资金，则需要进行更长远的考虑。

从长远来看，实现碳达峰目标后，逐步进入深度减排时期并实现碳中和的目标才是我国能源转型的关键及最难之处。长期来看，需要充分发挥能源消费的末端对于能源转型的加速撬动作用，核心是引导消费侧的开源节流。能源消费是一个非常明确的，由消费侧驱动的市场，因此基于解决问题看根本的思路，最终的做法还是能源消费市场的转型和发展。一方面，通过各种方式"节流"，提倡全社会节能，并通过政策引导、金融扶持、财税优惠等措施，支持节能技术的发展；另一方面，通过出台措施和机制引导消费侧进行"响应"，推动加快建设全国统一电力市场体系，发挥电力现货市场作用，并探索通过小时级匹配等方式，引导消费侧改变用能习惯，调整用能时段与可再生能源大发时段匹配，在促进可再生能源电力消纳的同时，保障用电安全。

多发的极端天气和复杂的地缘政治局势等对于任何国家的气候目标与能源转型而言，影响都极深极远，并且没有任何案例可供参考借鉴。在当下，

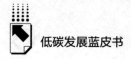
各国都站在同一起跑线，终点是实现碳中和目标，推动可再生能源电力发展。欧盟遭遇的能源危机和出台的一系列措施，给我国带来一些新的思考和启示，使我国能够更加安全、平稳地实现"双碳"和能源安全目标。

参考文献

"REPowerEU-2 Years on"，欧盟委员会，https：//energy. ec. europa. eu/topics/markets-and-consumers/actions-and-measures-energy-prices/repowereu-2-years_ en。

"Fit for 55：Delivering on the Proposals"，欧盟委员会，https：//commission. europa. eu/strategy-and-policy/priorities-2019-2024/european-green-deal/delivering-european-green-deal/fit-55-delivering-proposals_ en。

"Emissions Trading Worldwide：2022 ICAP Status Report"，ICAP，https：//icapcarbonaction. com/zh/node/902。

Abstract

2024 marks the 75th anniversary of China, the 10th anniversary of the deep implementation of the "Four Revolutions, One Cooperation" new energy security strategy, the crucial year for achieving the goals of the 14th Five-Year Plan, and the first year for comprehensively cultivating new quality productive forces. Therefore, the Annual Report on Fujian Province Carbon Peak and Carbon Neutrality (2024) focuses on the analysis of the development goals of carbon peak and carbon neutrality, highlighting the important support of new quality productive forces for the "Dual Carbon" goals, and reviewing the development achievements of Fujian Province in implementing the new energy security strategy for the 10th anniversary. In addition, the book innovatively constructs the "Dual Carbon" index, so as to analyze and position the process of low-carbon transformation in Fujian Province at this critical node, thereby providing more scientific and effective decision-making references for the government, industry, enterprises, and the public. The book is divided into 8 parts: General Report, Carbon Source and Carbon Sink, Market Price, Policy Mechanism, Industry and Technology, Energy Transition, International Reference, and Expert Opinion.

The General Report points out that in 2023, the global carbon emission will reach a historic high, with an annual emission of 37. 4 billion tons, and a year-on-year increase of 1. 1%. The formation of green trade systems, exemplified by carbon tariffs, is accelerating, and the unity, trust, and joint action among countries on carbon peak and carbon neutrality-related issues are becoming more prominent. In 2022, the total carbon emissions of China (excluding Xizang, Hong Kong, Macao, and Taiwan, the same below) reached 10. 55 billion tons,

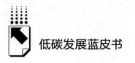
with a year-on-year decrease of 0. 13% , and a relatively complete "1 + N" policy system for carbon peak and carbon neutrality has been formed. After implementing the new energy security strategy for ten years, Fujian Province has achieved significant results in building a diversified energy supply system, promoting clean low-carbon and efficient energy utilization, improving energy systems and mechanisms, accelerating energy technology iteration and innovation, and strengthening regional energy cooperation. Compared with other provinces across our country, Fujian Province has a total score of 42. 8 on the "Dual Carbon" index, which means the space for low-carbon transformation in the next stage is still relatively sufficient.

The Carbon Sources and Carbon Sink section points out that the total carbon emission of Fujian Province in 2022 is 290 million tons, with a year-on-year decrease of 0. 1% . In the baseline scenario, accelerated transformation scenario, and deep optimization scenario, Fujian Province will achieve carbon peak emissions of 389 million tons in 2030, 340 million tons in 2028, and 331 million tons in 2027, respectively. In 2023, Fujian Province carried out many highlight works in forestry carbon sink, marine carbon sink, and agricultural carbon sink. A total of 1. 026 million acres of carbon-neutral forests have been built, with an estimated increase in carbon sink of 1. 321 million tons.

The Market Price section points out that in 2023, the carbon quota trading volume in the Fujian Province carbon market is 26. 199 million tons, with a year-on-year increase of 242. 0% . The total trading volume is the highest among the eight pilot carbon markets, but the average trading price is the lowest. However, the carbon market still faces problems such as the untapped value of carbon assets and the disorderly linkage of various market mechanisms. The carbon market reduces carbon emissions in the energy and power industry by influencing energy structure, energy efficiency, and energy scale, while the mediating effect of energy structure adjustment is the greatest.

The Policy Mechanism section points out that since 2023, the governments at all levels in Fujian Province have accelerated the introduction of a series of carbon control and reduction policies, resulting in clearer goals, more detailed measures, and more significant achievements in carbon reduction work. In 2024, China has successively issued multiple important policy documents on carbon emission control, carbon peak carbon neutral standard measurement, carbon footprint management, and other carbon control mechanisms, which put forward higher requirements for Fujian Province's renewable energy development, carbon emission dual control goals and indicators decomposition, carbon emission accounting accuracy, and carbon footprint management system. Carbon inclusiveness is an important innovative mechanism to promote energy conservation and carbon reduction on the consumer side in recent years. However, Fujian Province has not yet established relevant policy systems, and only some cities have carried out pilot applications for preliminary exploration.

The Industry and Technology section points out that in 2023, the four major industries of offshore wind power, energy storage, photovoltaics, and hydrogen energy in Fujian Province developed rapidly, with wind power and photovoltaic installed capacity reaching 7. 617 million kilowatts and 8. 745 million kilowatts respectively. However, the competitiveness of offshore wind power industry development still lags behind Guangdong Province and Jiangsu Province. So it is necessary to further fully leverage resource advantages, optimize and strengthen local enterprises, breakthrough offshore wind power technology, and optimize talent guarantee. The total export value of lithium batteries in Fujian Province reached 128. 75 billion yuan, a year-on-year increase of 49. 5%, accounting for 28. 2% of the total export value of lithium batteries in China, ranking first. Fuzhou and Xiamen have been listed as the first and second batch of demonstration cities for hydrogen fuel cell vehicles in China.

The Energy Transition section points out that energy carbon emissions are one of the main sources of carbon emissions in society as a whole. The carbon emissions in the energy sector of Fujian Province have shown a trend of total growth, while the energy supply structure has been continuously optimized, the level of clean power structure has significantly improved, and the fluctuation of terminal electrification rate has increased. In 2022, the total carbon emissions generated by various types of energy combustion in Fujian Province were about 261 million tons, with coal, oil, and natural gas accounting for 79. 0%, 17. 2%, and 3. 8% respectively. The average annual growth rate of carbon emissions in the energy

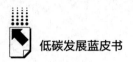
sector was 2. 1% in 2019~2022. In 2022, the carbon dioxide emissions from the power system in Fujian Province reached 118 million tons, accounting for approximately 45. 2% of the energy sector, all of which were generated by the power generation process. The average growth rate of carbon emissions in the past three years was 5. 0%, which is still in the upward trend. The new power system is a key measure to promote carbon reduction in Fujian Province. In 2023, the new power system contributed 52. 938 million tons of carbon dioxide. Among them, power generation enterprises and power grid enterprises contribute the most to carbon reduction in the new power system, accounting for 41. 8% and 34. 0% respectively.

The Energy TransitionInternational Reference section points out that as a resource-based country, the United States focuses on the development and use of natural gas in its energy transition. In 2022, the total primary energy production in the United States was 3. 7 billion tons of standard coal, of which natural gas accounts for 35. 4% and is the main source of energy supply for the United States. As a country with relatively scarce energy reserves, Germany's main strategy for energy transition is to vigorously develop renewable energy. In 2023, the total installed capacity of renewable energy generation in Germany increased by 17 GW, with an increase of 12% compared to 2022, and the proportion of power generation reached 56% . The international "low-carbon barrier" is gradually becoming a new type of technical trade barrier in international trade. The EU's new battery law will be officially implemented in 2024, the Carbon Border Adjustment Mechanism (CBAM) has entered a transitional period, and the US Clean Competition Act (CCA) is gradually taking shape, which will have a long-term impact on the industrial development, foreign trade, and supply chain security of Fujian Province.

The Expert Opinion section invited experts from both inside and outside Fujian Province to discuss topics such as energy transition, carbon emission statistics and accounting, green finance, digital economy, and product carbon footprint. Experts point out that Fujian Province's "15th Five Year Plan" energy plan can be led by "two zones and one region", with the theme of power modernization, and the main line of energy security strategy hinterland and industrial backup. Fujian Province should coordinate the promotion of clean energy bases, new power systems, and unified power market construction, in order to consolidate the "one shoulder, two continents" pattern. Experts point out that the current financial and investment system still faces problems such as heavy production but light consumption, heavy increment but light stock, heavy fiscal measures but light finance, insufficient direct financing to support technological innovation, and the ability to participate in international standardization work needs to be strengthened. Experts point out that the application of artificial intelligence can significantly improve the resource allocation efficiency of the power system, promote the efficient integration of renewable energy, enhance the flexibility of the power market, and accelerate intelligent decision-making and dynamic adjustment. Experts point out that the statistical accounting of carbon emissions needs to be considered comprehensively in the overall design of the national system to ensure the consistency, accuracy, and comparability of the carbon emissions accounting results of different entities.

This book suggests that Fujian Province should focus on cultivating new quality productive forces in the energy field, accelerating the construction of a new energy system, building a new power system, relying on new quality productive forces to build "five systems" and promote "five upgrades", in order to empower the "Dual Carbon" goal through the development of new quality productive forces in the energy sector. First, Fujian Province should build a new energy supply system, promote the upgrading of the energy structure as the main focus of the development of new quality productive forces, increase the output capacity of offshore wind power, strengthen the level of coastal nuclear power security, and tap the potential of green hydrogen energy supply. Second, Fujian Province should build a new energy consumption system, promote the upgrading of consumption quality and efficiency as the main focus of developing new quality productive forces, break through the bottleneck of carbon reduction in key areas, and improve the level of end-use energy electrification. Third, Fujian Province should build a new energy industrial system, promote the upgrading of industrial technology as the main focus of developing new quality productive forces, deepen the layout of the new energy automobile industry, strengthen the offshore wind

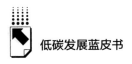

低碳发展蓝皮书

B.2　A Decade Report on the Implementation of the New

Energy Security Strategy in Fujian Province

Wei Hongjun, Cai Jianhuang / 023

Abstract: The new energy security strategy is a major strategic deployment by the central government in the field of energy development. Fujian Province has thoroughly implemented the decisions of the central government, and achieved remarkable results in building a diversified energy supply system, promoting clean and efficient use of energy, improving energy management mechanisms, promoting energy technology iteration, and strengthening regional energy cooperation. However, with the continuous deepening of low-carbon energy transformation, there are still new challenges in the safe and stable supply of energy, the consumption and utilization of clean energy, and the construction of energy market mechanisms. In the next step, Fujian Province needs to take the planning as the guidance, strengthen the provincial new energy system construction layout, accelerate the establishment of major science and technology collaborative innovation system and industrial chain and supply chain collaborative innovation mechanism, continue to improve the energy market mechanism and dual control system of total energy consumption and energy intensity, further optimize the new energy system construction business environment, and fully promote the new energy security strategy towards the next decade.

Keywords: The New Energy Security Strategy; Low-carbon Transition; Institutional Mechanism Reform; Energy Cooperation

B.3　Provincial "Dual Carbon" Index Report

Cai Jianhuang, Xiang Kangli, Shi Pengjia and Chen Jinyu / 031

Abstract: In order to scientifically, objectively, and quantitatively evaluate the low-carbon development level and the progress of "Dual Carbon" goals in each province, a provincial "Dual Carbon" index was constructed, which is used to conduct calculations and comparative analysis of various provinces across the country. The results show that the "Dual Carbon" index in various provinces of China is generally not high, and there are significant regional differences between most provinces. These above phenomenon reflects that the overall level of low-carbon development in China needs to be improved, while the imbalance and insufficiency of low-carbon development among different provinces are more prominent. Among them, Fujian's low-carbon development level ranks above average in China, especially in indicators such as the clean energy penetration rate, the forest coverage rate, and the soundness of carbon emission MRV system. However, Fujian Province is seriously lagging behind in indicators such as the carbon emission decoupling index, the carbon emission trend test, and the proportion of high emission industries. Therefore, Fujian Province needs to focus on accelerating the green and low-carbon transformation of its industrial structure, while cultivating its first mover advantage in ecological environment, and strive to reverse the rapid growth of carbon emissions, so as to promote the low-carbon development to a new level.

Keywords: Provincial "Dual Carbon" Index; Low-carbon Pressure; Low-carbon Status; Low-carbon Response

II   Reports on Carbon Sources and Carbon Sinks

B.4   Analysis Report on Fujian Carbon Emissions in 2024

Chen Jinchun, Chen Bin, Zheng Nan and Chen Keren / 065

Abstract: In 2022, the total carbon emissions in Fujian Province were 290 million tons, with a year-on-year decrease of 0.1%, which was basically the same as the previous year. Carbon emissions were mainly concentrated in four sectors: electricity and heat production, manufacturing, transportation, and residential life, accounting for 48.1%, 39.6%, 8.1%, and 2.1% of the overall carbon emissions in the province respectively. Considering the uncertainty of energy

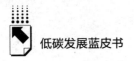
structure transformation, this report sets baseline, accelerating transformation, and deep optimization scenarios to predict the trend of carbon emissions in Fujian Province. In three scenarios, Fujian Province will reach its peak in 2030, 2028, and 2027, with peak levels of 389 million tons, 340 million tons, and 331 million tons, respectively. In all three scenarios, the carbon emissions of manufacturing industry reached its peak one year earlier than the entire society, while electricity and heat production and residential life reached their carbon peak synchronously with the entire society. The transportation industry reached its carbon peak one year later than the entire society. In addition, this report proposes suggestions for promoting low-carbon transformation in key areas of Fujian Province, including continuously deepening the development of low-carbon energy, strengthening low-carbon transformation in key industries, promoting low-carbon lifestyles, strengthening green finance support and policy guarantees, and promoting the deep integration of digitization and carbon reduction.

Keywords: Carbon Emissions; Carbon Peak; Fujian Province

B.5 Analysis Report on Fujian Carbon Sinks in 2024

Chen Keren, Chen Lihan and Li Yinan / 080

Abstract: In response to the call from the Central Committee of the Communist Party of China and the State Council to promote the construction of a Beautiful China, Fujian Province has proposed striving to become a pilot demonstration province for this initiative. The development and trading of carbon sink projects are key approaches to exploring the realization of the value of ecological products, and also an important lever for further optimizing the ecological environment and advancing the construction of a Beautiful China. In 2023, Fujian Province made notable progress in forestry carbon sink, marine carbon sink, and agricultural carbon sink, pushing forward the continuous improvement of the carbon sink mechanism. Going forward, it is recommended that Fujian Province organically integrate carbon sink development with rural revitalization, establish regional collaboration models to develop forestry carbon sink, explore the potential value of marine carbon sink through industrial integration, and improve the monitoring and accounting systems for agricultural carbon sink. These efforts will help achieve both ecological and economic benefits, injecting new momentum into the high-quality development of Fujian Province.

Keywords: Carbon Sinks; Beautiful China; Rural Revitalization

Ⅲ Reports on Market Price

B.6 Analysis Report on Fujian Carbon Market in 2024

Chen Han, Zhang Yuxin and Li Yinan / 088

Abstract: In 2023, the number of emission-controlled enterprises in Fujian Carbon Market has been reduced from 296 to 293. Compared with the previous year, the implementation plan of quota allocation has certain continuity and stability, only the quota allocation method and some industry coefficients of the steel industry been fine-adjusted. By the end of 2023, the cumulative transaction volume of carbon quota in Fujian Carbon Market reached 47.439 million tons, and the cumulative transaction value reached 1.05 billion yuan, of which 26.199 million tons was traded in 2023, with an increase of 242.0%. The total transaction volume of quota allocation in Fujian Carbon Market was the highest among the eight local pilot carbon markets, while the average transaction price was the lowest. At present, there are still some issues in Fujian Carbon Market, including the value of carbon assets to be explored and the orderly connection of various market mechanisms. In the next stage, it is suggested that Fujian further take actions to effectively play the role of the market in the allocation of carbon emission reduction resources, such as to promote the inclusion of characteristic carbon sink projects in the National Voluntary Greenhouse Gas Emission Reduction Trading Market, to enhance the basic support of the carbon market, to explore the value of carbon assets, etc.

Keywords: Carbon Market; Voluntary Emission Reduction; Carbon Transaction; Carbon Measurement; Carbon Finance

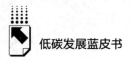

低碳发展蓝皮书

B . 7　Assessment of the Emission Reduction Effect of the

Carbon Market on the Power Industry

Chen Keren , Du Yi and Xiang Kangli / 099

Abstract：The carbon market is the main market-based environmental policy tool in China's carbon emission reduction governance. The Fujian Province pilot carbon market was established in 2016 and operates in conjunction with the national carbon market after 2021. This article conducts empirical modeling and analysis of the carbon market's role in reducing carbon emission in the power industry. The results show that China's carbon trading pilot policy has significantly reduced the carbon emissions of the power industry in the pilot provinces (cities) by affecting the energy structure, energy efficiency and energy scale. Among them, optimizing the energy structure has the greatest intermediary effect. Finally, it is recommended that Fujian Province continue to improve the pilot carbon market mechanism and promote carbon emission reduction in the power industry by optimizing the energy structure and improving energy efficiency.

Keywords：Carbon Market；Power Industry；Carbon Emission Reduction；DID Method；Intermediary Effect

Ⅳ　Reports on Policy Mechanism

B . 8　Analysis Report on Fujian Province's Carbon Control

and Emission Reduction Policies in 2024

Chen Zihan , Zhang Yuxin and Cai Qiyuan / 109

Abstract：Since 2023 , governments at all levels in Fujian Province have expedited the implementation of a comprehensive suite of carbon control and reduction policies, integrating efforts across multiple dimensions and detailed sectors while continuously enhancing the policy framework. The province's initiatives for carbon emission reduction now feature clearer objectives, more precise measures, and increasingly significant outcomes. Fujian Province has introduced several pivotal policy measures aimed at accelerating the transition to green and low-carbon practices within key industries, as well as strategically developing emerging industries and future-oriented industries. Collaborative efforts are being made from the supply side, power grid side, and consumption side to facilitate resource low-carbonization and clean utilization. Comprehensive enhancements are underway in standard design, measurement monitoring, application deployment, etc. , to strengthen the entire chain of capacity building for carbon peaking and neutrality standards measurement systems. Emphasizing the province's advantageous resource endowments is crucial for consolidating and improving ecosystem carbon sink capacities related to forestry and marine environments. Additionally, there is a focus on advancing environmental rights markets alongside innovating green financial products while deepening explorations into novel market mechanisms that support green and low-carbon development. There will be vigorous cultivation of pilot applications for low-carbon initiatives within the province along with promoting new lifestyles centered around low-carbon production—ultimately enabling advancements in high-quality green productivity. In subsequent stages, it is anticipated that Fujian Province will further accelerate energy use transformation while continually enhancing content within its clean energy industry; establishing a robust 'double carbon' standard system tailored to key industries will provide unified standards essential for achieving provincial 'double carbon' goals; effectively leveraging both governmental oversight and market dynamics will expedite the nurturing of elements pertinent to carbon control and reduction while unlocking flexible regulatory capabilities. It is recommended that Fujian Province intensify research & development as well as application endeavors concerning green technologies; hasten planning regarding provincial new energy system construction pathways; collaboratively engage supply-demand dynamics to foster high-quality productivity aligned with green-low carbon principles.

Keywords: Carbon Control and Reduction; Low-carbon Transition; Ecological Carbon Sinks

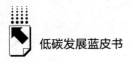

B.9 The Impact Analysis of Series Policies of Controlling both
the Amount and Intensity of Carbon Emissions,
Carbon Measurement, Carbon Footprint on Fujian
Province in 2024

Lin Xiaofan, Chen Jinchun and Chen Zihan / 141

Abstract: In 2024, the country successively released several important policies of carbon emission control mechanisms, including the "Work Plan for Accelerating the Construction of Controlling both the Amount and Intensity of Carbon Emissions System", the "Notice on Further Strengthening the Construction of a Carbon Peak and Carbon Neutrality Standard Measurement System (2024-2025)", and the "Implementation Plan for Establishing Carbon Footprint Management System". These policies comprehensively deployed the transformation of controlling both the amount and intensity of energy consumption to controlling both the amount and intensity of carbon emissions, and put forward higher requirements for the development of renewable energy in Fujian Province, the decomposition of controlling both the amount and intensity of carbon emissions targets and indicators, the accuracy of carbon emission accounting, and the carbon footprint management system. They will accelerate the development of renewable energy, expand the scale of green electricity trading, promote the scientific setting and decomposition of controlling both the amount and intensity of carbon emissions targets at all levels in Fujian Province. It also requires Fujian Province to further consolidate provincial carbon emission accounting basic abilities, establish product carbon footprint management system and comprehensively improve carbon control mechanisms.

Keywords: Controlling both the Amount and Intensity of Carbon Emissions; Carbon Emission Accounting; Carbon Footprint Management

　　Abstract：Approximately 72% of global carbon emissions are generated by residential consumption， and 40% -50% of China's carbon emissions generated by residential consumption. Promoting energy conservation and emission reduction in the public sector is an indispensable measure to achieve the "Dual Carbon" goal. As an important innovative mechanism to promote energy conservation and carbon reduction on the consumer side in recent years， carbon inclusion mainly operates by encouraging the public to carry out low-carbon actions to achieve benefits. Currently， 10 provinces and 11 prefecture level cities in China have introduced carbon inclusion policies， covering various fields such as clothing， food， housing， and transportation. Fujian Province has not yet established a provincial-level carbon inclusion policy system， but some cities have carried out pilot applications for preliminary exploration， and the methodological research in certain fields is relatively in-depth. Next， Fujian Province can learn from the practices of leading provinces and actively build a carbon inclusion policy system from top-level design， market mechanisms， public opinion propaganda， and other aspects， vigorously promoting the public to practice low-carbon concepts.

　　Keywords：Carbon Inclusion；The Public Sector；Low-carbon Action；Fujian Province

V　Industry and Technology

　　Abstract：With the global energy structure transformation and the deepening

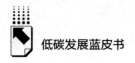 低碳发展蓝皮书

of the construction of new power system, the status and importance of the development of new energy industry technology are increasing, and it has become a key force in promoting the coordinated development of regional economy and environment. Fujian Province enjoys unique geographical advantages and resource endowments, and the four major industries of offshore wind energy, energy storage, photovoltaics, and hydrogen energy are rapidly developing, playing an important role in the strategic development of new energy in Fujian Province. However, there are problems such as insufficient overall planning of some industries, lack of layout of key links, and insufficient technological innovation. It is suggested to further strengthen the overall coordination of the new energy industry, supplement the missing industrial chain, enhance the key technologies for industrial development, strengthen funding and market mechanism guarantees, and promote the quality and upgrading of the development of the new energy industry in Fujian Province.

Keywords: Wind Energy; Energy Storage; Photovoltaic; Hydrogen Energy; New Energy Industry Technology

B.12 Analysis Report on the Competitiveness of Fujian

Province's Offshore Wind Power Industry Development

Xiang Kangli, Chen Keren and Chen Lihan / 165

Abstract: Offshore wind power is a key lever for Fujian Province's high-quality development and acceleration of its ecological civilization construction. To assess the competitiveness of Fujian's offshore wind power industry, this report establishes an evaluation index system for offshore wind power industry development competitiveness. Based on the entropy-weighted TOPSIS model, the competitiveness of offshore wind power industry development in Jiangsu, Zhejiang, Guangdong, and Fujian provinces was evaluated. The results show that Fujian ranks third among the four provinces, indicating significant room for improvement. Moving forward, it is recommended that Fujian Province continue to leverage its resource advantages, strengthen and expand local enterprises, make breakthroughs in offshore wind power technology, and optimize talent support to enhance the competitiveness of its offshore wind power industry.

Keywords: Offshore Wind Power Industry; Entropy-weighted TOPSIS Model; Fujian Province

B. 13   Research on Electricity-Hydrogen Synergistic
Development Path and Mode

Wu Jianfa, Li Yinan and Zheng Nan / 177

Abstract: Under the consensus of addressing climate change, hydrogen energy has gradually become an important choice for global carbon reduction, and the synergistic development of electricity-hydrogen will play an important role in promoting the consumption of new energy sources, providing auxiliary services and power supply guarantee, and further providing effective support for the construction and improvement of the new energy system. The USA, Japan, Germany and other developed countries have successively introduced relevant policies to layout the development of electric-hydrogen synergistic supporting industries, and have made breakthroughs in fuel cells, electric-hydrogen conversion, hydrogen storage and transportation technologies. China is the world's largest hydrogen producer and renewable energy power generation country, in recent years, has introduced a number policies of hydrogen energy technology development and industrial innovation, and gradually formed a "1 +N" policy system. And in the electric hydrogen conversion technology has made some breakthroughs, but there are still some issues, such as the low electric hydrogen conversion efficiency, imperfect top-level design, and inadequate infrastructure construction. Next, we should work on the design of policy, industry-academia-research collaboration, standard system, typical demonstration project

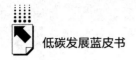

construction, and make more efforts to promote the synergistic development of electricity-hydrogen, thereby aiding in the establishment of the new energy system.

Keywords: Electricity-hydrogen Synergy; Renewable Energy Consumption; Hydrogen Application

Ⅵ   Reports on Energy Transition

B.14   Analysis Report on a Green-oriented Transition of Energy in Fujian Province in 2024

Shi Pengjia, Lin Xiaofan and Chen Wenxin / 184

Abstract: Energy carbon emission is one of the main sources of carbon emissions in the whole society. The low-carbon energy transition is the key to achieving "dual carbon" goal. In recent years, the energy carbon emissions in Fujian province have shown an increasing trend. The energy supply structure has been continuously optimized. The cleanliness level of the power structure has been significantly improved. The terminal electrification rate has fluctuated upwards. Fujian province has the advantages of superior clean energy endowment and solid energy transformation foundation. But it also faces problems such as energy supply security and stability, uneven distribution of cost and benefits. In the next step, it should focus on optimizing and improving policies and mechanisms, accelerating the construction of the internet of energy, and solidly promoting technological innovation.

Keywords: Low-carbon Energy Transition; Carbon Emission; Energy Supply; Energy Consumption

Abstract: In 2023, the Central Committee of the Communist Party of China (CPC) made the important deployment of building the demonstration zone for the integrated development across the Taiwan Strait to promote the integration of Fujian and Taiwan to take new steps forward. In recent years, Taiwan has been facing a shortage of electricity supply and pressure for low-carbon transformation. As the first ecological civilization pilot zone in China, Fujian has an excellent energy structure and sufficient power supply, and its development of low-carbon technology and new energy industry ranks ahead of the rest of the country. Fujian and Taiwan have broad prospects for cooperation in the fields of energy infrastructure, energy industry and energy technology. It is recommended to promote energy " resource interoperability, technology mutual assistance, industrial interaction" between Fujian and Taiwan in a gradual manner, and build safe, economic and sustainable energy supply and demand system and industrial system together, so as to provide an important boost for The green transition and development across the Taiwan Strait.

Keywords: Cross-strait Integration; Energy Transition; Infrastructure Construction; Low-carbon Industry; Low-carbon Technology

Abstract: The New-type Power System is an important measure coping with the "dual carbon" goals, which was first proposed by General Secretary Xi Jinping in March 2021. Subsequently, the National Energy Administration issued a series

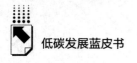

of policy documents and measures to promote the construction of the New-type Power System, including the "Blue Book on the New-type Power Systems Development". In order to explore a method to calculate the carbon reduction contribution of the New-type Power System, this sub-report establishes a carbon emission reduction contribution calculation model for the New-type Power System, and conducts an empirical analysis using Fujian Province as an example. The results show that the construction of the New-type Power System has made outstanding contributions to carbon reduction in Fujian Province, and accounted for 52. 938 million tons of the overall carbon emission reduction in 2023. Finally, it is recommended to simultaneously promote relevant work in all aspects of the New-type Power System to promote the New-type Power System carbon emission reduction in depth.

Keywords: New-type of Power System; Carbon Emission Reduction Contribution; Source-Grid-Load-Storage

Ⅶ   International References

B. 17   Comparison and Implications of the Green-oriented Transition
of Energy Between the United States and Germany

Chen Wanqing, Chen Jinchun and Cai Qiyuan / 213

Abstract: Resource endowment and energy strategy are important factors affecting the green-oriented transition of energy. Considering resource endowment, industrial structure, and political and economic environment, the United States promotes the development and use of shale gas, while Germany promotes large-scale development of renewable energy to promote green-oriented transition of energy. In addition, both countries are promoting transformation through building energy bases, improving related energy facilities, and expanding related industries. Based on the provincial situation, it is suggested that Fujian Province should accelerate the elimination of fossil energy dependence through clean substitution, while simultaneously building a diversified energy base, laying out interconnected modern energy facilities, and strengthening modern energy industries such as offshore wind power.

Keywords: the United States; Germany; A Green-oriented Transition of Energy

B.18 Impact of "Low-carbon barriers" in Europe and the

United States on Fujian Province and Suggestions

Shi Pengjia, Lin Hanxing and Cai Qiyuan / 222

Abstract: Under the "carbon peaking and carbon neutrality" goal, the world has entered a new period of competition and cooperation in terms of "comprehensive carbon power" centered on low-carbon economy and low-carbon technology, The response to climate change has become a new hotspot affecting international relations and trade competition. Developed countries like those in Europe and the United States are seeking to establish new international trade rules around "climate" and "carbon emissions". After the COVID −19 pandemic, geopolitical tensions, and energy crises, "low-carbon barriers" are gradually emerging as a new type of technical trade barrier in international commerce. In 2024, the european new Battery Regulation came into effect, the Carbon Border Adjustment Mechanism (CBAM) has entered the transition period. And the US Clean Competition Act (CCA) is also taking shape. The accelerated establishment of "low-carbon barriers" will have lasting impacts on industrial development of Fujian Province, foreign trade, and the security of its industrial chain and supply chain. As the EU and the US are the major trading partners of Fujian Province. Fujian Province should seize the opportunity of the transition period, strengthen forward-looking planning and proactively prepare countermeasures to address "low-carbon barriers".

Keywords: Low-carbon Barriers; Low-carbon Ttransition; Foreign Trade

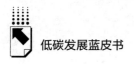
低碳发展蓝皮书

Ⅷ　Expert Opinions

B.19　The Rise of Central Southeast Coast, Industrial Backup
and Fujian Province's "Fifteenth Five-Year" Energy Plan

Zhu Sihai / 229

Abstract:　"Jiangsu, Zhejiang, Shanghai, Fujian, Guangdong + Hong Kong, Macao and Taiwan" southeast coastal region of the national strategy is dense, concentrated in the northern part of the Yangtze River Delta regional integration, the central part of the integration of the development of the two sides of the Taiwan Strait, the southern part of the Guangdong-Hong Kong-Macao Bay Area construction; as a "strategic hub", Fujian is located on both sides of the Taiwan Strait and both continents, and it is urgent to synergistically promote the integration of both sides of the Taiwan Strait and both continents to realize the "rise of the central section". In the new era, the state deployed in the southeast coast to build coastal nuclear power and offshore wind power clean energy base, Fujian has become a strategic hinterland of the southeast coast and energy key industry backup, for the implementation of the "rise of the central section" energy strategy in Fujian provides a major development opportunity. On the one hand, improve the Fujian narrative of energy development, creatively connect Chinese-style modernization and high-quality development, creatively connect cross-strait integration and all-round high-quality development, to create a green development highland. On the other hand, innovate the Fujian mode of energy development, creatively connect energy modernization, energy power and energy security, to create a demonstration zone of energy modernization, an advanced zone of energy power and a highland of energy security, and cultivate new energy productivity. The energy planning of Fujian in the "Fifteenth Five-Year" should be led by "two zones and one place", with power modernization as the theme, and energy security strategic hinterland and industrial backup as the main line, and scientifically plan projects, programs, policies and measures, and synergistically promote the construction of clean energy base, new power system and unified market of power, as well as the construction of energy security. The construction of clean energy base, new type of electric power system and unified market of electric power will be promoted in a concerted manner, so as to take the initiative to create history, and to strengthen the material foundation of Fujian energy "two continents on one shoulder".

Keywords: Rise of the Central Section; Clean Energy Base; Industry Backup; Fujian Province

B . 20 Several Thoughts on Promoting China's Energy Transformation through Green Finance and Investment

Zhang Jie / 246

Abstract: In recent years, as the development of energy transformation has deepened, the landscape of energy production and consumption has experienced significant changes, leading to a diversified and complex demand for finance and investment. From the perspective of achieving carbon peak and carbon neutrality goals, the current financial and investment system still faces numerous challenges, including relatively outdated energy transition legislation, an emphasis on production over consumption, prioritization of incremental growth over existing assets, an excessive focus on financial metrics rather than holistic value creation, insufficient direct financing to support scientific and technological innovation, and a need to enhance participation in international standardization efforts. Moving forward, it is essential to concentrate on leveraging finance to promote green and low-carbon energy development by further implementing green finance initiatives; accelerating transformative financing development; establishing investment funds dedicated to supporting technology industrialization; fostering alignment between electric carbon policies with international mutual recognition; encouraging private

 低碳发展蓝皮书

foreign capital involvement in energy transformation; and providing innovative solutions encompassing technological advancements, mechanism innovations, and business model transformations for China's energy transition.

Keywords: Green Finance; Investment; Energy Transformation

B.21 The Impact and Suggestions of Digital Economy on Low-carbon Development of Energy Industry

Long Houyin / 255

Abstract: The rapid development of the digital economy is profoundly changing the low-carbon development pattern of the energy industry, in which artificial intelligence, as a core technology catalyst, has played an important role. The report aims to explore the key role of artificial intelligence in driving the low-carbon transition in the energy industry. Firstly, the core concepts and characteristics of the digital economy and artificial intelligence are systematically reviewed in order to better understand their application potential in the field of energy. Secondly, the specific application and effectiveness of artificial intelligence in power physical system (including power generation, distribution, transmission, transformation and consumption) and trading system are discussed in detail. It is concluded that the application of artificial intelligence has significantly improved the operation and resource allocation efficiency of power system, and promoted the efficient access of renewable energy. On the other hand, it has improved the flexibility of the electricity market, promoted intelligent decision-making and dynamic adjustment, so as to responded more effectively to the changing needs of users. Finally, in order to realize the continuous optimization and low-carbon transformation of the power system, it is proposed that the long-term development planning of artificial intelligence should focus on the establishment of a general management platform with the smart grid brain as the core. It can integrate the data resources of the power physical system and the trading system, promote intelligent analysis and decision-making, and promote the power industry to the goal of digitization, intelligence and low-carbon.

Keywords: Digital Economy; Artificial Intelligence; Power System

B. 22 Construction Situation and Suggestions of China's
Carbon Emission Statistics and Accounting System

Jin Yanming / 268

Abstract: The construction of China's carbon emission statistical accounting system is in the initial stage of development. At present, the carbon emission statistical accounting working mechanism composed of the National Development and Reform Commission, the National Bureau of Statistics, the Ministry of Ecology and Environment and the State Administration of Market Regulation has been established. At the national/regional level, it has been in line with international standards, but it needs to be improved and perfected at the enterprise and product level. The main performance is that the accounting content of indirect emissions from upstream and downstream of the value chain is not included, and the relevant database of emission factors is different from that of foreign countries. In the long run, there are various application scenarios for statistical accounting of carbon emissions, which are closely related to the dual control degree of carbon emissions, carbon emission trading system, international green trade regulations, etc. Therefore, it is necessary to consider them comprehensively in the overall design of the national system, strengthen the top-level design, and ensure the consistency, accuracy and comparability of the carbon emission accounting results of different entities, reflecting the fairness, effectiveness and economy of national carbon governance.

Keywords: Carbon Emission Statistics and Accounting; Emission Factors; National Carbon Governance

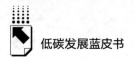
B . 23   Research and Practice of Product Carbon Footprint
　　　 Assessment Technology for Power Equipment

Wen Jie, Miao Bo / 285

Abstract: "Carbon neutrality" has become an international consensus, with
the introduction of "carbon tariff" policies such as the european Carbon Border
Adjustment Mechanism (CBAM) and the new Battery Regulation. The impact of
the product carbon footprint has been extended to the trade sector, making
product carbon footprint assessment technology for power equipment a research
hotspot. This report analyzes the international and domestic development status of
this technology, establishes a carbon footprint assessment model for power
equipment based on the actual power industry. It also measures the carbon footprint
of the whole life cycle of two types of typical power equipment (power
transformer and smart electricity meter) . The results show that carbon emissions in
the use phase of power transformer account for more than 99% of the carbon
footprint of the equipment. Carbon emissions in the use phase of smart electricity
meter and the acquisition of raw materials for electricity smart meter account for
more than 95% of the carbon footprint of the equipment. In addition, this report
analyzes the challenges faced by this research area in terms of key technologies such
as standardized eco-construction, database construction and measurement of carbon
dioxide emission factors for electricity. Finally, in order to further promote the
establishment of the carbon footprint management system for products in the energy
and power industry. This report proposes to formulate product carbon footprint
accounting rules for electricity equipment, normalize product carbon footprint
work on power equipment and other recommendations, with a view to providing
technical support for the low-carbon development of the whole industrial chain of
chinese power system and the green and low-carbon transformation of the energy
and power industry.

Keywords: Product Carbon Footprint; Electricity Equipment; Low-carbon
Technology; Carbon Emission

Abstract: As the most active international actor in promoting climate change governance and green transformation of energy economy in the world, the European Union launched the energy response plan REPowerEU after two successive rounds of energy crises, aiming to accelerate the replacement of fossil fuels by speeding up the clean energy transformation in Europe. Besides, the REPowerEU project combined investment and reform to achieve the core goals of the energy system modernization plan. In the past two years, the REPowerEU project has achieved certain results in three aspects, including saving energy, diversifying energy supply sources and accelerating the deployment of renewable energy sources. Taking the EU's energy transformation strategy as reference, China can take multiple measures to ensure energy security and climate goals, and explore a route focusing on the long-term transformation of the future at this stage. In the long run, China should give full play to the accelerating role of the energy consumption end for energy transformation, in order that China can achieve the goals of carbon peak and carbon neutrality and the goal of energy security more safely and smoothly.

Keywords: European Union; Green New Deal; The REPowerEU Project; Energy Transformation

社会科学文献出版社

皮 书

智库成果出版与传播平台

✤ 皮书定义 ✤

皮书是对中国与世界发展状况和热点问题进行年度监测，以专业的角度、专家的视野和实证研究方法，针对某一领域或区域现状与发展态势展开分析和预测，具备前沿性、原创性、实证性、连续性、时效性等特点的公开出版物，由一系列权威研究报告组成。

✤ 皮书作者 ✤

皮书系列报告作者以国内外一流研究机构、知名高校等重点智库的研究人员为主，多为相关领域一流专家学者，他们的观点代表了当下学界对中国与世界的现实和未来最高水平的解读与分析。

✤ 皮书荣誉 ✤

皮书作为中国社会科学院基础理论研究与应用对策研究融合发展的代表性成果，不仅是哲学社会科学工作者服务中国特色社会主义现代化建设的重要成果，更是助力中国特色新型智库建设、构建中国特色哲学社会科学"三大体系"的重要平台。皮书系列先后被列入"十二五""十三五""十四五"时期国家重点出版物出版专项规划项目；自2013年起，重点皮书被列入中国社会科学院国家哲学社会科学创新工程项目。

皮书网

（网址：www.pishu.cn）

发布皮书研创资讯，传播皮书精彩内容
引领皮书出版潮流，打造皮书服务平台

栏目设置

◆ 关于皮书

何谓皮书、皮书分类、皮书大事记、
皮书荣誉、皮书出版第一人、皮书编辑部

◆ 最新资讯

通知公告、新闻动态、媒体聚焦、
网站专题、视频直播、下载专区

◆ 皮书研创

皮书规范、皮书出版、
皮书研究、研创团队

◆ 皮书评奖评价

指标体系、皮书评价、皮书评奖

所获荣誉

◆ 2008 年、2011 年、2014 年，皮书网均
在全国新闻出版业网站荣誉评选中获得
"最具商业价值网站"称号；
◆ 2012 年，获得"出版业网站百强"称号。

网库合一

2014 年，皮书网与皮书数据库端口合
一，实现资源共享，搭建智库成果融合创
新平台。

皮书网

"皮书说"
微信公众号

权威报告・连续出版・独家资源

皮书数据库
ANNUAL REPORT(YEARBOOK)
DATABASE

分析解读当下中国发展变迁的高端智库平台

所获荣誉

- 2022年，入选技术赋能"新闻+"推荐案例
- 2020年，入选全国新闻出版深度融合发展创新案例
- 2019年，入选国家新闻出版署数字出版精品遴选推荐计划
- 2016年，入选"十三五"国家重点电子出版物出版规划骨干工程
- 2013年，荣获"中国出版政府奖・网络出版物奖"提名奖

皮书数据库

"社科数托邦"
微信公众号

成为用户

登录网址www.pishu.com.cn访问皮书数据库网站或下载皮书数据库APP，通过手机号码验证或邮箱验证即可成为皮书数据库用户。

用户福利

- 已注册用户购书后可免费获赠100元皮书数据库充值卡。刮开充值卡涂层获取充值密码，登录并进入"会员中心"—"在线充值"—"充值卡充值"，充值成功即可购买和查看数据库内容。
- 用户福利最终解释权归社会科学文献出版社所有。

社会科学文献出版社 SOCIAL SCIENCES ACADEMIC PRESS (CHINA) 皮书系列

卡号：119673184138
密码：

数据库服务热线：010-59367265
数据库服务QQ：2475522410
数据库服务邮箱：database@ssap.cn
图书销售热线：010-59367070/7028
图书服务QQ：1265056568
图书服务邮箱：duzhe@ssap.cn

S 基本子库
UB DATABASE

中国社会发展数据库（下设 12 个专题子库）

紧扣人口、政治、外交、法律、教育、医疗卫生、资源环境等 12 个社会发展领域的前沿和热点，全面整合专业著作、智库报告、学术资讯、调研数据等类型资源，帮助用户追踪中国社会发展动态、研究社会发展战略与政策、了解社会热点问题、分析社会发展趋势。

中国经济发展数据库（下设 12 专题子库）

内容涵盖宏观经济、产业经济、工业经济、农业经济、财政金融、房地产经济、城市经济、商业贸易等 12 个重点经济领域，为把握经济运行态势、洞察经济发展规律、研判经济发展趋势、进行经济调控决策提供参考和依据。

中国行业发展数据库（下设 17 个专题子库）

以中国国民经济行业分类为依据，覆盖金融业、旅游业、交通运输业、能源矿产业、制造业等 100 多个行业，跟踪分析国民经济相关行业市场运行状况和政策导向，汇集行业发展前沿资讯，为投资、从业及各种经济决策提供理论支撑和实践指导。

中国区域发展数据库（下设 4 个专题子库）

对中国特定区域内的经济、社会、文化等领域现状与发展情况进行深度分析和预测，涉及省级行政区、城市群、城市、农村等不同维度，研究层级至县及县以下行政区，为学者研究地方经济社会宏观态势、经验模式、发展案例提供支撑，为地方政府决策提供参考。

中国文化传媒数据库（下设 18 个专题子库）

内容覆盖文化产业、新闻传播、电影娱乐、文学艺术、群众文化、图书情报等 18 个重点研究领域，聚焦文化传媒领域发展前沿、热点话题、行业实践，服务用户的教学科研、文化投资、企业规划等需要。

世界经济与国际关系数据库（下设 6 个专题子库）

整合世界经济、国际政治、世界文化与科技、全球性问题、国际组织与国际法、区域研究 6 大领域研究成果，对世界经济形势、国际形势进行连续性深度分析，对年度热点问题进行专题解读，为研判全球发展趋势提供事实和数据支持。

法律声明

"皮书系列"（含蓝皮书、绿皮书、黄皮书）之品牌由社会科学文献出版社最早使用并持续至今，现已被中国图书行业所熟知。"皮书系列"的相关商标已在国家商标管理部门商标局注册，包括但不限于LOGO（▧）、皮书、Pishu、经济蓝皮书、社会蓝皮书等。"皮书系列"图书的注册商标专用权及封面设计、版式设计的著作权均为社会科学文献出版社所有。未经社会科学文献出版社书面授权许可，任何使用与"皮书系列"图书注册商标、封面设计、版式设计相同或者近似的文字、图形或其组合的行为均系侵权行为。

经作者授权，本书的专有出版权及信息网络传播权等为社会科学文献出版社享有。未经社会科学文献出版社书面授权许可，任何就本书内容的复制、发行或以数字形式进行网络传播的行为均系侵权行为。

社会科学文献出版社将通过法律途径追究上述侵权行为的法律责任，维护自身合法权益。

欢迎社会各界人士对侵犯社会科学文献出版社上述权利的侵权行为进行举报。电话：010-59367121，电子邮箱：fawubu@ssap.cn。

社会科学文献出版社